Naturkräfte.

Zehnter Band.

Wind und Wetter.

Gemeinfaßliche

Darstellung der Meteorologie

von

Professor Dr. E. Lommel.

Zweite Auflage.

Mit 66 Holzschnitten.

München.
Druck und Verlag von R. Oldenbourg.
1880.

Inhalt.

Seite

I. Die Sonnenstrahlung.

Seite

II. Die Winde.

III. Meeresströme.

IV. Klima.

Seite

V. Die elektrischen Erscheinungen der Atmosphäre.

VI. Die Lichterscheinungen der Atmosphäre.

I. Die Sonnenstrahlung.

Tag und Nacht.

Und schnell und unbegreiflich schnelle
Dreht sich umher der Erde Pracht:
Es wechselt Paradieseshelle
Mit tiefer schauervoller Nacht.

Mit diesen begeisterten Worten besingt der Erzengel Gabriel in Goethes Faust (Prolog im Himmel) den Anblick, den ihm unser Erdball von seinem erhabenen Standpunkte aus gewährt. Auch wir können dieses wundervolle Schauspiel im Geiste mitgenießen, wenn wir uns auf den Flügeln der Phantasie emporschwingen zur himmlischen Warte. Als besonders vorzüglichen Sitz im Weltentheater wählen wir uns die Sonne, oder besser noch deren Mittelpunkt. Der Anblick, der sich uns bietet, hat zunächst gar nichts Ungewohntes; das dunkle Firmament ringsum ist besät mit dem Heer glitzernder Fixsterne, welche zu denselben Sternbildern sich gruppieren, wie wir sie in jeder heiteren Nacht von der Erdoberfläche aus zu sehen gewohnt sind. Wir wissen, daß diese Fixsterne gleich unserer Sonne selbstleuchtende Weltkörper sind, die wegen ihrer ungeheuern Entfernung uns nur als helle Lichtpunkte und stets an der gleichen Stelle des scheinbaren Himmelsgewölbes, gleichsam an dasselbe fixiert, erscheinen. Interessanter für uns als die Fixsterne sind aber die an sich dunkeln, von der Sonne ihr

Licht empfangenden und mit ihr verglichen winzig kleinen Planeten, welche, von der Anziehungskraft der Sonne beherrscht, dieselbe in nahezu kreisförmigen Bahnen umlaufen und mit ihr unser Sonnensystem bilden. Von unserm bevorzugten Sitze im Sonnenmittelpunkt aus müssen sich uns die Planeten ähnlich wie von der Erdoberfläche aus als scheibenförmige Lichtgestalten zeigen. Vorausgesetzt daß wir im Stande sind, ihre Entfernungen von unserm jetzigen Standpunkte aus richtig abzuschätzen, erkennen wir der Sonne zunächst den kleinen Merkur, weiterhin blinkt mit weißlichem Scheine Venus, dort zeigt sich der rötliche Mars, von vier Trabanten umkreist folgt Jupiter und dann die bizarre, zweigehenkelte Gestalt des Saturn. Weiter entfernt als Venus, näher als Mars, gewahren wir noch einen, wie es scheint, ganz neuen Planeten, der von einem kleineren unaufhörlich umkreist wird. Das ist Mutter Erde selbst mit ihrem treuen Begleiter, dem Monde. Ihr, die wir sonst mit Füßen zu treten gewohnt sind, wenden wir jetzt, da sie uns als himmlische Lichtgestalt erscheint, unsere volle Aufmerksamkeit zu.

Die Erde hat, wie die übrigen Planeten, eine nahezu kugelförmige Gestalt und wird daher von unserm Standpunkte aus als runde leuchtende Scheibe gesehen; wir erkennen auf ihr, wie auf einem Globus, hell beleuchtet die vertrauten Formen der Kontinente, umgeben von den dunkler schattierten Weltmeeren. Wir brauchen gar nicht lange zu beobachten, um zu erkennen, daß der ganze Erdball sich wie ein Kreisel um eine Axe dreht, gerade so wie jeder Erdglobus es uns veranschaulicht. Beginnen wir unsere Beobachtung etwa in dem Momente, wenn die uns zugewendete und daher von der Sonne beleuchtete Seite der Erde den Anblick darbietet, der in jedem Schulatlas sich als „östliche Halbkugel“ verzeichnet findet. Wir sehen alsdann die obere Hälfte der Scheibe von Europa, Asien und einem großen Teile von

Afrika eingenommen; in die untere Hälfte ragt links die Südspitze von Afrika herein, und rechts unten zeigt sich Neuholland; ungefähr in der Mitte der Erdscheibe befindet sich die Südspitze von Vorderindien, aber nicht für lange Zeit. Wir sehen bald, daß sie allmählich nach rechts hin rückt und mit ihr der gesamte Länderkomplex unserer „östlichen Halbkugel"; nach und nach verschwindet Australien am rechten Rande der Scheibe, Afrika rückt immer mehr der Mitte zu, und bald sehen wir am linken Rande den amerikanischen Kontinent, die Ostküste von Brasilien voran, auftauchen. Nach Verlauf von zwölf Stunden hat sich der Anblick der Erdscheibe völlig verändert; die anfangs sichtbaren Erdteile (Asien, Afrika, Europa und Australien) sind nach und nach am rechten Rande verschwunden und befinden sich jetzt auf der der Sonne abgewendeten Seite, auf der Nachtseite der Erde. Der amerikanische Kontinent dagegen hat sich jetzt vollständig vor unseren Blicken entwickelt und nimmt, von dem atlantischen und stillen Ozean umflossen, die Mitte der Scheibe ein, welche jetzt den in den Atlanten als „westliche Halbkugel" bezeichneten Anblick darbietet. Aber am linken Rande zeigt sich schon wieder die östliche Spitze von Asien; bald wird auch, während Amerika rechts allmählich hinabtaucht, der australische Kontinent links unten zum Vorschein kommen, und nach 24 Stunden oder nach Verlauf eines ganzen Tages hat sich das ursprüngliche Bild vollständig wieder hergestellt, die Spitze von Vorderindien befindet sich wieder in der Mitte der Erdscheibe.

Die Endpunkte der Axe, um welche sich diese tägliche Umdrehung der Erde vollzieht, werden Pole genannt; bei der Stellung, welche wir für den Beobachter voraussetzen, befindet sich der Nordpol oben, der Südpol unten; der linke Rand der Scheibe ist der westliche, der zur Rechten der östliche. Um die Drehungsrichtung mit Bestimmtheit zu bezeichnen, können wir sagen, die Erde dreht sich von Westen nach Osten um ihre Axe.

Im Verlaufe dieser täglichen Axendrehung verweilt im allgemeinen jeder Ort der Erdoberfläche eine Zeit lang auf der vorderen, von der Sonne beleuchteten Seite der Erde und erfreut sich des Tageslichtes; die übrige Zeit bringt er auf der abgewendeten dunkeln Seite zu und ist in Nacht gehüllt. In der Anfangsstellung, von der wir bei unserer vorigen Betrachtung ausgingen, ist die kanarische Inselgruppe gerade im Begriff, von der Nachtseite der Erde auf die Tagseite überzutreten; für ihre Bewohner beginnt es zu tagen, sie sehen am Ostrande ihres Gesichtskreises den Feuerball der Sonne sich majestätisch erheben. Den Kamtschadalen dagegen sinkt gleichzeitig die Sonne am westlichen Horizont hinab und ihr Land wird nach kurzer Frist in nächtliches Dunkel gehüllt sein, während die Einwohner von Bombay auf der Westküste von Vorderindien bei hoch am Himmel stehender Mittagsonne in den Schatten geflüchtet Siesta halten.

Bei dem täglichen Umschwung der Erde um ihre Axe durchläuft jeder Ort ihrer Oberfläche in 24 Stunden einen Kreis (Parallelkreis), dessen Mittelpunkt auf der Erdaxe liegt und dessen Umfang um so kleiner ist, je näher er einem der beiden Pole liegt; die Pole selbst verharren in Ruhe. Der größte der Parallelkreise, der Äquator, steht von jedem Pol um 90 Grade ab. Die Geschwindigkeit, mit welcher vermöge der Axendrehung jeder Punkt des Äquators von West nach Ost fortgerissen wird, ist eine sehr beträchtliche. Der Umfang des Äquators beträgt 40 Millionen Meter, welche in 24 Stunden oder 86400 Sekunden durchlaufen werden; ein Punkt des Äquators legt demnach in jeder Sekunde 463^{m} zurück. Eine 24pfündige Kanonenkugel durchläuft per Sekunde nur 400^{m} und würde daher 29 Stunden brauchen, um den Äquator zu umfliegen. Im mittleren Deutschland beträgt der Umfang eines Parallelkreises circa 26 Millionen Meter, wir werden daher immer noch mit einer Geschwindigkeit von 300^{m} per Sekunde von Westen nach Osten geführt.

Der Erdbewohner freilich wird von dieser Drehungsgeschwindigkeit unmittelbar nichts gewahr, so wenig wie die Fliege von der Bewegung eines Uhrzeigers, auf welchem sie sitzt; die Fliege würde, wenn sie beobachten und urteilen könnte, gewiß meinen, ihr Sitz, der Uhrzeiger, stehe fest und das Zifferblatt drehe sich unter dem Zeiger der thatsächlichen Bewegung desselben entgegen. Der Mensch urteilt aus seiner unmittelbaren Anschauung wie die Fliege: ihm „liegt die Erde unten fest", im Osten geht ihm jeden Morgen die Sonne auf, sie steigt am Firmament empor bis zu ihrer höchsten Höhe um Mittag und geht endlich abends im Westen wieder unter. Während also in Wirklichkeit die Erde sich von West nach Ost um ihre Axe dreht, scheint sich für uns der Himmel (wie das Zifferblatt im obigen Vergleich) und mit ihm die Sonne von Ost nach West um die nämliche Axe zu drehen. Nicht nur das menschliche, sondern das gesamte organische Leben auf unserer Erde regelt sich nach dieser *täglichen Periode* der Axendrehung, nach der Abwechslung von Tag und Nacht; auch der Gang der Witterungs-, namentlich der Wärmeerscheinungen wird von dieser Periode abhängen. Für die Witterungskunde aber ist die Axendrehung der Erde deswegen besonders wichtig, weil auch die auf verschiedenen Parallelkreisen verschiedene Geschwindigkeit des Umschwungs auf Winde und Meeresströmungen, und demnach auf Wetter und Klima (wie wir später sehen werden), einen tiefgreifenden Einfluß übt.

Das Jahr und die Jahreszeiten.

> Die Sonne tönt nach alter Weise
> In Bruderſphären Wettgeſang,
> Und ihre vorgeſchriebne Reiſe
> Vollendet ſie mit Donnergang.

Kehren wir jetzt, um unſere aſtronomiſchen Beobachtungen an dem Planeten Erde fortzuſetzen, zu unſerer himmliſchen Sternwarte im Mittelpunkt der Sonne zurück. Von dort aus erkennen wir leicht, daß die Erde außer der drehenden Bewegung um ihre Axe, wie die übrigen Planeten, auch noch eine fortſchreitende Bewegung beſitzt. Indem uns die Fixſterne als feſte Merkzeichen dienen, können wir ihren Weg Schritt für Schritt verfolgen. Wir bemerken bald, daß ſie eine nahezu kreisförmige Bahn um das Zentrum der Sonne beſchreibt. Die durch dieſes Zentrum gelegte Ebene, in welche jener Kreis gleichſam eingezeichnet iſt, hat eine feſte unveränderliche Lage im Weltenraum; ſie heißt „die Ebene der Erdbahn“ oder „die Ekliptik“. Denken wir uns, immer im Mittelpunkt der Sonne, auf dieſer Ebene aufrecht ſtehend, ſo daß uns wie vorhin der Nordpol der Erde oben erſcheint, ſo erfolgt das Fortſchreiten der Erde in ihrer Bahn von unſerer Rechten gegen die Linke, oder, um einen anſchaulichen Vergleich zu gebrauchen, in entgegengeſetzter Richtung wie die Bewegung eines Uhrzeigers. Die Entfernung der Erde von der Sonne oder der Halbmeſſer der Erdbahn beträgt 148 Millionen Kilometer; um dieſe ungeheure Diſtanz zu durchlaufen, müßte eine Kanonenkugel, welche per Sekunde 400^{m} zurücklegt, nahezu 12 Jahre unterwegs ſein.

Längs ihrer Bahn fortſchreitend, legt die Erde in jeder Sekunde einen Weg von 29 Kilometern zurück; während ſie mit dieſer ungeheuern Geſchwindigkeit raſtlos dahinſtürmt, dreht sie sich unaufhörlich um ihre Axe. Bis sie den vollen Umkreis der Bahn durchlaufen hat, vergehen 365 Tage. Diesen Zeitraum von 365 oder genauer $365^{1}/_{4}$ Tagen nennen wir ein Jahr. Eine Kanonenkugel würde zu diesem Wege 73, ein Eilzug 975 Jahre brauchen.

Durch die verschiedenen Stellungen, welche der Erdkörper im Verlauf eines Jahres der Sonne gegenüber einnimmt, sind nun jene regelmäßig wiederkehrenden Witterungsperioden bedingt, welche wir Jahreszeiten nennen.

Ehe wir uns jedoch zur Betrachtung der Jahreszeiten wenden, müssen wir uns zuerst mit dem Größenverhältnis der Erde zur Sonne und der Art und Weise, wie jene von den Licht- und Wärmestrahlen dieser getroffen wird, ein wenig beschäftigen.

Im Vergleich mit dem gewaltigen Glutball der Sonne ist unsere Erde winzig klein. Folgende Betrachtung kann vielleicht dazu dienen, um von ihrem Größenverhältnis eine deutliche Vorstellung zu geben. Ein Liter faßt etwa 10 000 Getreidekörner, 140 Liter demnach 1 400 000 Körner; nimmt man von diesen 140 Litern (ca. 4 Metzen) Getreide ein Korn, so verhält sich dieses zur ganzen Getreidemasse wie die Erde zur Sonne, d. i. wie 1 zu 1 400 000. Um auch den Abstand der Erde von der Sonne im richtigen Verhältnis darzustellen, müßte das Getreidekorn in eine Entfernung von 69 m von der zur Kugel geballten Getreidemasse gebracht werden.

Da die Erde so winzig klein ist, kann ihr nur ein sehr kleiner Bruchteil der von der Sonne allseitig in den Weltenraum ausgestrahlten Licht- und Wärmeflut zu gute kommen. Denken wir uns um den Sonnenmittelpunkt mit einem Halbmesser gleich der Entfernung der Erde von der Sonne eine Hohlkugel beschrieben, so müßte diese die gesamte Ausstrahlung derselben auffangen. Die Oberfläche der von der

Sonne aus gesehenen Erdscheibe beträgt aber nur den 2300 millionsten Teil von dem ganzen Flächeninhalt der Hohlkugel; es trifft also nur der 2300 millionste Teil der gesamten Sonnenstrahlung auf unsere Erde.

Eine weitere Folge der Kleinheit der Erde und ihrer ungeheuern Entfernung von der Sonne ist die, daß alle Sonnenstrahlen, welche die Erde treffen, nahezu parallel sind mit der vom Erdmittelpunkt nach dem Sonnenzentrum gezogenen Linie. In Fig. 1 stelle die Kugel die Erde

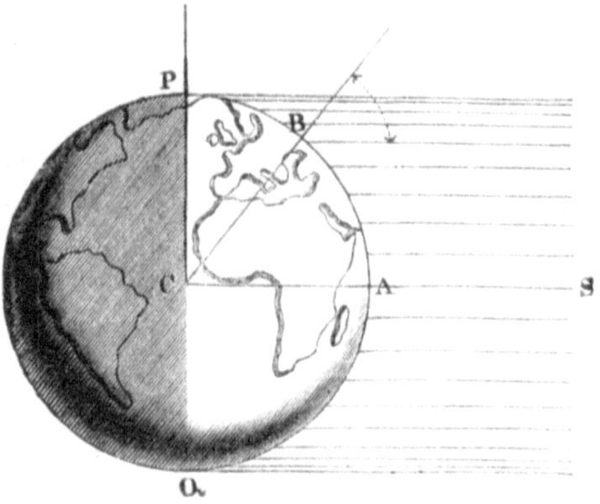

Fig. 1. Bestrahlung der Erde durch die Sonne.

vor, in der Stellung, welche sie am 21. März oder am 21. September der Sonne gegenüber einnimmt; von ihrem Zentrum C ist die Linie CS nach dem Sonnenmittelpunkt gezogen; mit ihr parallel sind sämtliche die Erdoberfläche treffenden Sonnenstrahlen. Teilen wir den Meridian PAQ in eine Anzahl unter sich gleicher Stücke, so wird, wie man sieht, das zunächst bei A (am Äquator) gelegene Stück von einem breiten Strahlenbündel senkrecht getroffen; ein eben so großes bei B (unter mittlerer geogr. Breite) gelegenes Stück empfängt ein viel dünneres Strahlenbündel in schiefer Richtung, und das Stück bei P (am Nordpol) wird nur von einem äußerst dünnen Strahlenbüschel beleuchtet und erwärmt. Ein in A stehender Erdbewohner sieht die Sonne über seinem Scheitel; für einen in B befindlichen Beobachter treffen die Sonnenstrahlen den Boden, auf dem er steht, unter einem Winkel, der dem Winkel BCP gleich ist; den Boden des in P stehenden Beobachters streifen sie nur, für ihn steht die Sonne gerade im Horizont.

Für gleich große Stücke der Erdoberfläche muß daher die erleuchtende und erwärmende Wirkung der Sonnenstrahlen um so geringer ausfallen, je schiefer sie den Boden treffen.

Im Laufe eines Tages z. B. wird jedes Quadratmeter horizontaler Bodenfläche am kräftigsten erwärmt, wenn die Sonne um Mittag ihren höchsten Stand erreicht hat; vom Sonnenaufgang bis Mittag nimmt die erwärmende Wirkung stetig zu, von da bis zum Untergang, indem die Strahlen immer schiefer auffallen, in gleicher Weise ab.

Im Sommer ist die erwärmende Wirkung der Sonnenstrahlen nicht bloß deswegen größer, weil die Tage länger sind, sondern auch weil die Sonne um Mittag eine größere Höhe erreicht als im Winter, wo bei kurzen Tagen die Sonne selbst um Mittag nur niedrig steht.

Daß aber im Laufe eines Jahres längere Tage mit höherem Sonnenstand und kürzere Tage mit geringer Sonnenhöhe periodisch abwechseln, hat seine Ursache in der Stellung der Drehungsaxe der Erde zur Ebene der Ekliptik.

Die Erdaxe steht nämlich nicht senkrecht zur Ebene der Erdbahn, sondern sie ist zu ihr geneigt unter einem Winkel von 66° 32′. Während die Erde in ihrer Bahn fortrückt, behält die Erdaxe nicht nur diese Neigung bei, sondern sie bleibt auch stets ihrer ursprünglichen

Stellung parallel, wo immer auch die Erde in ihrer Bahn sich befinden mag. Die Fig 2, wo die Erde in vier je um ein Vierteljahr von einander entfernten Stellungen mit Angabe ihrer jedesmaligen Axenrichtung gezeichnet ist, mag dieses Verhalten erläutern.

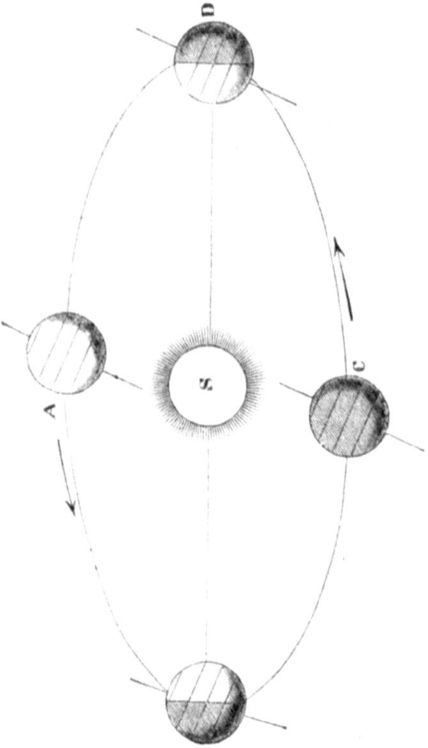

Fig. 2. Umlauf der Erde um die Sonne.

Betrachten wir die Erde zuerst in der Stellung A, welche sie am 21. März jeden Jahres einnimmt. Von der Sonne aus sehen wir ihre beiden Pole, und von jedem Parallelkreise liegt die eine Hälfte auf der vorderen oder Tagseite, die andere Hälfte auf der hinteren oder Nachtseite der Erde. Ein am Erdäquator befindlicher Beobachter sieht die Sonne um Mittag gerade über seinem Scheitel, so daß sein Schatten unter die Sohlen seiner Füße fällt.

Indem nun die Erde während eines Vierteljahres in der Richtung des Pfeiles weiter rückt und dabei die Stellung ihrer Axe unverändert festhält, muß den Blicken des im Sonnenmittelpunkte stationierten Beobachters der Südpol verschwinden, indem derselbe auf die von der Sonne abgewendete Seite der Erde zu liegen kommt, der Nordpol dagegen wird sich dem Beobachter zuneigen und von ihm nicht mehr am Rande, sondern innerhalb der beleuchteten Erdscheibe gesehen werden. Am weitesten wird sich der Nordpol vom Rande der beleuchteten Scheibe entfernt haben bei der Stellung B (am 21. Juni). Jetzt übersehen wir von der Sonne aus die ganze Region um den Nordpol herum, welche von dem Parallelkreise von 66° 32′ geogr. Breite (= der Neigung der Erdaxe) umgrenzt wird, d. h. diesen Parallelkreis (er wird der nördliche Polarkreis genannt) und sämtliche von ihm eingeschlossene überblicken wir ihrem ganzen Umfange nach. Von jedem der übrigen auf der nördlichen Halbkugel befindlichen Parallelkreise ist uns mehr als der halbe Umfang, von dem Aequator selbst genau die Hälfte sichtbar. Was die südliche Halbkugel anlangt, so ist der Südpol nebst der ihn umgebenden von dem südlichen Polarkreise (66° 32′ südl. Br.) umgrenzten Region unsern Blicken entrückt, und von jedem andern Parallelkreise zwischen dem südlichen Polarkreise und dem Äquator ist uns weniger als der halbe Umfang sichtbar. Ferner ergibt sich aus der Figur, daß an diesem Tage die Mittagsonne senkrecht steht über den Scheiteln der Bewohner desjenigen Parallelkreises, welcher von dem Nordpol um 66° 32′, vom Äquator demnach um 23° 28′ absteht. Dieser Parallelkreis wird der nördliche Wendekreis, oder, weil um diese Zeit die Sonne von der Erde aus im Sternbild des Krebses gesehen wird, der Wendekreis des Krebses genannt.

In der Stellung C (am 22. September) geht die Beleuchtungsgrenze wieder durch beide Pole und halbiert sämtliche Parallelkreise; überhaupt ist diese Stellung der in A völlig ähnlich, und indem die Erde von B nach C übergeht, wiederholen sich in umgekehrter Reihenfolge die nämlichen Bestrahlungszustände, welche beim Uebergange von A nach B stattfanden.

Im Laufe des zweiten Halbjahres, während die Erde von C aus über D nach A zurückkehrt, nimmt sie der Sonne gegenüber nach und nach Stellungen ein, welche denjenigen auf dem Wege ABC ähnlich sind, nur daß jetzt der Nordpol sich dem vom Sonnenmittelpunkt aus beobachtenden Blicke verbirgt und der Südpol sich ihm zuwendet. In der Stellung D (am 21. Dezember) wird die ganze südliche Polarregion von der Sonne bestrahlt, die nördliche ist in Nacht gehüllt. Von jedem Parallelkreise der südlichen Halbkugel ist mehr, von jedem der nördlichen weniger als der halbe Umfang im Bereiche des Sonnenlichts. Die Mittagsonne steht jetzt scheitelrecht über den Bewohnern des Parallelkreises von 23° 28′ südl. Br., welcher der südliche Wendekreis oder auch der Wendekreis des Steinbocks genannt wird.

Indem sich nun die Erde in der Stellung A in 24 Stunden um ihre Axe dreht, verweilt jeder Punkt ihrer Oberfläche, weil die Beleuchtungsgrenze sämtliche Parallelkreise halbiert, eben so lang auf der beleuchteten wie auf der dunkeln Seite, d. h. am 21. März sind auf der ganzen Erde Tag und Nacht gleich lang.

Beim Weiterrücken von A nach B müssen, wie man nach den vorausgegangenen Betrachtungen leicht einsieht, für die nördliche Erdhälfte die Tage zunehmen, für die südliche abnehmen. In der Stellung B (21. Juni) hat die nördliche Halbkugel ihren längsten, die südliche ihren kürzesten Tag. Von da an nehmen die Tage auf jener wieder ab, auf dieser zu, bis in der Stellung C (22. September) wieder überall auf der Erde Tag und Nacht gleich sind. Beim weiteren Fortschreiten von C über D nach A kehren sich die Beleuchtungsverhältnisse für die nördliche und südliche Halbkugel um, so daß in der Stellung D (21. Dezember) jene ihren kürzesten, diese ihren längsten Tag hat.

Während also die Erde die Hälfte ABC ihrer Bahn durchläuft, befindet sich die nördliche Halbkugel in ihrem Sommer-, die südliche in ihrem Winterhalbjahr; der Bahnhälfte CDA dagegen entspricht das Winterhalbjahr der nördlichen, das Sommerhalbjahr der südlichen Halbkugel.

Die Punkte A und C der Erdbahn werden, indem man bei der Benennung nur Rücksicht nimmt auf die Jahreszeiten der von uns bewohnten nördlichen Gegenden, die Frühlings- und Herbstnachtgleiche (Äquinoktien) genannt, die Punkte B und D heißen die Sommer- und die Wintersonnenwende (Solstitien).

Während des Sommerhalbjahres wird der Nordpol der Erde von der Sonne unausgesetzt beschienen, für ihn geht die Sonne dieses halbe Jahr lang gar nicht unter; gleichzeitig ist der Südpol in halbjährige Nacht getaucht. Für den 80. Grad nördlicher Breite geht die Sonne um die Zeit der Sommersonnenwende während 134 Tagen nicht unter, der 70. Grad bleibt 65 Tage unausgesetzt beleuchtet, der nördliche Polarkreis endlich (66° 32′ nördl. Br.) sieht am 21. Juni die Sonne während 24 Stunden nicht untergehen, sie berührt nur um Mitternacht den nördlichen Horizont. Die beiden um die Pole gelegenen von den Polarkreisen umgrenzten Regionen der Erde zeichnen sich also dadurch aus, daß für sie im Somner Tage, Wochen, Monate lang die Sonne nicht untergeht und im Winter eben so lang nicht aufgeht. Die Eis- und Schneemassen, welche die langen Winternächte aufgehäuft haben, werden von den schrägen Strahlen der tief stehenden Sonne nicht vollständig bewältigt; es wird daher um die Pole herum selbst im Sommer noch eine niedrige Temperatur herrschen. Man nennt daher diese Polarregionen die nördliche und die südliche kalte Zone.

In entgegengesetztem Sinne zeichnet sich der zu beiden Seiten des Äquators zwischen den zwei Wendekreisen gelegene Erdgürtel aus; nur hier kann die Sonne bis zum Scheitel des Himmelsgewölbes emporsteigen und sengende Strahlen senkrecht herabschießen. An jedem Orte erreicht die Mittagsonne zweimal im Laufe des Jahres den Scheitel; am Äquator z. B. geschieht dies am 21. März und am 22. September. Am Äquator ist das ganze Jahr über Tag und Nacht gleich, an den Wendekreisen dauert der längste Tag 13½, der kürzeste immer noch 10½ Stunden; in den Erwärmungsverhältnissen können daher hier im Laufe des Jahres erhebliche Gegensätze nicht auftreten, es wechselt nur eine heiße Jahreszeit mit einer etwas weniger heißen ab. Man nennt deswegen den zwischen den Wendekreisen gelegenen äquatorialen Erdgürtel die heiße (tropische) Zone.

Die Tropenzone ist von den beiden Polarregionen getrennt durch die zwei gemäßigten Zonen, die nördliche und die südliche. Hier sind die beiden extremen Jahreszeiten, Sommer und Winter, harmonisch vermittelt durch die beiden Uebergangsjahreszeiten, Frühling und Herbst; die Witterungsverhältnisse zeigen weder das monotone Einerlei der Äquatorialgegenden, noch die schroffen Gegensätze der Eiszonen. Die Natur ist zwar hier nicht mild und freigebig genug, um dem Menschen die Notdurft des Lebens ohne Kampf und Arbeit zu gewähren; sie ist aber auch nicht so hart und streng, daß sie ihn unausgesetzt an den Kampf um die materielle Existenz fesselte und an dem Streben nach höhern geistigen Gütern hinderte. Die nördliche gemäßigte Zone namentlich, welche vor der südlichen durch Umstände, die wir später kennen lernen werden, begünstigt ist, wurde daher zur Wiege und Bildungsstätte der Kulturvölker, welche, auf hohe Stufe materieller und geistiger Entwickelung gelangt, den Erdball und die Weltgeschichte beherrschen.

Im mittleren Deutschland ist der Gang der Jahreszeiten ungefähr der folgende. In den Wintermonaten (Dezember, Januar, Februar) deckt eine Schneehülle den oberflächlich gefrorenen Boden; das Pflanzenleben ist erstorben, die Bäume strecken im Winterschlaf entlaubte Äste gegen den grauen dunstigen Himmel, Flüsse und Bäche sind in eisige Fesseln geschlagen. Vor der höher steigenden und von Tag zu Tag länger über dem Horizont verweilenden Sonne schwindet im Frühling (März, April, Mai) Schnee und Eis, die erwachenden Knospen entfalten aus ihrem Schoße freudiggrünes Laub und festlichen Blütenschmuck; die Wiese ergrünt und webt in ihren smaragdnen Teppich buntfarbige Blumen, um welche summend und schillernd die neugeborene Insektenwelt sich tummelt. Die im Sommer (Juni, Juli, August) hoch stehende Sonne bringt die Lebensthätigkeit der Pflanzen- und niederen Tierwelt zur höchsten Entwickelung, sie reift zur goldenen Ernte das wogende Saatfeld, sie trocknet das gemähte Wiesengras zu duftigem Heu. Der Herbst (September, Oktober, November) zeitigt, was der Frühling in Blüten versprach, zur süßen Frucht, die Rebe biegt sich unter der Last schwellender Trauben; aber allmählich, bei tiefer sinkender Sonne und kürzer werdenden Tagen, erreicht die Wachstumsperiode der Pflanzen ihr Ende, die ersten Fröste bringen die vergilbten Blätter zu Fall, die Natur versinkt von neuem in regungslosen Winterschlaf.

Der Umlauf der Erde um die Sonne, ihre Axendrehung und die Stellungen der Erdaxe, welche, wie wir eben gesehen haben, den Wechsel der Jahreszeiten bedingen, lassen sich durch den Apparat Fig. 3, welcher Tellurium genannt wird, bequem zur Anschauung bringen. Durch Drehung der Kurbel K wird die Kugel T, welche die Erde vorstellt, um die Kerzenflamme S im Kreise herumgeführt. Die kleinere Kugel L deutet den Mond an und ahmt dessen Umlauf um

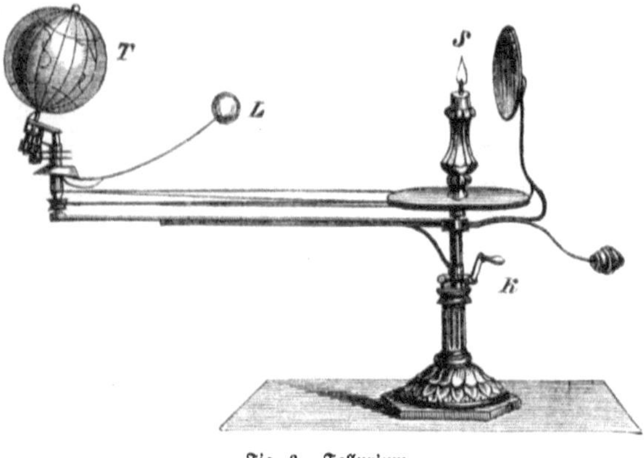

Fig. 3. Tellurium.

die Erde nach. Die Erdkugel dreht sich dabei, durch die Wirkung eines geeignet angebrachten Räderwerks, um eine Axe, welche ganz wie in Fig. 2 ihre Neigung gegen die Erdbahn und ihre stets gleiche Richtung beibehält. Die Kerzenflamme steht im Brennpunkt eines stets nach T hin gerichteten Hohlspiegels, welcher ihre Strahlen sammelt und sie in paralleler Richtung der Kugel T zusendet. Diese wird daher in ganz gleicher Weise beleuchtet wie in Wirklichkeit die Erde von der Sonne.

Erdoberfläche und Atmosphäre.

Wir haben gesehen, daß jedes Stückchen der Erdoberfläche, je nach den Stellungen, welche die Erde im Laufe eines Jahres vermöge der Fortbewegung in ihrer Bahn und im Laufe jeden Tages vermöge der Umdrehung um ihre Axe zur Sonne einnimmt, eine bestimmt zugemessene Strahlenmenge empfängt. Hätte die Erde eine durchaus feste Oberfläche von überall gleicher Beschaffenheit, so könnte für jeden Ort und für jede Zeit die Größe der Erwärmung durch bloße Rechnung ermittelt werden; jahraus jahrein müßte sich derselbe Wechsel von Wärme und Kälte wiederholen, jeder Monat und jeder Tag des einen Jahres würde dem entsprechenden Monat oder Tag des andern Jahres vollkommen gleichen. „Wind und Wetter“ gäbe es dann gar nicht; wir könnten schon jetzt getrost die Feder niederlegen und jene Rechnung den Astronomen überlassen, welche dann mit leichter Mühe einen stets zutreffenden „hundertjährigen Kalender“ zu Stande brächten.

Die wirkliche Beschaffenheit der Erdoberfläche ist aber weit entfernt von der soeben vorausgesetzten Einförmigkeit. Nahezu zwei Drittel derselben sind von dem Wasser der Ozeane bedeckt; aus dem Meere ragen Inseln und ausgedehnte Kontinente. Von besonders wichtigem Einfluß auf die Erwärmungs- und Witterungsverhältnisse aber ist die Ungleichmäßigkeit der Verteilung von Festland und Wasser. Die nördliche Halbkugel enthält fast dreimal so viel Land als die südliche. Denkt man sich rings um die Erdkugel einen größten Kreis gezogen, welcher den Äquator an der Spitze der Halbinsel Malacca und bei Quito in Südamerika durchschneidet, so teilt derselbe die Erdoberfläche in zwei Hälften, deren eine, auf welcher Europa, Asien, Afrika, Nordamerika und ein Teil von Südamerika liegt,

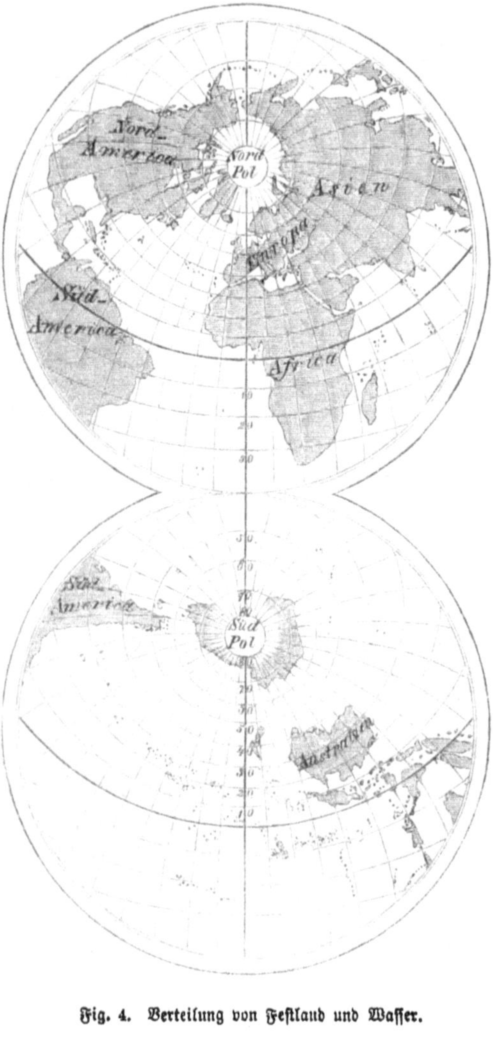

Fig. 4. Verteilung von Festland und Wasser.

fast siebenmal so viel Land enthält als die andere. In Fig. 4 sehen wir die so erhaltenen beiden Erdhälften dargestellt. Europa nimmt ungefähr die Mitte der Landhalbkugel ein.

Nicht bloß die Verteilung, sondern auch die Gestaltung des Festlands in Umriß und Aufbau übt mächtigen Einfluß auf die Erwärmungsverhältnisse. Die Gegensätze von Küstenstrich und Binnenland, Tief- und Hochebene, Thaleinschnitt und Gebirgszug prägen sich auch aus in Klima und Witterung.

Einförmiger als die reich gegliederte Feste ist das Meer, das sie umbrandet. Das Meerwasser unterscheidet sich von dem süßen Wasser der Flüsse und Seen durch seinen Salzgehalt, welcher in allen Meeren nahezu derselbe ist: es enthält durchschnittlich 3 bis 4 Prozent Kochsalz, nebst geringeren Quantitäten anderer Salze. Nur in der Nähe der Einmündung großer Flüsse, sowie in eingeschlossenen Meeren, welche reichlichen Zufluß süßen Wassers erhalten, ist der Salzgehalt geringer. In der Ostsee z. B. beträgt er nur 1/2 bis 2/3 Prozent.

Der eigentliche Tummelplatz aber der Witterungserscheinungen ist die Lufthülle oder Atmosphäre, welche die Erdkugel bis zu einer Höhe von mindestens 75 Kilometern rings umgibt. Die atmosphärische Luft ist ein Gemisch zweier chemisch einfacher Gase; sie enthält nämlich in je 5 Raumteilen 4 Raumteile Stickstoffgas und 1 Raumteil Sauerstoffgas, ein Mischungsverhältnis, welches aller Orten und zu allen Zeiten unveränderlich gefunden wird. Außerdem enthält sie noch eine geringe Menge Kohlensäure. Von ihren Bestandteilen übt aber nur einer, der Wasserdampf, welcher stets aber in sehr veränderlichen Mengen vorhanden ist, Einfluß auf den Gang der Witterungserscheinungen.

Luftdruck und Barometer.

Wie jeder gasförmige Körper besitzt die Luft das Bestreben, sich nach allen Seiten hin auszudehnen; vermöge dieses Bestrebens, welches wir mit dem Worte Spannkraft bezeichnen, würde sie sich von der Erde entfernen und in den Weltenraum zerstreuen, wenn nicht die Anziehungskraft der Erde oder die Schwerkraft sie festhielte. Die Spannkraft äußerst sich dadurch, daß die Luft auf alle mit ihr in Berührung stehenden Gegenstände einen Druck ausübt. Durch Zusammenpressen wird die Luft verdichtet, und in demselben Verhältnis wie ihre Dichte wächst auch ihre Spannkraft, oder, was dasselbe ist, ihr Druck. Die unteren Luftschichten müssen, weil das auf ihnen lastende Gewicht der oberen sie zusammenpreßt, dichter sein als die oberen. Wenn man daher in der Atmosphäre senkrecht emporsteigt, nimmt die Dichte, die Spannkraft und der Druck der Luftschichten, denen man begegnet, fortwährend ab.

Die Wissenschaft brauchte eine lange Zeit, bis sie sich zu der Erkenntnis durchgerungen hatte, daß die Luft ein schwerer Körper sei, daß sie Gewicht besitze. Die Naturlehre des Altertums, mit Wortgegensätzen spielend, war gewohnt die Luft als ihrem Wesen nach „leicht", weil nach „oben" strebend, den „schweren", nach „unten" fallenden Körpern gegenüber zu stellen. Erst Galilei (gest. 1642) erkannte, daß die Luft ein schwerer Körper sei, und seinem Schüler Toricelli gelang es (1644) den Druck der Luft nachzuweisen und zu messen.

Um Toricellis Versuch zu wiederholen, füllt man eine am einen Ende zugeschmolzene etwa einen Meter lange Glasröhre mit Quecksilber, bringt das offene mit dem Finger zugehaltene Ende unter Quecksilber, entfernt den verschließenden Finger und stellt die Röhre senkrecht. Das Quecksilber fließt nun nicht völlig, wie man etwa erwarten könnte, sondern nur teilweise aus der Röhre aus; eine Quecksilbersäule von 760 Millimeter Höhe bleibt in der Röhre stehen, und über derselben ist ein vollkommen luftleerer Raum entstanden (Fig. 5).

Warum fließt die Quecksilbersäule nicht aus, obgleich ihr unteres Ende offen mit dem Quecksilber im Gefäße in Verbindung steht? Nur deswegen nicht, weil sie von dem auf die Oberfläche dieses Quecksilbers wirkenden Luftdruck getragen wird.

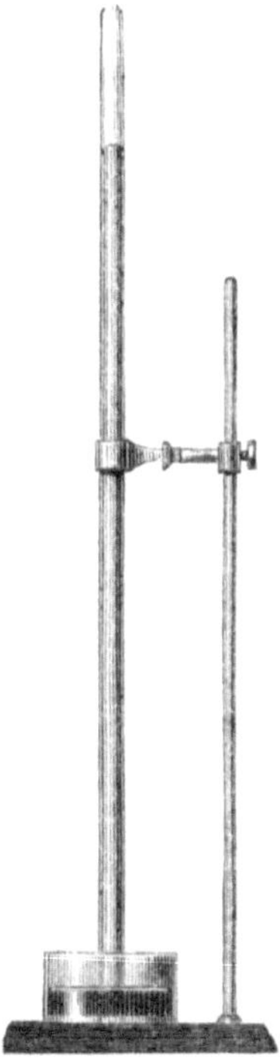

Fig. 5. Toricellis Versuch.

Wenn der Querschnitt der Röhre 1 Quadratcentimeter beträgt, so wiegt die Quecksilbersäule von 760 Millimeter Höhe ungefähr 1 Kilogramm; mit diesem Gewichte ist die Quecksilbersäule bestrebt herabzusinken; der Luftdruck muß ihr, um sie in der Röhre schwebend zu erhalten, mit derselben Kraft entgegendrücken. Die Luft übt demnach auf jeden Quadratcentimeter Fläche einen Druck von 1 Kilogramm aus.

Man pflegt aber den Druck der Luft für gewöhnlich nicht in Kilogrammen, sondern bequemer durch die Höhe der Quecksilbersäule anzugeben, welcher er in der Röhre Fig. 5 das Gleichgewicht hält.

Zu fortgesetzten Beobachtungen und Messungen würde jedoch der Apparat Fig. 5. unbequem sein; man gibt ihm daher die zweckmäßigere in Fig. 6 abgebildete Einrichtung und nennt ein solches Instrument Barometer (Luftdruckmesser). Hier ist die Röhre in den Hals des einer breiten Flasche ähnlichen Gefäßes mittelst eines Korkes ein= für allemal fest eingesetzt. Neben der Röhre befindet sich eine in Millimeter geteilte Skala.

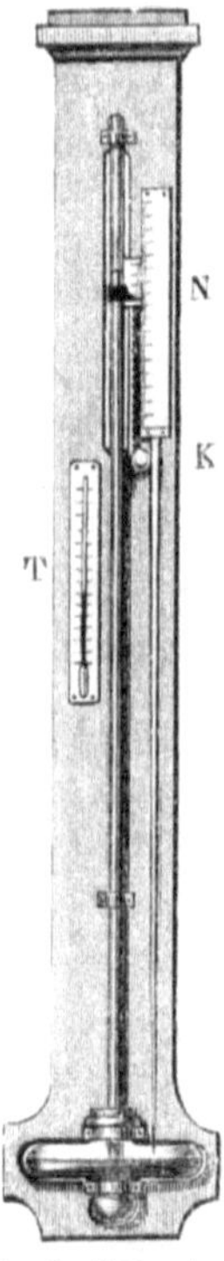

Fig. 6. Barometer.

Die Teilung ist bloß oben im Bereiche des Spielraums der Quecksilberkuppe wirklich ausgeführt; die Teilstriche müssen aber gezählt werden von dem Spiegel des Quecksilbers im Gefäße aus. Um zu erreichen, daß der Nullpunkt der Skala mit der Oberfläche des Quecksilbers genau übereinstimme, ist unten an die Skala eine Metallstange angeschraubt, die mit ihrer eisernen Spitze durch ein in die obere Glaswand gebohrtes Loch in das Gefäß hineinragt; diese Spitze stellt den Nullpunkt der Skala vor. Füllt man nun beim Aufstellen des Instrumentes das Gefäß gerade so weit mit Quecksilber, daß dessen Oberfläche die Spitze berührt, so ist die Uebereinstimmung des Nullpunktes mit dem Quecksilberspiegel hergestellt. Ein mit einem Zeiger (Nonius) versehener Ring umfaßt die Röhre; er kann durch Drehung des Kopfes K, der mittelst eines Triebes in eine Zahnstange eingreift, so lange verschoben werden, bis sein unterer Rand die Quecksilberkuppe zu berühren scheint; der Zeiger weist alsdann auf den Teilstrich der Skala, welcher die Höhe der Quecksilbersäule oder den Barometerstand angibt.

Wenn das Quecksilber in der Barometerröhre sinkt, so muß es, weil ja Quecksilber aus der Röhre austritt, in dem Gefäße steigen, und wieder sinken, wenn es in der Röhre steigt. Diese Schwankungen der Quecksilberoberfläche sind aber um so unbedeutender, je breiter das Gefäß ist im Vergleich zu dem Durchmesser der Röhre. Wählt man daher wie das bei dem soeben beschriebenen Barometer der Fall ist, ein sehr breites Gefäß, so werden die Schwankungen des Quecksilberspiegels so klein, daß man sie, ohne der Genauigkeit der Messungen Eintrag zu thun, außer Acht lassen kann.

Bei den gewöhnlichen in jedem Hause eingebürgerten Barometern ist an die unten umgebogene Glasröhre ein birnförmiges Gefäß angeschmolzen. Da der Durchmesser desselben, verglichen mit dem der Glasröhre, nicht hinlänglich groß ist, so erreichen die Schwankungen des Quecksilberspiegels eine merkliche Größe, so daß an der feststehenden Skala eine genaue Messung des Barometerstandes nicht möglich ist. Diese Barometer sind aber auch nicht zu exakten Messungen, sondern nur zu gröberen Beobachtungen bestimmt, wofür sie auch vollkommen ausreichen.

Das Quecksilberbarometer bietet einerseits wegen seiner Füllung mit der schweren Flüssigkeit, andererseits wegen seiner beträchtlichen Länge manche Unbequemlichkeit, namentlich wenn das Instrument transportiert werden soll. Diese Übelstände sind bei den in neuerer Zeit beliebt gewordenen bloß aus festen Teilen konstruierten Metallbarometern völlig vermieden.

Die Fig. 7 stellt ein solches Aneroid- oder Holosteric-Barometer dar. Hier wirkt der Luftdruck auf die in kreisrunden Wellen gebogene vordere Wand einer luftleer gemachten Dose aus dünnem Metallblech und biegt dieselbe nach Maßgabe seiner Stärke mehr oder weniger stark nach innen. Die Größe dieser Eindrückung überträgt sich auf einen Zeiger, welcher auf einer Art Zifferblatt die Stärke des Luftdruckes angibt. Die Einteilung der Skala wird durch Vergleichung mit einem guten Quecksilberbarometer hergestellt. Ein zweiter Zeiger, durch Drehen an einem Knopfe beliebig verstellbar, hat den Zweck, eine beobachtete Stellung des Barometerzeigers zu markieren, um bei der folgenden Beobachtung leicht wahrzunehmen, ob der Luftdruck seitdem zu- oder abgenommen hat.

Der oben angegebene Barometerstand von 760^{mm} entspricht einem Luftdruck, wie er ungefähr an der Oberfläche des Meeres herrscht. An höher gelegenen Orten, wo der

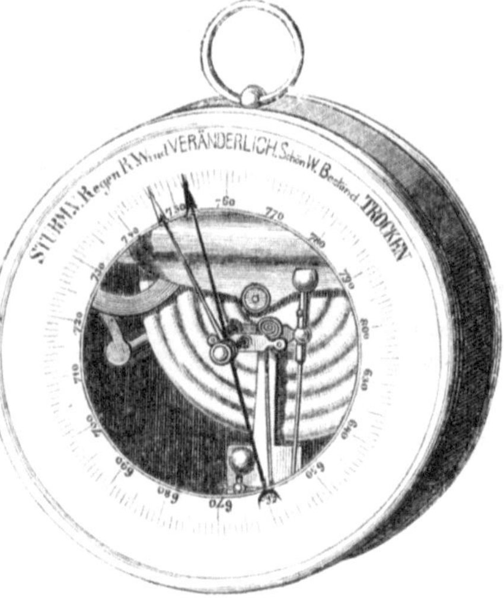

Fig. 7. Aneroid- (Holosteric-) Barometer.

Luftdruck geringer ist, steht das Barometer entsprechend niedriger; in Potosi z. B., 4300^{m} über der Meeresoberfläche, beträgt der Barometerstand nur noch 471^{mm}. Vom Meeresspiegel aus muß man um 10,5^{m} steigen, wenn die Quecksilbersäule um 1^{mm} sinken soll; in größeren Höhen, wo die Dichte und Spannkraft der Luft geringer ist, bedarf es, um eine gleich große Verminderung des Barometerstandes zu bewirken, einer größeren Erhebung; von Potosi aus z. B. muß man 16,8^{m} emporsteigen, damit das Barometer um 1^{mm} falle.

Da das Gesetz, nach welchem der Luftdruck nach oben hin abnimmt, bekannt ist, so kann man aus dem Barometerstand eines Ortes die Höhe desselben über dem Spiegel des Meeres berechnen. Das Barometer kann daher zur Höhenmessung dienen.

Dabei wäre freilich vorausgesetzt, daß an jedem Orte, entsprechend seiner Höhe über der Meeresoberfläche, ein bestimmter Barometerstand beständig herrsche. Dem ist aber nicht so. Es ändert sich vielmehr der Luftdruck an einem und demselben Orte unaufhörlich; die Quecksilbersäule steigt bald über, bald fällt sie unter einen gewissen mittleren Stand, der zwischen dem höchsten und tiefsten vorkommenden ungefähr in der Mitte liegt. Wenn man von dem Barometerstande eines Ortes spricht und daraus etwa die Höhe des Ortes über der Meeresoberfläche bestimmen will, so ist immer dieser mittlere Barometerstand gemeint.

Die eben erwähnten ziemlich beträchtlichen Schwankungen des Barometers rühren her von Änderungen des Luftdrucks, welche den Änderungen des Wetters vorausgehen oder sie begleiten. Diesem Zusammenhang zwischen Witterung und Luftdruck, dessen Erklärung einem späteren Abschnitte vorbehalten bleiben muß, verdankt das Barometer seinen Ruf als Wetterprophet und seine Einbürgerung unter die unentbehrlichen Hausgeräte.

Damit das Barometer als „Wetterglas“ bequem dienen könne, wird es mit einer Witterungsskala versehen, welche von unten nach oben gewöhnlich folgende Bezeichnungen trägt: „Sturm, Viel Regen, Regen oder Wind, Veränderlich, Schön Wetter, Beständig schön, Sehr trocken“. Diese Skala muß, wenn ihre Angaben richtig sein sollen, mit der Bezeichnung „Veränderlich“ auf den mittleren Barometerstand des Ortes, für welchen das Instrument bestimmt ist, eingestellt sein.

Thermometer.

Wenn wir uns die Aufgabe stellen, das verschiedene Verhalten der Körper bei ihrer Erwärmung kennen zu lernen, müssen wir vor allem im Besitze eines Apparates sein, welcher uns gestattet, den Grad der Erwärmung oder die Temperatur eines jeden Körpers zu bestimmen. Wir werden, um ein solches Instrument zu erhalten, uns die Thatsache zu nutze machen, daß alle Körper (mit wenigen Ausnahmen) bei der Erwärmung sich ausdehnen, bei der Abkühlung sich zusammenziehen. Man braucht nur eine Einrichtung zu treffen, welche diese Änderungen des Rauminhalts bequem und sicher zu beobachten und daraus unmittelbar auf die entsprechenden Änderungen der Temperatur zu schließen gestattet.

Um einen solchen Apparat zu verfertigen, wird an eine enge Glasröhre von durchaus gleichem Kaliber ein kugeliges oder cylindrisches Gefäß angeblasen und das Gefäß nebst einem Teile der Röhre mit Quecksilber gefüllt. Schon in dieser einfachen Form würde das Instrument genügen, um Schwankungen der Temperatur dem Auge erkennbar zu machen; denn beim Erwärmen dehnt sich das Quecksilber aus und rückt in der Röhre vor; beim Erkalten zieht es sich zusammen, und der Quecksilberfaden in der Röhre geht zurück. Man kann durch Erwärmen über einer Lampe das Quecksilber leicht so weit ausdehnen, daß es die ganze Röhre ausfüllt; wenn es dann gerade im Begriffe ist aus dem offenen Röhrenende auszutreten, schmilzt man dieses zu. Das Verschließen der Röhre würde schon deswegen empfehlenswert sein, um das Eindringen von Staub und Feuchtigkeit zu verhüten. Durch jenes Verfahren ist aber auch alle vorher in der Röhre befindliche Luft ausgetrieben worden, so daß beim Erkalten und Zurückgehen des Quecksilbers ein luftleerer Raum übrig bleibt. Wäre in der Röhre über dem Quecksilber noch Luft vorhanden, so würde diese beim Erwärmen durch das vorrückende Quecksilber zusammengepreßt und auf das Quecksilber schließlich einen Druck ausüben, welchem das dünnwandige Glasgefäß nicht zu widerstehen vermöchte. Außerdem ist durch das Entfernen der Luft der Gefahr vorgebeugt, daß Luftbläschen den Zusammenhang des Quecksilberfadens unterbrechen und abgetrennte Teile an der Wiedervereinigung hindern.

Wird nun zur Seite der Röhre eine Skala angebracht, welche den jedesmaligen Stand des Quecksilberfadens abzulesen gestattet, so hat man ein *Thermometer*. Die zweckmäßige Auswahl einer solchen Skala muß uns nun zunächst beschäftigen.

Das Stück, um welches sich für eine bestimmte Erhöhung der Temperatur der Quecksilberfaden verlängert, ist bei verschiedenen derartigen Instrumenten sehr ungleich; es wird länger ausfallen, wenn die Röhre im Vergleich mit dem Rauminhalt des Gefäßes eng ist, und kürzer, wenn die Röhre vergleichsweise weit ist. Eine für alle Thermometer aus gleichen Teilen bestehende Skala, z. B. eine Millimeterteilung, würde daher für die nämliche Temperaturerhöhung an verschiedenen Instrumenten sehr verschiedene Ablesungen ergeben. Um daher die Angaben verschiedener Thermometer zu vergleichen, müßte man jedesmal eine Vergleichung der Instrumente selbst vornehmen.

Man könnte sich freilich dadurch helfen, daß man alle Thermometer nach einem Musterinstrument graduierte, wie etwa die Maßstäbe und Gewichte nach dem in den Archiven deponierten Etalon. Aber diese Umständlichkeit ist nicht nötig, indem uns die Wärmeerscheinungen selbst ein Mittel an die Hand geben, um jedes Thermometer sofort so zu graduieren, *daß seine Angaben mit denjenigen aller andern vergleichbar sind*.

Umgibt man nämlich das Instrument mit schmelzendem Eis oder Schnee, so bemerkt man, daß das Quecksilber in der Röhre sich bald auf einen bestimmten Punkt einstellt und dort fest stehen bleibt, wie auch das Schmelzen des Eises durch äußere Wärmezufuhr fortschreiten mag. Diesen Punkt merkt man auf der Röhre an; er heißt Gefrierpunkt oder Eispunkt, und entspricht der ganz unveränderlichen Temperatur, bei welcher das Eis schmilzt oder das Wasser gefriert.

Einen zweiten festen Punkt erhält man, wenn man das Instrument den Dämpfen des siedenden Wassers aussetzt; das Quecksilber steigt, bleibt aber endlich an einem bestimmten Punkt stehen. Das Wasser kann nämlich in einem offenen Gefäße nicht höher erhitzt werden als bis zu der Temperatur, bei welcher sein Dampf dieselbe Spannkraft erlangt hat wie die atmosphärische Luft. Das dieser Temperatur entsprechende Ende des Quecksilberfadens wird ebenfalls bezeichnet und Siedepunkt genannt. Der so gefundene Siedepunkt ist jedoch nur dann richtig, wenn seine Bestimmung bei 760 ^{mm} Barometerstand vorgenommen wurde; herrscht ein anderer Luftdruck, so wird eine kleine Korrektur nötig.

Der Raum zwischen diesen beiden festen Punkten heißt der Fundamentalabstand; wie ungleich seine Länge bei verschiedenen Thermometern auch sein mag, so hat er doch bei allen dieselbe Beziehung zu den zu messenden Temperaturen, und damit ist die Vergleichbarkeit der Thermometerangaben, in welcher Weise die weitere Unterabteilung auch bewirkt werden mag, für alle Fälle gesichert.

Nun muß der Fundamentalabstand, um eine Skala zu erhalten, noch in kleinere Teile oder Grade (^{0}) abgeteilt werden.

Nach Celsius wird der Abstand zwischen Gefrierpunkt und Siedepunkt in 100 gleiche Teile geteilt, und solche Teile werden auch über dem Siedepunkt und unter dem Gefrierpunkt aufgetragen, so weit die Röhre reicht. An den Gefrierpunkt schreibt man 0 (Null), an den Siedepunkt 100. Die Grade über Null werden mit dem Zeichen plus (+) oder ohne Zeichen, die Grade unter Null mit dem Zeichen minus (—) angegeben; z. B. — 6° bedeutet 6 Grade unter Null, + 6° oder bloß 6° bedeutet 6 Grade über dem Gefrierpunkt.

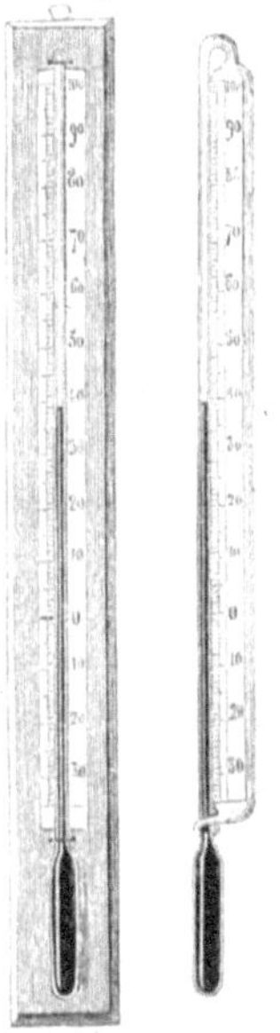

Fig. 8. Thermometer.

In Fig. 8 sind zwei verschiedene Formen des Celsius'schen oder Centesimalthermometers abgebildet.

Réaumur teilte den Fundamentalabstand in 80 gleiche Teile; der Gefrierpunkt ist ebenfalls mit 0, der Siedepunkt mit 80 bezeichnet.

Beim Fahrenheit'schen Thermometer steht am Gefrierpunkt die Zahl 32, am Siedepunkt 212; ihr Abstand ist sonach in 180 gleiche Teile geteilt. Fahrenheit aus Danzig, welcher zuerst übereinstimmende Thermometer verfertigte, glaubte nämlich in der tiefen Temperatur des Winters von 1709 den absoluten Nullpunkt der Wärme gefunden zu haben; er stellte diese Temperatur auch künstlich her durch eine Mischung von Eis, Wasser und Salmiak und nahm sie als ersten festen Punkt (Nullpunkt) seiner Skala an. Als zweiten festen Punkt wählte er, seiner eigenen Angabe nach, die Temperatur des menschlichen Körpers (100° F). Diese etwas unbehilfliche Skala des Deutschen Fahrenheit ist noch heute in England allgemein gebräuchlich, während man sich in Deutschland der Skala des Franzosen Réaumur, in Frankreich der Centesimalskala des Schweden Celsius bedient. Bei wissenschaftlichen Untersuchungen bedient man sich allgemein der hundertteiligen Skala, welche auch in diesem Werkchen durchaus zur Anwendung kommen soll.

Es ist nicht schwierig, die nach einer dieser 3 Skalen gemachten Angaben in die der beiden andern umzurechnen. Es sind nämlich 100° C = 80° R = 180° F. Um z. B. Réaumur'sche Grade in Celsius'sche zu verwandeln, multipliziert man mit 10, was einfach durch Verschiebung des Decimalkomma um eine Stelle nach rechts geschieht, und dividiert sodann durch 8; Celsius'sche Grade werden in Réaumur'sche umgesetzt durch Multiplikation mit 8 und nachherige Verschiebung des Komma um eine Stelle nach links. Um Fahrenheit'sche Grade in Celsius'sche oder Réaumur'sche zu verwandeln, muß man zuerst, um die über dem Gefrierpunkt liegenden Grade zu finden, 32 abziehen und dann den Rest mit $^5/_9$ oder bzw. $^4/_9$ multiplizieren.

Außer Quecksilber wird zum Füllen der Thermometer auch Weingeist verwendet; bei mittleren Temperaturen ist das flüssige Metall wegen seiner gleichmäßigen Ausdehnung vorzuziehen. Dagegen kann das Weingeistthermometer noch gebraucht werden bei den tiefen Temperaturen, bei welchen das Quecksilberthermometer wegen Erstarrung seines Inhalts den Dienst versagt.

Ein Weingeistthermometer kommt auch bei dem in Fig. 9 abgebildeten Maximum- und Minimum-Thermometer zur Anwendung, welches die innerhalb eines beliebigen Zeitraumes, z. B. innerhalb 24 Stunden, stattgefundene höchste und tiefste Temperatur durch einmalige Ablesung zu ermitteln gestattet. Auf einer und derselben Platte sind in horizontaler Lage zwei Thermometer befestigt, von denen das eine A mit Quecksilber, das andere B mit Weingeist gefüllt ist. Das erstere zeigt die höchste stattgehabte Temperatur an, indem das Quecksilber beim Vorrücken einen kleinen Eisenstift vor sich her schiebt, beim Zurückweichen

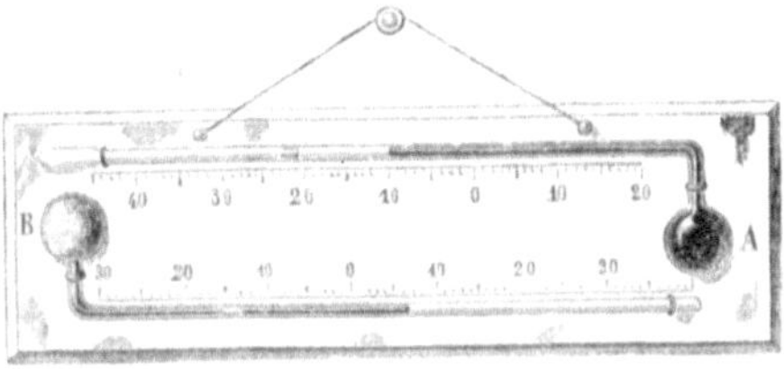

Fig. 9. Maximum- und Minimum-Thermometer.

aber liegen läßt. Das zweite gibt die tiefste Temperatur an, indem der Weingeist ein in ihm befindliches und an seiner Oberfläche gleichsam haftendes Glasstäbchen beim Zurückweichen mit sich nimmt, beim Vorrücken dagegen liegen läßt.

Das Instrument wird zum Gebrauche hergerichtet, indem man die Platte nach rechts neigt, damit die Stifte wieder mit den Flüssigkeitsoberflächen in Berührung kommen. Dann wird es horizontal gestellt und nach 24 Stunden der Stand der beiden Stifte abgelesen.

Das soeben beschriebene Rutherford'sche Maximum- und Minimum-Thermometer kommt leicht in Unordnung. Weit zuverlässiger ist das in Fig. 10 abgebildete Metall-Maximum- und Minimum-Thermometer von Hermann und Pfister in Bern, dessen Konstruktion auf der ungleichen Ausdehnung zweier fester Metalle beruht. Der Hauptbestandteil des Instruments ist eine Spirale, welche aus zwei Metallstreifen zusammengelötet ist; der äußere Streifen besteht aus Stahl, der innere aus Messing. Das innere Ende der Spirale ist an einen festen Metallzapfen angeschraubt, das äußere Ende ist frei. Beim Zunehmen der Temperatur dehnt sich das Messing stärker aus als der Stahl, die Spirale öffnet sich etwas, und ihr freies Ende geht nach links; beim Erkalten schließt sie sich wieder mehr und bewegt ihr freies Ende nach rechts. Ein an diesem freien Ende angebrachter Zapfen umfaßt mittelst einen Schlitzes einen Stift, welcher auf dem mittleren leicht drehbaren Zeiger befestigt ist und denselben bei steigender Temperatur nach links, bei fallender nach rechts verschiebt. Die Spitze des Zeigers bewegt sich auf einer bogenförmigen Skala, welche durch Vergleichung mit einem Quecksilberthermometer graduiert ist. Der Zeiger gibt sonach stets die augenblicklich herrschende Temperatur an. Nun sind aber noch zwei mit leichter Reibung drehbare Zeiger vorhanden, welche auf ihrer vorderen Fläche hervorragende Stifte tragen; dieselben können, der eine von links, der andere von rechts her, an den mittleren Zeiger herangeschoben werden, so daß dieser ihre Stifte berührt. Beim Vorrücken des mittleren Zeigers nach links hin wird der dort befindliche Zeiger vorwärts geschoben, beim Zurückweichen stehen gelassen; er zeigt demnach die höchste Temperatur an, welche seitdem stattgefunden; eben so muß der andere Zeiger rechts die tiefste Temperatur anzeigen. Nach geschehener Ablesung werden die beiden seitlichen Zeiger leise mit der Hand an den mittleren zurückgeschoben, worauf sie ihre Funktionen von neuem beginnen.

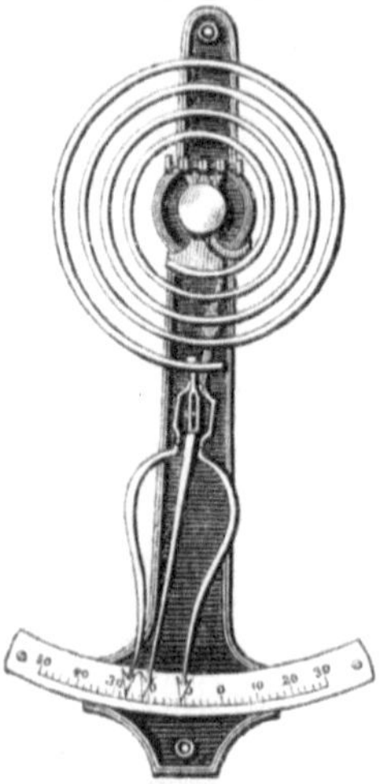

Fig. 10. Metall-Thermometer.

Begreiflicherweise übt die Wärme auch auf das Quecksilber im Barometer ihre ausdehnende Wirkung; die Folge davon ist, daß bei gleichem Luftdruck aber ungleicher Temperatur die Barometerstände verschieden ausfallen. Man ist daher übereingekommen, als Maß des Luftdruckes stets die Höhe einer Quecksilbersäule von 0 Grad anzugeben. Da man die Ausdehnung des Quecksilbers kennt, läßt sich die kleine Verbesserung, welche man an dem beobachteten Barometerstand, um ihn auf 0 Grad zu reduzieren, anbringen muß, leicht ermitteln, wenn man nur gleichzeitig mit der Höhe der Quecksilbersäule auch die Temperatur des Barometers an dem beigefügten Thermometer T (Fig. 6) abliest. Die Aneroide sind schon deswegen weniger zuverlässig als die Quecksilberbarometer, weil die Einwirkung der Wärme auf ihren Gang eine sehr verwickelte ist, und daher nicht so leicht in Abrechnung gebracht werden kann.

Erdwärme. Ein- und Ausstrahlung.

Begibt man sich mit einem Thermometer in den Schacht eines Bergwerkes hinab, so beobachtet man, daß dasselbe für je 30^{m} Tiefe um einen Grad steigt. Nähme auch in größeren uns unerreichbaren Tiefen die Temperatur in demselben Verhältnis zu, so müßte schon 3 Kilometer unter der Oberfläche der Siedepunkt und bei 30 Kilometern die Schmelzhitze des Gußeisens erreicht sein. Jedenfalls beweisen die aus großen Tiefen kommenden heißen Quellen, noch mehr aber die den Kratern der Vulkane entströmende Lava, daß im Innern der Erde eine sehr hohe Temperatur herrscht.

In Folge der geringen Leitungsfähigkeit der festen Erdrinde gelangt von der Wärme des Erdinnern so gut wie nichts bis zur Oberfläche. Die innere Erdwärme hat daher auf die Wärmeerscheinungen der Erdoberfläche keinen merklichen Einfluß.

Die Temperatur des Weltraums, in dem sich die Erde bewegt, kann jedenfalls nicht höher sein, als diejenige der

Erdpole am Ende ihrer langen Winternacht, nämlich 50 bis 60° unter dem Gefrierpunkt. Die ganze Erdoberfläche müßte, wenn ihr nicht Wärme von außen zugeführt würde, diese tiefe Temperatur annehmen, bei welcher alles organische Leben ertötet und das Meer zu steinhartem Eis erstarrt wäre.

Die alleinige für unsere Erdoberfläche in Betracht kommende Wärmequelle ist die Sonne.

Die Sonnenstrahlen, durch wellenartige Erzitterung des feinen den ganzen Weltenraum erfüllenden Äthers fortgepflanzt, können jedoch nur dann erwärmend wirken, wenn sie auf einen Körper treffen, der sie nur teilweise oder gar nicht durch sich hindurchläßt. Die von dem Körper nicht durchgelassenen, von ihm gleichsam verschluckten (absorbierten) Strahlen werden zu seiner Erwärmung verwendet. Reine Luft läßt die Wärmestrahlen fast vollkommen durch sich hindurchgehen, sie wird daher von ihnen nur unbedeutend erwärmt; die höhern Luftschichten, ogleich sie die Sonnenstrahlen aus erster Hand empfangen, sind ja bekanntlich so kalt, daß selbst in der Tropenzone die Gipfel der Hochgebirge mit ewigem Schnee bedeckt sind. Die Erwärmung der Atmosphäre erfolgt zum weitaus größeren Teil nicht unmittelbar durch die Sonnenstrahlen, sondern erst mittelbar durch die erhitzte Erdoberfläche, welche ihre durch Absorption erworbene Wärme zunächst den sie berührenden unteren Luftschichten mitteilt; indem diese leichter, geworden, emporsteigen, führen sie die Wärme auch den höheren Luftschichten zu.

Weder das Wasser, noch die Wolken, noch irgend welche Bestandteile der festen Erdrinde sind so durchlässig für die Wärme wie die Luft. Alle verschlucken einen größeren oder geringeren Anteil der sie treffenden Sonnenstrahlen und erwärmen sich dadurch mehr oder weniger.

Das **Einsaugungs-** oder **Absorptionsvermögen** der Körper ist nicht bloß von ihrer inneren Beschaffenheit, sondern namentlich auch von dem Zustand ihrer Oberfläche abhängig. Körper von lockerem Gefüge und rauher Oberfläche verschlucken die Wärmestrahlen vollkommener, erwärmen sich also bei gleicher Bestrahlung höher, als dichte Körper mit glatt polierter Oberfläche. Ebenso ist auch die Farbe von Belang: dunkelgefärbte Körper absorbieren besser als hellgefärbte. Humusreiche Ackerkrume wird unter dem Einfluß der Sonnenstrahlen stärker erwärmt als weißlicher Kalkboden, oder gar als eine Schneefläche. Streut man aber Ruß auf den Schnee, so wird man bemerken, daß der Schnee unter dem Ruß rascher schmilzt als der benachbarte und daß, der Rußspur folgend, eine tiefe Rinne im Schnee sich bildet. Der Kienruß, welcher die für die Absorption günstigen Eigenschaften, lockeres Gefüge, rauhe Oberfläche und dunkle Farbe, in hohem Grade besitzt, ist auch in der That unter allen bekannten Körpern derjenige, welcher durch Bestrahlung am stärksten erwärmt wird.

Jeder erwärmte Körper ist befähigt, Wärmestrahlen auszusenden, und verliert dadurch fortwährend Wärme. Für diesen Vorgang gilt das Gesetz, daß das **Ausstrahlungsvermögen dem Absorptionsvermögen proportional ist**: die besten Einsauger sind auch die besten Ausstrahler. Die Schneedecke, welche sich durch Bestrahlung nur schwach erwärmt, macht diesen Fehler wieder gut, indem sie durch ihr geringes Ausstrahlungsvermögen den Boden und die in ihm befindlichen Pflanzen vor allzu starker Abkühlung schützt.

Die Wärmeausstrahlung eines Körpers erfolgt um so lebhafter, je tiefer die Temperatur seiner Umgebung ist, welcher er seine Strahlen zusendet. In jeder klaren Nacht erkaltet die Erdoberfläche bedeutend, weil sie ihre unter Tags gewonnene Wärme ungehindert gegen den eisig kalten Weltenraum ausstrahlen kann; ist dagegen der Himmel mit Wolken bedeckt, welche viel weniger kalt sind als der Weltenraum, so ist die nächtliche Abkühlung weit geringer.

Auch während des Tages verliert die Erdoberfläche unausgesetzt Wärme durch Ausstrahlung; aber die Wärmemenge, welche sie von der Sonne durch Bestrahlung empfängt, ist viel größer als die, welche sie durch gleichzeitige Ausstrahlung verliert.

Wie groß mag wohl die Wärmemenge sein, welche der Erde durch die Sonnenstrahlung zugeführt wird? Ehe wir diese Frage beantworten, müssen wir ein Maß für Wärmemengen kennen lernen. Durch das Thermometer an sich werden nur Erwärmungszustände bestimmt, nicht aber Wärmequantitäten gemessen. Offenbar enthält z. B. 1 Kilogramm Wasser von 10° nur halb so viel Wärme als die doppelte Wassermenge von der gleichen Temperatur; und 1 Kilogramm Wasser von 10° besitzt eben so viel Wärme als 2 Kilogramme von 5°. Man ist übereingekommen, diejenige Wärmemenge als Wärmeeinheit zu wählen, durch welche 1 Kilogramm Wasser um 1 Grad erwärmt wird.

Man lernt nun die erwärmende Wirkung der Sonnenstrahlen ihrer Größe nach kennen, wenn man ermittelt, um wie viel Grade ein Kilo Wasser durch die Sonnenstrahlung in bestimmter Zeit erwärmt wird.

Pouillet hat sich zur Ausführung dieser Messung des in Fig. 11 abgebildeten von ihm Pyrheliometer genannten Instrumentes bedient. Dasselbe besteht aus einem Thermometer, dessen Kugel sich inmitten eines cylindrischen Gefäßes von dünnem Silberblech befindet, welches mit Wasser gefüllt ist. Die aus dem Gefäß hervortretende Thermometerröhre ist von einem Messingrohre umhüllt, das seitlich behufs der Ablesung des Thermometers einen Schlitz trägt. Auf dem

Messingrohr ist noch eine Metallscheibe von gleichem Durchmesser wie das silberne Gefäß aufgesetzt. Damit die Sonnenstrahlen den mit Kienruß geschwärzten und dadurch zur Wärmeaufsaugung vorzüglich geschickt gemachten Boden des Silbergefäßes senkrecht, d. h. in möglichst günstiger Richtung, treffen, braucht man das Instrument nur so gegen die Sonne zu stellen, daß der Schatten des Silbergefäßes genau auf jene Metallscheibe fällt.

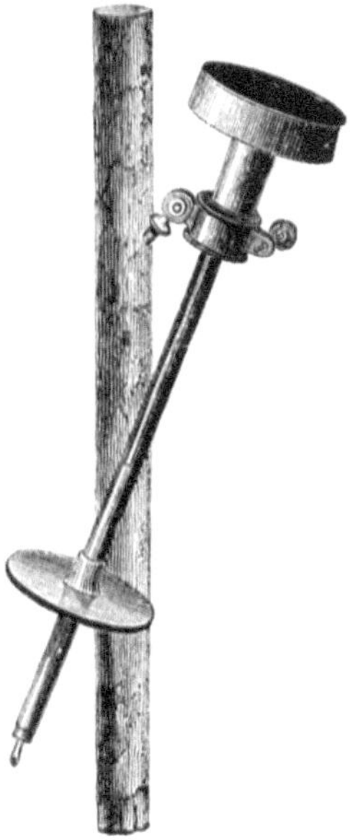

Fig. 11. Pyrheliometer.

Beobachtet man nun das Steigen des Thermometers während fünf Minuten, so kann man die Anzahl der Wärmeeinheiten angeben, welche die geschwärzte Oberfläche während dieser Zeit von der Sonne empfing. Freilich hat die Kienrußfläche unterdessen auch Wärme durch Ausstrahlung gegen die Himmelsräume verloren; man bestimmt diesen Verlust, indem man nachher im Schatten das Sinken des Thermometers während fünf Minuten beobachtet, und rechnet ihn der zuerst gefundenen Wärmemenge hinzu. Fügt man ferner noch hinzu den Verlust, welchen die Strahlen beim Durchgang durch die Atmosphäre erleiden, so findet man, daß die der Erde im Laufe eines Jahres von der Sonne zugestrahlte Wärmemenge im Stande sein würde, eine den Erdball umgebende Eisrinde von 30 m Dicke zu schmelzen. So enorm auch diese Wärmequantität erscheinen mag, so ist sie doch, wie wir bereits wissen, nur ein winziger Bruchteil, nämlich $\frac{1}{2\,300\,000\,000}$, der gesamten von der Sonne ausgestrahlten Wärme, welche letztere hinreichen würde, eine den Sonnenball umgebende 6000 Kilometer dicke Eisschicht zu schmelzen.

Wirkung der Atmosphäre auf Ein- und Ausstrahlung.

Von dieser Wärmemenge, welche die Sonne dem Erdball zusendet, gelangt aber nur ein Teil wirklich bis zur Erdoberfläche. Was vorhin von der fast vollkommenen Durchlässigkeit der Atmosphäre für die Wärmestrahlen gesagt wurde, gilt eigentlich nur für die klare, dünne und trockene Luft der höheren Regionen; die unteren dichteren Schichten üben schon an sich, noch mehr aber vermöge ihres Gehaltes an Wasserdampf, eine merkliche Absorption aus; zudem sind sie durch Staub und Dunst, Nebel und Wolken, sämtlich Hindernisse für den Durchgang der Wärme, vielfach getrübt. Auf diese Weise wird etwa die Hälfte der eingestrahlten Wärme durch die Atmosphäre zurückgehalten, und nur die andere Hälfte kommt der Erdoberfläche direkt zu gute.

Nicht nur der Einstrahlung, auch der Ausstrahlung tritt die Atmosphäre hinderlich in den Weg; sie behält aber von der ausstrahlenden Wärme einen weit größeren Anteil, etwa $^9/_{10}$, zurück, und spielt daher in dem unausgesetzten Strahlenaustausch zwischen Weltenraum und Erdoberfläche eine für letztere durchaus vorteilhafte Rolle.

Die Durchlässigkeit der Luft ist nämlich für Wärmestrahlen verschiedener Art sehr ungleich. In dem Sonnenlicht sind eine große Anzahl verschiedener Strahlengattungen enthalten, welche sich von einander wie die tieferen und höheren Töne der Tonleiter unterscheiden. Nur eine Reihe der höheren Wärmetöne, wenn man so sagen darf, sind nicht nur unserem Gefühle als Wärme, sondern auch unserem Auge als Licht wahrnehmbar; die tiefsten dagegen sind nicht sichtbar, bringen aber trotzdem eine beträchtliche Wärmewirkung hervor. Wir können sonach die letzteren als dunkle, die ersteren dagegen als leuchtende Wärmestrahlen bezeichnen. Die leuchtenden Strahlen werden nun von der Luft in viel geringerem Grade absorbiert als die dunkeln.

Die Sonne sendet uns beide Strahlengattungen zu, besonders reichlich aber leuchtende Strahlen, welche die Atmosphäre ohne großen Verlust durchdringen. Indem sie die Erdoberfläche erwärmen, werden sie in dunkle Wärme verwandelt. Die Erde kann also nur dunkle Wärme ausstrahlen, von welcher aber der größte Teil von der Atmosphäre zurückbehalten wird; nur ein kleiner Anteil (1/10 etwa) kann wirklich in den kalten Weltenraum entweichen und geht für uns verloren.

Es gibt noch andere Körper, welche sich den leuchtenden und dunkeln Strahlen gegenüber ähnlich verhalten wie die Luft, z. B. das Glas. Die Sonnenwärme dringt leicht durch unsere Fensterscheiben, welche dagegen für die dunkle Ofenwärme fast vollständig undurchlässig sind.

Auf diesem Verhalten des Glases beruht der folgende von Saussure herrührende Versuch. Man nimmt ein Holzkästchen, welches innen mit einem schlechtleitenden Körper, Kork oder Watte, ausgelegt, und zur Erhöhung des Absorptionsvermögens mit Ruß geschwärzt ist. Nachdem man auf dem Boden des Kästchens ein Thermometer befestigt hat, wird dasselbe mit einem Deckel aus gewöhnlichem Glase verschlossen. Läßt man nun die Sonnenstrahlen senkrecht auf die Glasplatte fallen, so steigt das Thermometer selbst in unserem Klima auf 60 bis 80 Grad, während ein äußeres Thermometer im Schatten kaum 15 bis 20 Grade zeigt. Durch die Glasplatte werden nämlich die hellen Strahlen der Sonne hereingelassen, durch Absorption in dunkle Wärme verwandelt, und dann nicht mehr hinausgelassen. Saussure nannte diesen Apparat „Heliothermometer".

Eine ähnliche Wirkung zeigen die Glashäuser unserer Gärten. Die Sonnenwärme dringt mit Leichtigkeit hinein; nachdem sie aber innen in dunkle Wärme verwandelt ist, kann sie durch das Glas nicht wieder entweichen; die Wärme häuft sich demnach an und bewirkt eine beträchtliche Erhöhung der Temperatur.

Man könnte die Atmosphäre in ihrem Verhalten zur Ein- und Ausstrahlung vergleichen mit einem die Erde rings umspannenden Glasdache. Ihre wohlthätige Wirkung besteht darin, die Durchschnittstemperatur der Erdoberfläche zu erhöhen, indem sie einen zu raschen Wärmeverlust durch Ausstrahlung verhindert.

Wasser und Eis.

Das Wasser in seinen verschiedenen Zuständen spielt bei den Witterungsvorgängen eine äußerst wichtige Rolle; um diese völlig verstehen zu können, müssen wir die Eigenschaften des Wassers genauer ins Auge fassen.

Seine Absorptionsfähigkeit für strahlende Wärme ist verglichen mit derjenigen der festen Erdrinde eine geringe; durchsichtig wie es ist, läßt es den größten Teil der leuchtenden Sonnenstrahlen ungehindert passieren; in geringen Mengen, z. B. in einem Glase, erscheint es klar und farblos, erst in größeren Massen tritt seine bläuliche Färbung hervor, welche durch die vorzugsweise auf die roten Bestandteile der Sonnenstrahlung ausgeübte Absorption verursacht ist. In große Meerestiefen dringt durch die ungeheuer dicke darüber flutende Wasserschicht nur spärlich Licht und Wärme.

Vor allen andern Körpern zeichnet sich das (süße) Wasser aus durch seine regelwidrige Ausdehnung beim Erwärmen. Der thermometerartige Apparat (Fig. 12) sei bis zu dem oberen Striche mit Wasser von 0 Grad gefüllt; erwärmt man nun ganz langsam, so dehnt sich das Wasser nicht aus, wie jede andere Flüssigkeit thun würde, sondern es zieht sich zusammen, die Wassersäule in der Röhre sinkt und erreicht bei 4° ihren durch den unteren Strich angedeuteten tiefsten Stand; bei weiterem Erwärmen dehnt sich das Wasser wieder aus, es steigt in der Röhre, erreicht bei 8° wieder den ursprünglich bei 0 Grad innegehabten Stand, und geht bei fortgesetztem Erwärmen darüber hinaus.

Fig. 12. Ausdehnung des Wassers.

Das Wasser nimmt also bei 4° einen kleineren Raum ein als bei jeder anderen Temperatur: bei 4° hat es seine größte Dichte. Ein Liter Wasser von 4° ist um $^1/_{10}$ Gramm schwerer als ein Liter Wasser von 0 Grad oder ein Liter Wasser von 8°.

Beim Erkalten zieht sich das Wasser zusammen und wird schwerer, bis es bei 4° seine größte Dichte erreicht hat; kühlt es sich aber noch weiter ab, so dehnt es sich wieder aus und wird leichter. Diesem merkwürdigen Verhalten des Wassers verdanken wir es, daß unsere süßen Gewässer nicht bis auf den Grund gefrieren. Im Winter erkalten zuerst die oberen Wasserschichten eines Landsees durch Ausstrahlung und Berührung mit der kalten Luft; so lange die Temperatur der größten Dichte noch nicht erreicht ist, sinkt das schwere kalte Wasser zu Boden und wird durch aufsteigendes wärmeres Wasser ersetzt. Dieses Spiel dauert fort, bis endlich die ganze Wassermasse die Temperatur von 4° besitzt. Erkalten jetzt die oberflächlichen Schichten noch tiefer, so kann ihr kälteres Wasser, weil es leichter ist als das von 4°, nicht mehr hinabsinken; es behauptet sich oben, und hier beginnt auch, wenn die Oberfläche die Temperatur des Gefrierpunkts erreicht hat, die Eisbildung; die Wasserfläche überzieht sich mit einer Eisdecke, welche das Erkalten der unteren Schichten verzögert und daher nur allmählich dicker wird. In der Tiefe behält das Wasser des zugefrorenen Sees die Temperatur von 4° und ermöglicht dadurch die Fortexistenz des Lebens der Wassertiere. Würde das Wasser, wie andere Flüssigkeiten, sich beim Erkalten unausgesetzt zusammenziehen, so müßte, wie man leicht einsieht, das Gefrieren eines Sees von unten herauf erfolgen und, bei kleinern Gewässern wenigstens, die ganze Wassermasse zu einem kolossalen Eisklumpen erstarren. Größere Seen von bedeutender Tiefe gefrieren auch nicht einmal oberflächlich, weil bei ihnen sehr lange Zeit erfordert wird bis die ganze Wassermasse auf 4° erkaltet ist, und bald nachher die wärmere Jahreszeit wieder eintritt. Auf dem Grunde tiefer Seen besitzt das Wasser Jahr aus Jahr ein die Temperatur von 4 bis 5 Grad.

Indem das Wasser von 0 Grad zu Eis erstarrt, dehnt es sich plötzlich aus; ein Liter (1000 Kubikcentimeter) Wasser nimmt beim Gefrieren um nicht weniger als 90 Kubikcentimeter an Rauminhalt zu. Diese Ausdehnung erfolgt mit solcher Gewalt, daß auch die festesten Gefäße, in denen sich das gefrierende Wasser befindet, zersprengt werden. Das Eis ist demnach leichter als das Wasser und schwimmt auf demselben.

Das Zugefrieren der Flüsse geht, wenn die Strömung eine langsame ist, in ähnlicher Weise vor sich, wie bei einem Landsee; nur beginnt die Eisbildung an den tief erkalteten Ufern und erstreckt sich von hier aus allmählich über die ganze Breite des Flusses. Eine raschere Strömung aber verhindert ein derartiges Zustandekommen einer Eisdecke, indem sie durch unaufhörliches Mischen der oben erkalteten mit den unteren wärmeren Wasserschichten das Wasser länger flüssig erhält und eine gleichmäßige Temperatur der ganzen Wassermasse herbeizuführen strebt. Ist endlich die ganze Wassermasse auf 0 Grad erkaltet, so ist die Möglichkeit der

Bildung des Grundeises gegeben. In klarer Nacht sendet der Boden des Flusses durch das Wasser und durch die Luft hindurch Wärmestrahlen gegen den kalten Himmelsraum, und entzieht den benachbarten Wasserteilchen ihre Wärme; diese erstarren zu Eisnadeln und Eisblättchen, welche zunächst an den Rauhigkeiten des Flußbettes haften, und erst wenn sie zu größeren Schollen sich gehäuft haben zur Oberfläche emporsteigen und den Strom entlang treiben: „der Fluß geht mit Grundeis". Das aufsteigende Grundeis hebt häufig Sand, Steine und selbst die Ankerketten der Schiffe mit hinauf. Werden die Schollen häufiger, so gefrieren sie zusammen und bilden eine unebene Eisfläche: „der Fluß kommt zum Stehen". Die Eisdecke, einmal vorhanden, verhindert die fernere Bildung von Grundeis, indem sie der Ausstrahlung des Flußbettes gegen den Himmel ein Ziel setzt.

Alles bisher Gesagte gilt nur von dem süßen Wasser der Flüsse und Landseen. Das salzige Meerwasser zeigt ein ganz anderes Verhalten. Es gefriert je nach seinem Salzgehalt erst bei einer Temperatur von 2½ bis 5 Grad unter Null und besitzt über seinem Gefrierpunkt kein Maximum der Dichte. Sind die oberflächlichen Schichten bis zu jener Temperatur erkaltet, so sind sie zwar schwerer als das untere wärmere Wasser und daher bestrebt niederzusinken; das Hinabsinken erfolgt aber nicht so rasch, daß sich nicht kleine Eisnadeln bilden könnten, welche in dem Wasser schwimmend dasselbe breiartig machen; durch Zusammenfrieren der Nadelchen entstehen zuerst schwammige Eismassen, welche durch den Wellenschlag an einander gestoßen größere Scheiben mit aufgeworfenen Rändern bilden, die sogenannten „Pfannkuchen" der Seefahrer. Oft sind weite Flächen der Polarmeere von solchem „Packeis" bedeckt. Durch Vereinigung der treibenden Schollen entstehen die Eisfelder, welche, schwimmenden Inseln vergleichbar, den Schiffen schwere Gefahr drohen.

Ihre unebene Oberfläche ist gewöhnlich tief mit Schnee bedeckt.

In Buchten, welche vor dem hochgehenden Wellenschlag des offenen Meeres geschützt sind, bildet sich von dem kalten Strand ausgehend häufig eine glatte und zusammenhängende Eisdecke, das sogenannte Bai-Eis.

Durch Schmelzen von Meereis erhält man süßes Wasser. Aus dem gefrierenden Meerwasser scheidet sich nämlich reines Wassereis aus, und eine salzreichere Flüssigkeit bleibt zurück. Auf diesem Verhalten beruht die Gewinnung des Seesalzes in den nördlichen Gegenden.

Wasserdampf und Feuchtigkeit.

Wenn Wasser in einem offenen Gefäße auf 100° erwärmt wird, so geht es unter heftigem Aufwallen in den gasförmigen Zustand über, es siedet. Das so entstandene gasförmige Wasser, der Wasserdampf, mischt sich der Luft bei und kann in derselben, da er wie die Luft selbst farblos und durchsichtig ist, nicht gesehen werden. Die über dem kochenden Wasser sich erhebende Wolke ist kein Dampf, sondern besteht aus äußerst feinen Bläschen oder Tröpfchen flüssigen Wassers, welche durch Abkühlung aus dem Dampfe sich niedergeschlagen haben.

Die Flüssigkeit wird in wallende Bewegung versetzt durch aufsteigende Dampfblasen, welche sich an den Wänden und am Boden des Gefäßes entwickeln. Im Innern der Flüssigkeit können aber nur dann Dampfblasen bestehen, wenn die Spannkraft des Dampfes dem Druck, welchen die Atmosphäre auf die Flüssigkeit ausübt, zu widerstehen vermag. Der beim Sieden sich entwickelnde Dampf besitzt in der That eine eben so große Spannkraft wie die umgebende atmosphärische Luft. Die Siedetemperatur des Wassers ist daher von dem Luftdruck abhängig; sie beträgt 100° an der

Oberfläche des Meeres bei 760mm Barometerstand. Auf hohen Bergen oder Hochebenen, wo der Luftdruck geringer ist als am Meeresspiegel, erfolgt das Sieden schon bei niedrigeren Temperaturen. Auf dem Gipfel des Montblanc z. B., in einer Höhe von 4775m über der Meeresfläche, wo das Barometer nur noch 417mm zeigt, siedet das Wasser schon bei derjenigen Temperatur, bei welcher die Spannkraft seines Dampfes einer Quecksilbersäule von 417mm Höhe das Gleichgewicht zu halten vermag, d. i. bei 84°. Es würde dort nicht gelingen, in einem offenen Gefäße ein Ei hart zu sieden, weil hiezu eine Temperatur von nahe 100° erforderlich ist.

Aber nicht nur bei der Siedetemperatur, sondern bei jeder beliebigen niedrigeren Temperatur bildet sich Dampf an der Oberfläche der Flüssigkeit, der sich allmählich der darüber befindlichen Luft beimischt: das Wasser, ja sogar das Eis und der Schnee, verdunstet. Vermöge dieser Verdunstung werden mit Wasser benetzte Gegenstände allmählich wieder trocken. Stellt man in einer flachen Schale Wasser an die freie Luft, so nimmt die Menge desselben durch die unaufhörlich vor sich gehende Verdunstung fortwährend ab, bis es endlich ganz verschwunden oder eingetrocknet ist. Deckt man aber eine dicht schließende Glasglocke über die Schale, so hört die Verdunstung bald auf und die Schale trocknet nicht aus. Der unter der Glasglocke abgeschlossene Luftraum kann nämlich, für die gerade herrschende Temperatur, nur eine begrenzte Menge Wasserdampfes aufnehmen. Ist diese Grenze erreicht, so findet weitere Verdunstung nicht mehr statt, und wir sagen, die unter der Glasglocke eingeschlossene Luft sei mit Wasserdampf gesättigt. Steigt die Temperatur, so bildet sich neuer Dampf, bis der Luftraum wieder bei dieser höheren Temperatur gesättigt ist; kühlt man wieder ab bis zum vorigen Wärmegrad, so schlägt sich der neugebildete Dampf in Form feiner Wassertröpfchen an den Wänden der Glasglocke nieder und die Luft in ihrem Innern bleibt gesättigt mit der Dampfmenge, welche sie vorhin enthielt. Um denselben Luftraum bei höherer Temperatur zu sättigen, ist also mehr Dampf, d. h. Dampf von größerer Dichte und höherer Spannkraft erforderlich als bei niedrigerer Temperatur. Die Spannkraft und Dichte des gesättigten Wasserdampfes ist daher um so größer, je höher die Temperatur ist, bei welcher er sich bildet.

Die jedem Wärmegrad zugehörige Spannkraft des gesättigten Dampfes kann auf sehr einfache Art gemessen werden. Läßt man nämlich in den leeren Raum über dem Quecksilber in einer Barometerröhre (Fig. 5) etwas Wasser aufsteigen, so bildet sich aus demselben sofort, der Temperatur der Umgebung entsprechend, gesättigter Dampf und die Quecksilbersäule des Barometers wird niedriger, weil der jetzt den vorher leeren Raum erfüllende Wasserdampf dem Luftdruck entgegenwirkend die Quecksilbersäule hinabdrückt. Die Anzahl Millimeter Quecksilber, um welche die Säule jetzt tiefer steht als vorher, gibt uns ein Maß für die Spannkraft des Wasserdampfes. Wiederholt man diesen Versuch bei verschiedenen Temperaturen, so findet man die denselben entsprechenden Spannkräfte des gesättigten Wasserdampfes. In der folgenden kleinen Tabelle sind von 5 zu 5° die so ermittelten Werte aufgeführt.

Temperatur	Spannkraft	Temperatur	Spannkraft
— 30° C	0,4 mm	10° C	9,2 mm
— 25	0,6	15	12,7
— 20	0,9	20	17,4
— 15	1,4	25	23,6
— 10	2,1	30	31,6
— 5	3,1	35	41,8
0	4,6	40	54,9
5	6,5	45	71,4

In einem luftleeren Raume, wie über dem Quecksilber des Barometers, erfolgt die Dampfbildung bis zur Sättigung fast augenblicklich; bei Gegenwart von Luft wird zwar für die nämliche Temperatur derselbe Grad der Sättigung, d. i. dieselbe Spannkraft, erreicht, aber die Verdampfung geht nur ganz langsam vor sich, indem zunächst nur die auf der Wasseroberfläche ruhende Luftschicht sich sättigt, allmählich ihren Wasserdampf von Schicht zu Schicht der darüber befindlichen Luft mitteilt, und eben dadurch selbst wieder fähig wird neuen Wasserdampf in sich aufzunehmen. In einem abgeschlossenen Raume wie z. B. unter der oben erwähnten Glasglocke, wird auf diesem Wege der Sättigungszustand nach einiger Zeit allerdings eintreten und der weiteren Verdampfung ein Ziel setzen. In freier Luft aber wird der Sättigungspunkt nur selten erreicht; die Atmosphäre enthält zwar immer Wasserdampf, aber selten so viel, als sie vermöge ihres jeweiligen Wärmegrads zu fassen vermöchte. Man nennt den in der Luft als vollkommen durchsichtiges und deshalb unsichtbares Gas enthaltenen Wasserdampf ihre Feuchtigkeit.

Die in der Luft in wechselnden Mengen enthaltene Feuchtigkeit spielt bei den Witterungsprozessen eine äußerst wichtige Rolle; es ist daher von hohem Interesse, ihren Betrag zu kennen. Der in der Luft enthaltene Dampf übt vermöge seiner Spannkraft einen Druck aus, welcher sich zu dem Druck der (vollkommen trocken gedachten) Luft hinzufügt; die Quecksilbersäule des Barometers wird daher nie den Druck der Luft allein, sondern sie wird den Gesamtdruck der Luft und des Dampfes angeben. Der Dampfdruck für sich, in Millimetern Quecksilber ausgedrückt, kann mit Hilfe von Apparaten, deren Einrichtung wir sogleich kennen lernen wollen, leicht ermittelt werden; daraus läßt sich dann der Gehalt der Luft an Wasserdampf in Grammen per

Kubikmeter oder die *absolute Feuchtigkeitsmenge* berechnen.

Zur Beurteilung der Witterungsverhältnisse kommt es weniger darauf an, den absoluten Gehalt der Luft an Wasserdampf zu kennen, als zu wissen, ob die Luft ihrem Sättigungspunkt nahe oder weit davon entfernt ist; im ersteren Falle nennen wir sie *feucht*, im letzteren *trocken*. In der That, wenn nahezu mit Wasserdampf gesättigte Luft eine nur geringe Abkühlung erfährt, so wird sich ein Teil ihres Dampfes in Form von Nebeln und Wolken verdichten, und mit unserer Haut in Berührung das Gefühl der Nässe hervorrufen; Luft dagegen, welche viel weniger Dampf enthält als sie vermöge ihrer Temperatur bis zur Sättigung aufnehmen könnte, wird eine beträchtliche Abkühlung ertragen, ohne daß sich Wasser in flüssiger Form aus ihr niederschlägt. Schon das Allgemeingefühl unserer Körperoberfläche gibt uns Aufschluß darüber, ob die Luft trocken oder feucht ist. In trockener Luft geht die Verdunstung der Feuchtigkeit, welche durch unsere Haut stets ausgeschieden wird, ungehindert vor sich; in mit Wasserdampf bereits gesättigter Luft dagegen ist die Verdunstung gehindert. Ist die feuchte Luft gleichzeitig sehr warm, so daß bei gesteigerter Ausscheidung nur schwache Verdunstung stattfinden kann, so empfinden wir ein Unbehagen, das wir als *Schwüle* bezeichnen.

Vergleichen wir gesättigte Luft von 20° mit gesättigter Luft von 9°; die Spannkraft des in jener enthaltenen Dampfes beträgt 17,4 mm, in dieser dagegen nur 8,6 mm; beide Luftmengen sind *feucht*. Enthielte aber die erste Luftmenge bei derselben Temperatur von 20° nur Dampf von 8,7 mm Spannkraft, d. i. nur die Hälfte der Dampfmenge, welche sie vermöge ihrer Temperatur zu fassen im Stande ist, so müßte sie *trocken* genannt werden, obgleich sie *absolut* genommen mehr Feuchtigkeit enthält als die gesättigte und darum feuchte Luft von 9°. „Trocken“ und „feucht“ sind daher relative Begriffe, gewonnen durch Vergleichung des wirklich vorhandenen Wassergehaltes mit dem, welcher bei der herrschenden Temperatur vorhanden sein könnte. Um den Feuchtigkeitszustand der Luft von 20° und 8,7mm Dampfspannung zu bezeichnen, könnten wir sagen, sie enthalte die Hälfte oder, was dasselbe ist, 50 Prozent ihres höchstmöglichen Dampfgehaltes. Auf diese Weise erhalten wir (nach Prozenten ausgedrückte) Zahlen, welche die „relative Feuchtigkeit“ d. i. den Grad der Annäherung an den Sättigungszustand in präziser Weise angeben.

Es ist klar, daß die Verdunstung einer Wasserfläche bei trockener Atmosphäre rascher vor sich geht als bei feuchter. Außer dem Feuchtigkeitsgehalt wirkt aber auch noch der Bewegungszustand der Luft auf die Verdunstungsmenge ein. Bei lebhaft bewegter Luft werden die der Wasserfläche nächsten und mit Dampf bereits beladenen Luftschichten fortgeführt und unaufhörlich durch neue noch nicht gesättigte ersetzt, welche begierig Wasserdampf aufnehmen; die Verdunstung erfolgt daher rascher als bei ruhiger Luft, welche nahezu gesättigt über dem Wasserspiegel stagniert. Daraus erklärt sich die bekannte Erfahrung, daß die Wäsche im Freien, wenn eine frische Brise weht, viel schneller trocken wird als bei Windstille.

Um den Betrag der Verdunstung zu messen, kann man sich des in Fig. 13 abgebildeten Verdunstungsmessers oder Atmometers von Prestel bedienen. In einem flachen Blechgefäß von viereckiger Grundfläche ist an einer Seite in einer Ausbauchung der Blechwand ein oben zugeschmolzenes Glasrohr eingesetzt, in welches an der Stelle, bis zu welcher das im Gefäß befindliche Wasser reicht, ein seitliches Loch gebohrt ist. Das Glasrohr ist anfangs ganz mit Wasser gefüllt, welches, durch den Luftdruck gehalten, nicht ausfließen kann. Erst wenn der Wasserspiegel im Gefäße durch Verdunstung so weit gesunken ist, daß jenes gerade unter der Wasserlinie befindliche Loch frei wird, kann durch dasselbe eine Luftblase in das Rohr emporsteigen, wogegen eine gleich große Menge Wasser austritt, den Wasserspiegel auf seine vorige Höhe bringt und somit das Loch wieder verschließt. Die Luft, welche so nach und nach in dem oberen Teile des Rohres sich ansammelt, ist daher an Rauminhalt gleich der während einer bestimmten Zeit, z. B. während eines Tages, von der Wasserfläche des Gefäßes verdunsteten Wassermenge, und diese kann daher an der Teilung des Glasrohres abgelesen werden. Man kann die Skala leicht so einrichten, daß jeder Teilstrich einer Senkung des Wasserspiegels von $^1/_{10}$ mm entspricht.

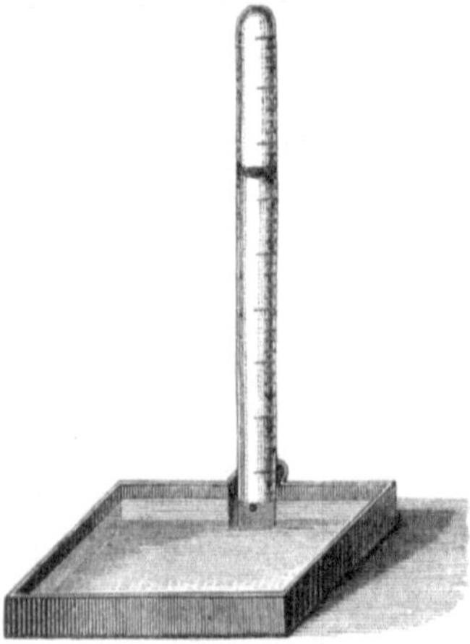

Fig. 13. Atmometer.

Gebundene Wärme. Verdunstungskälte.

Um 1 Kilogramm Eis zu schmelzen, d. i. um 1 Kilogramm Eis von 0 Grad in 1 Kilogramm Wasser von 0 Grad zu verwandeln, sind 79 Wärmeeinheiten notwendig. Das Schmelzwasser ist nicht wärmer als das Eis, aus dem es entstanden ist, und doch ist eine Wärmemenge verbraucht worden, welche fähig gewesen wäre, die Temperatur von 1 Kilogramm Wasser um 79° zu erhöhen. Wo ist diese Wärmemenge hingekommen? Sie wurde offenbar dazu verwendet, um den festen Zusammenhang der Eisteilchen zu lösen und sie in den beweglichen Zustand flüssiger Wasserteilchen zu versetzen. Indem sie diese Arbeit verrichtete, ist sie zwar für das Gefühl und das Thermometer unwahrnehmbar geworden, sie ist aber nicht verschwunden, sondern vielmehr in dem entstandenen Wasser als Arbeitsvorrat aufgespeichert, oder, um einen bequemen Ausdruck zu gebrauchen, sie ist „gebunden“ worden. Nicht nur beim Schmelzen des Eises, sondern jedesmal, wenn ein fester Körper in den flüssigen Zustand übergeht, wird Wärme gebunden. Diese „gebundene“ oder „latente“ Wärme bildet gleichsam einen Bestandteil der Flüssigkeit. Wird der Schmelzungsprozeß wieder rückgängig gemacht, d. h. läßt man die Flüssigkeit wieder erstarren, so setzt sich der in ihr gesammelte Arbeitsvorrat wieder in fühlbare Wärme um, oder, wie man zu sagen pflegt, ihre gebundene Wärme wird wieder „freigegeben“. Jedes Kilogramm Wasser von 0 Grad enthält 79 gebundene Wärmeeinheiten; beim Gefrieren entwickelt es daher so viel Wärme, daß damit 1 Kilogramm Wasser von 0 Grad auf 79° erwärmt werden könnte. Es klingt sonderbar, zu sagen, daß beim Gefrieren Wärme entstehe; diese freiwerdende Wärme kann aber in der That nachgewiesen werden, wenn man das Gefrieren plötzlich herbeiführt. Geschieht es wie gewöhnlich langsam, indem in dem gefrierenden Wasser Eisnadelchen an Eisnadelchen anschießt, so dient die nach und nach entbundene Wärme nur dazu, um die benachbarten Wasserteilchen noch etwas länger flüssig zu erhalten, und kommt daher nicht in frappanter Weise zu unserer Wahrnehmung.

In gleicher Weise wird Wärme gebunden beim Uebergang einer Flüssigkeit in den dampfförmigen Zustand. Der aus siedendem Wasser sich erhebende Dampf hat dieselbe Temperatur wie das Wasser selbst; die von der heizenden Flamme unausgesetzt zugeführte Wärme bringt demnach keine höhere Erwärmung hervor; sie verliert ihre Eigenschaft, fühlbar zu sein. Aber sie unterhält das Kochen, indem sie das flüssige Wasser in den neuen gasförmigen Zustand umarbeitet, und bildet von nun an als gebundene Wärme gleichsam einen Bestandteil des Dampfes. Die gebundene Wärme des Dampfes ist sehr beträchtlich: um ein Kilogramm Wasser von 100° in Dampf von 100° überzuführen, sind 540 Wärmeeinheiten erforderlich, d. i. eine Wärmemenge, welche 10 Kilogramm Wasser um 54° zu erwärmen vermöchte. Diese sämtliche Wärme wird wieder freigegeben, wenn der Dampf sich wieder zu Wasser verdichtet. Von der Fähigkeit des Dampfes, bei seiner Verdichtung eine beträchtliche Wärmemenge auszugeben, wird in der Dampfheizung eine bekannte Anwendung gemacht.

Auch bei der gewöhnlichen langsamen Verdunstung wird Wärme gebunden; die Wärme, welche der Wasserdampf zu seinem Entstehen verbraucht, wird aus dem Wasser oder von andern Körpern, mit denen die verdunstende Flüssigkeit in Berührung ist, entnommen; diese werden daher abgekühlt, es entsteht „Verdunstungskälte“. Die Erfrischung, welche ein Gewitterregen an einem heißen Sommertage hervorbringt, rührt nicht bloß her von der tieferen Temperatur des aus kalter Höhe herabfallenden Regenwassers, wir verdanken sie vielmehr zum großen Teil der nach dem Regen lebhaft vor sich gehenden Verdunstung und Wärmebindung. Wenn wir, um unser Zimmer zu kühlen, den Boden mit Wasser besprengen, so rechnen wir auf die beim allmählichen Trocknen der benetzten Dielen entstehende Verdunstungskälte. Um die Richtung eines kaum merklichen Luftstroms zu erfahren, streckt man den benetzten Finger in die Höhe; der Finger wird kühl auf der Seite, auf welcher der Luftstrom eine lebhaftere Verdunstung anregt.

Psychrometer und Hygrometer.

Das einfachste und zuverlässigste Instrument zur Bestimmung des Feuchtigkeitsgehaltes der Luft ist das *Psychrometer von August* (Fig. 14). Dasselbe besteht aus zwei an gemeinschaftlichem Gestell befestigten Thermometern, deren Skalen noch Zehntelgrade abzulesen gestatten. Das eine gibt die Lufttemperatur an; die Kugel des anderen ist mit einem Musselinläppchen umhüllt, welches aus einem daneben befindlichen Wassergefäß durch einen Docht stets feucht erhalten wird. Indem das Wasser der Musselinhülle verdunstet, bindet es Wärme, die es dem Thermometer entzieht; das feuchte Thermometer wird daher einen tieferen Stand zeigen als das trockene, und zwar einen um so tieferen, je lebhafter die Verdunstung vor sich geht, d. h. je trockener die umgebende Luft ist. Der Unterschied im Stande des trockenen und des befeuchteten Thermometers steht sonach in einem gesetzmäßigen Zusammenhange mit dem Feuchtigkeitsgrade der Luft, und dieser letztere kann rasch und bequem aus jenem Unterschied berechnet werden. Durch das Psychrometer erfährt man sowohl die *absolute* Feuchtigkeit,

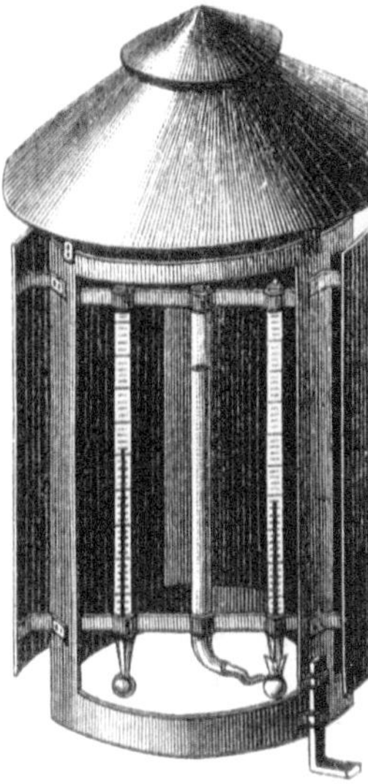

Fig. 14. Psychrometer.

d. i. den in Millimetern Quecksilber gemessenen Dampfdruck, als auch die nach Prozenten ausgedrückte relative Feuchtigkeit.

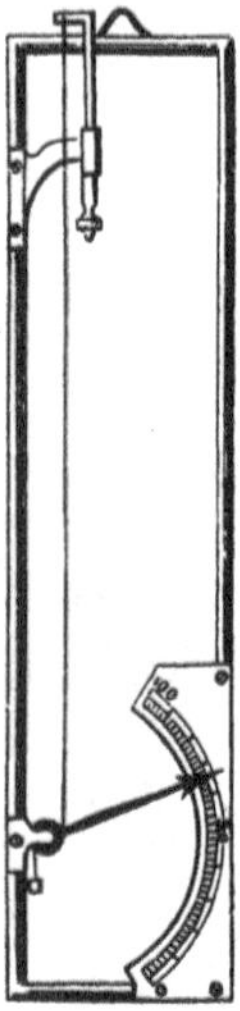

Fig. 15. Saussures Hygrometer.

Viele Körper aus dem Tier- und Pflanzenreich, namentlich solche von faserigem Bau, wie Haare, Fischbein, Darmsaiten, Grannen rc., besitzen die Eigenschaft, das in der Luft dampfförmig enthaltene Wasser in sich einzuschlucken und sich dabei zu verlängern; in trockener Luft verlieren sie die absorbierte Feuchtigkeit wieder und verkürzen sich. Auf dieses Verhalten ist das Saussuresche Haar-Hygrometer (Feuchtigkeitsmesser, Fig. 15) gegründet. Ein von Fett befreites Menschenhaar, durch ein kleines Gewicht gespannt gehalten, überträgt seine durch die wechselnde Feuchtigkeit hervorgebrachten Längenänderungen mittelst einer Rolle auf einen Zeiger, welcher leicht beweglich auf einem geteilten Kreisbogen spielt. Bringt man das Instrument unter eine mit vollkommen trockener Luft gefüllte Glasglocke, so stellt sich der Zeiger auf den Punkt der absoluten Trockenheit ein, den man mit Null bezeichnet. Mit 100 bezeichnet man den Punkt, auf welchen der Zeiger weist in mit Wasserdampf gesättigter Luft, deren relative Feuchtigkeit 100 Prozent beträgt. Der Zwischenraum dieser beiden Punkte wird in 100 gleiche Teile, „Feuchtigkeitsgrade", geteilt. Die Angaben des Instruments sind jedoch keineswegs gleichbedeutend mit der „relativen Feuchtigkeit", welche allein einen exakten Begriff gibt von dem Feuchtigkeitszustand der Luft; soll ein solches Hygrometer zu Messungen dienen, so muß die Bedeutung seiner Grade für jedes einzelne Instrument durch vorläufige Versuche ermittelt werden.

Auf demselben Prinzip wie das Haarhygrometer beruhen die populären Feuchtigkeitsanzeiger (Hygroskope), welche in den verschiedensten Formen unter dem Volke verbreitet und als Wetterpropheten geschätzt sind. Der Kapuziner, welcher sich bei herannahendem Regen mit seiner Kapuze bedeckt und in sein Häuschen zurückzieht, wird durch eine Darmsaite in Bewegung gesetzt. Ein geschälter Fichtenzweig, mit dem dickeren Ende an einer Mauer befestigt, zeigt durch stärkere oder schwächere Krümmung ebenfalls die Zu- und Abnahme der Luftfeuchtigkeit an. Die schraubenförmig gewundenen Grannen von Gerànium triste, welche sich in feuchter Luft aufrollen, können ebenfalls als Hygroskope dienen.

Bringt man eine mit kaltem Wasser gefüllte Flasche in ein warmes Zimmer, so beschlägt sich ihre Außenwand mit feinen Wassertröpfchen. Die Luft im Zimmer enthält nämlich gasförmigen Wasserdampf, ist aber für ihre Temperatur nicht damit gesättigt. In Berührung mit der kalten Gefäßwand wird sie zuerst auf diejenige tiefere Temperatur gebracht, bei welcher der bereits vorhandene Wasserdampf zu ihrer Sättigung hinreicht, und die geringste weitere Abkühlung genügt, um das Wasser in flüssiger Form niederzuschlagen. Diese Temperatur, bei welcher aus nicht gesättigter Luft der Wasserdampf sich auszuscheiden beginnt, heißt der Taupunkt. Durch Bestimmung des Taupunktes läßt sich nun auch der Feuchtigkeitsgehalt der Luft ermitteln. Gesetzt man hätte gefunden, daß in einer Luft von 20° der Beschlag sich zu zeigen beginnt bei 15°, so weiß man, daß bei dieser Temperatur jene Luft mit dem in ihr vorhandenen Wasserdampf gesättigt sein würde; die Spannkraft des Dampfes muß demnach (nach der Tabelle S. 46) 12,7^{mm} betragen. Wäre aber die Luft bei 20° gesättigt, so würde sie Dampf von 17,4^{mm} Spannung enthalten. Das Verhältnis der wirklich vorhandenen Dampfmenge zu der, welche die Luft vermöge ihrer Temperatur aufzunehmen fähig wäre, d. i. ihre „relative Feuchtigkeit", ist daher wie 12,7 zu 17,4, oder wie 73 zu 100. Die Luft enthält also 73 Prozent von dem überhaupt möglichen Wassergehalte.

Um nun den Taupunkt zu ermitteln, dient das in Fig. 16 abgebildete Instrument, das Daniellsche Hygrometer. Eine weite Glasröhre ist zweimal umgebogen und an den Enden der senkrecht herabgehenden Schenkel, von denen der eine kürzer ist, mit Kugeln versehen. Die Röhre ist luftleer gemacht und hält in der Kugel des längeren Schenkels eine leicht verdampfbare Flüssigkeit, „Äther", dessen Dämpfe die ganze Röhre erfüllen. In den Äther taucht ein Thermometer, während ein zweites Thermometer, zum Ablesen der Lufttemperatur, an dem Gestell des Apparates befestigt ist. Die andere Kugel ist mit einer Hülle von Musselin umwickelt; tröpfelt man Äther darauf, so verdampft derselbe, bindet Wärme und kühlt die Kugel ab; dadurch wird die Spannkraft des in ihr und der Röhre enthaltenen Ätherdampfes so verringert, daß der in der ersten Kugel enthaltene Äther lebhaft zu verdampfen beginnt und vermöge der hierzu nötigen Wärmebindung die Kugel abkühlt. Man beobachtet nun, bei welcher Temperatur des inneren Thermometers die Kugel sich beschlägt; um den zarten hauchartigen Beschlag deutlich wahrnehmen zu können, ist ein Gürtel rings um die Kugel vergoldet. So erfährt man die Temperatur des Taupunktes und kann aus ihr und der Angabe des äußeren Thermometers wie in obigem Beispiele den Feuchtigkeitsgehalt der Luft ermitteln.

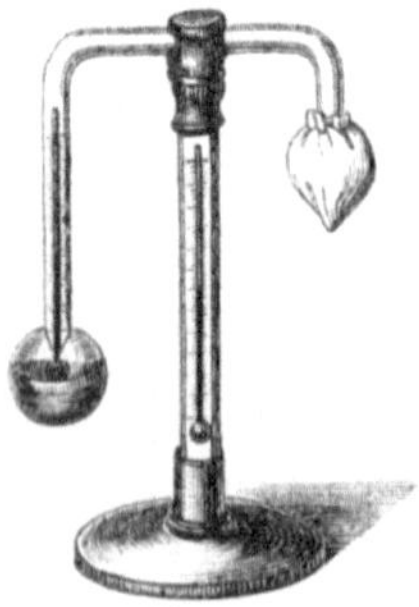

Fig. 16.
Daniells Hygrometer.

Tau und Reif.

Wenn nach heißem regenlosen Sommertag die Pflanzen verschmachtend die Blätter senken, spendet die Nacht erquickenden Tau; die Morgensonne findet sie, frisch und saftvoll, geschmückt mit dem glitzernden Geschmeide demantklarer Tropfen, welche ihr Licht in farbenreichem Schimmer zurückstrahlen.

Der Tau entsteht durch Niederschlag des atmosphärischen Wasserdampfes an Körpern, die unter den Taupunkt erkaltet sind; er beginnt als feiner Beschlag, dessen Tröpfchen allmählich zu größeren Tropfen zusammenfließen.

Während einer klaren Nacht erkalten die Gegenstände an der Erdoberfläche durch Ausstrahlung ihrer Wärme gegen den kalten Himmelsraum, und zwar um so tiefer, je bedeutender ihr Strahlungsvermögen ist. Besonders befähigt hierzu sind die Pflanzen und Pflanzenteile, weniger gut Steine und am wenigsten Metalle. Ein Thermometer auf eine Rasenfläche gelegt sinkt während einer heiteren Nacht oft 7 bis 8 Grade tiefer als ein nur einige Decimeter über dem Boden aufgehängtes Thermometer.

Die Pflanzendecke erfährt vermöge ihrer energischen Wärmestrahlung eine beträchtliche Abkühlung. „Die Prärien zwischen dem Missouri und dem Mississippi", sagt Alexander v. Humboldt, „auch wo sie ganz trocken bleiben, werden durch die Sonnenstrahlung viel weniger erwärmt als der Wüstensand; die schmalen, spitzen Blätter der kleinen Monokotyledonen (Cyperaceen und Gramineen), ihre dünnen Stiele und zarten Ähren haben ein bedeutendes Strahlungsvermögen." Noch beträchtlicher ist die abkühlende Wirkung der Wälder. „Die obere Laubdecke eines Waldes", sagt Dove, „verhält sich in Bezug auf Wärme-Zu- und Ausstrahlung wie die unmittelbar den Boden bedeckenden Gräser bei einer Wiese. Die Luft, welche die durch Ausstrahlung erkalteten Zweige berührt, wird sich selbst abkühlen und dadurch spezifisch schwerer zu Boden sinken. Ebenso fällt der Tau, welcher die Blätter befeuchtet, wenn er nicht von diesen unmittelbar absorbiert wird, in Tropfen zum Boden, auf dem er später wieder verdampft. Die im Niederschlage des Taues frei werdende Wärme kommt also nur dem oberen Laubdache zu gute, während der Boden die zur Wiederverdampfung nötige Wärme allein hergeben muß. Daher jene charakteristische feuchte Kühle eines Waldes."

Bei bedecktem Himmel fällt kein Tau, weil die Wolkendecke die Ausstrahlung gegen den Weltenraum und demnach auch die Erkaltung hindert. Auch bei starkem Winde findet keine Taubildung statt, weil derselbe die Luft, welche mit den kälteren Gegenständen in Berührung ist, zu rasch erneuert und dadurch ihre Abkühlung bis zum Taupunkt verhindert. Jeder Umstand, welcher die Ausstrahlung hindert oder beschränkt, wirkt auch der Taubildung entgegen; in einem von hohen Mauern umgebenen Gärtchen fällt weniger Tau als auf freiem Felde, weil dort nur ein kleiner Teil des Himmels, hier der ganze Himmelsraum erkältend wirkt. Unter einem Tische bleibt der Rasen unbetaut, während dicht daneben das Gras von Tautropfen trieft. Ebenso erfolgt die Taubildung reichlicher auf dem Gipfel der Hügel als auf dem Grunde enger Thäler.

Reif ist nichts anderes als gefrorener Tau; er bildet sich entweder, indem der zuerst gebildete Tau im Laufe der Nacht gefriert, oder indem sich der Wasserdampf sogleich in Form weißer Eisblättchen an den unter den Gefrierpunkt erkalteten Gegenständen ansetzt.

In den südlichen Ländern ist der Himmel gewöhnlich von einer in unsern nebelreichen Gegenden nahezu unbekannten Reinheit; die nächtliche Erkaltung ist daher dort sehr mächtig; selbst die Wüste hat ihren Tau.

Ein in Indien gebräuchliches Verfahren der Eisgewinnung kann uns eine Vorstellung geben von der Lebhaftigkeit der Wärmestrahlung. Man stellt in sehr klarer Nacht an einem Platz im Freien flache Schalen mit Wasser auf lockeres Stroh, um sie vor der Wärme des Bodens zu schützen. Durch Ausstrahlung erkaltet das Wasser 16 bis 17 Grade unter die Temperatur der Luft, was häufig zum Gefrieren hinreicht.

Die klaren Nächte des Frühlings werden von den Gärtnern und Landwirten sehr gefürchtet, namentlich wenn Regen vorhergegangen ist. Wenn auch im Innern der Städte und in eingeschlossenen Orten um diese Zeit die Temperatur kaum auf den Gefrierpunkt sinkt, so können doch im Freien die Pflanzen auf 5 bis 6 Grad unter Null erkalten: der Tau wird dann zu Reif, und es genügen oft die letzten Stunden einer heiteren Nacht, um die schönsten Erntehoffnungen zu zerstören. Der Reif ist aber nach dem Regen mehr zu fürchten als nach längerer Trockenheit, weil die Pflanzen dann zarter und empfindlicher sind und die Kälte daher weniger gut ertragen. Der Landmann schreibt die verderbliche Wirkung, der seine Pfleglinge zum Opfer fallen, den Strahlen des Mondes zu, ein Vorurteil, das einer richtig beobachteten aber falsch gedeuteten Thatsache entspringt. Die Pflanzen erfrieren allerdings, während sie von den Strahlen des Mondes getroffen werden; aber sie werden von ihnen nur beschienen bei klarem Himmel; dieser ist die Ursache ihres Erfrierens, nicht aber unser unschuldiger Trabant.

In manchen Ländern, wie in Indien und Südamerika, wo ungeachtet der großen Tageshitze die nächtliche Abkühlung sehr empfindlich ist, zünden die Pflanzer auf ihren Feldern große Feuer an, welche vielen Rauch geben. Die Rauchwolken, welche in der ruhigen Luft sich wagrecht hinlagern, bilden für die Ernten eine schützende Decke. Unsere Gärtner schützen ihre jungen Pflänzchen vor dem Erfrieren durch Zudecken mit Strohmatten.

Eine Art von Tau kann sich sogar während des Tages auf den Gegenständen absetzen, aber aus anderer Ursache. Wenn nach längerer Kälte ein warmer und feuchter Wind einfällt, so verdichten die Mauern der Gebäude, die Bäume u. s. w., welche nicht Zeit hatten sich zu erwärmen, den Wasserdampf an ihrer kalten Oberfläche und werden feucht, oder, wenn ihre Temperatur unter dem Gefrierpunkt war, sie bedecken sich mit einem Eisbeschlag, welcher Rauhfrost genannt wird. Der Rauhfrost gereicht gewöhnlich den Sträuchern und Bäumen, welche wie überzuckert erscheinen, zu zierlichem Schmuck. Aber manchmal setzt er sich in so reichlicher Menge an die Äste, daß diese unter der Überlast brechen, und verursacht oft großen Schaden in den Waldungen.

Es muß jedoch bemerkt werden, daß zur Bildung des Rauhfrostes es nicht notwendig ist, daß der Körper, an welchen er sich ansetzt, eine niedrigere Temperatur habe als die ihn umgebende Luft. Die Eiskryställchen bilden sich nämlich leichter an den Rauhigkeiten der Körperoberflächen als in freier Luft, und noch besser auf bereits gebildeten Kryställchen; so erklärt sich der Reif, womit sich bei großer Kälte unsere Kleider und Haare bedecken.

Nebel.

Sobald die Temperatur einer Luftmasse unter ihren Taupunkt sinkt, scheidet sich eine Teil ihres Dampfes in Form äußerst kleiner Wassertröpfchen oder Bläschen aus. Die Nebelwölkchen, welche unsern Hauch bei kaltem Wetter sichtbar machen, die weißen Wolken, welche dem Schlot der Lokomotive entquellen, bestehen aus solchen feinen Wasserkügelchen.

Diese Nebelkörperchen, welche, wie es scheint, bald im Innern hohl, also Bläschen, bald volle Tröpfchen sind, können mit Hilfe eines Vergrößerungsglases gesehen und mittelst des Mikroskopes gemessen werden. „Ich stehe", erzählt Saussure, „mitten in der Wolke, halte in einer Hand, ganz nahe am Auge, ein Vergrößerungsglas von ein bis andert-halb Zoll Brennweite und in der anderen eine schwarze Fläche, glatt und poliert wie etwa der Boden einer Dose von Schildpatt. Diese Fläche bringe ich ganz nahe an den Brenn-punkt des Glases und gebe alsdann, wie ein Jäger auf dem Anstand, Achtung, wenn ein Teilchen der Wolke durch die Bewegung der Luft in den Brennpunkt trifft. Ist die Wolke dicht, so darf ich nicht lange warten; ich sehe die runden und weißen Teilchen vorbeifahren, einige so schnell wie der Blitz, andere langsamer, einige rollen über die Schildpattfläche weg, andere stoßen schief an dieselbe und springen davon ab, wie ein Ball von der Mauer, andere bleiben zuletzt daran hängen, setzen sich fest und nehmen die Gestalt einer Halb-kugel an. — Auch ohne Vergrößerungsglas wird man in einem Nebel oder in einer Wolke, wenn sie nur genugsam erleuchtet ist, mit bloßem Auge die Teilchen derselben in der Luft schwimmen sehen." Nach Kämtz schwankt der Durch-messer der Nebelkörperchen, je nach der Jahreszeit, zwischen 0,041 bis 0,035 mm; im Sommer sind sie kleiner als im Winter. Bei sehr tiefer Temperatur besteht der Nebel aus äußerst zarten nadelförmigen Eiskryställchen. In den Polarregionen ist diese Art des Nebels die gewöhnliche und verleiht der Atmosphäre einen eigentümlichen Glanz.

Sowohl der Nebel als die Wolken, wenn ihre Tempe-ratur nicht unter dem Gefrierpunkt ist, bestehen aus den eben beschriebenen Wasserkügelchen; überhaupt herrscht kein wesentlicher Unterschied zwischen Nebel und Wolke: das ver-schwommene Aussehen des ersteren im Gegensatz zu den scharf umschriebenen Formen der letzteren ist bloß eine Wirkung der Entfernung, aus welcher wir sie sehen. Die glänzendsten und schärfst begrenzten Wolken nehmen das Aussehen eines gewöhnlichen Nebels an, wenn man sich in ihnen befindet, und die unbestimmten Formen der Nebel gewinnen Umrisse, wenn man sich von ihnen entfernt.

Nebel entsteht, wie oben bereits gesagt wurde, wenn dampfhaltige Luft unter ihren Sättigungspunkt abgekühlt wird. Er kann sich aber auch bilden, indem die feuchte Erdoberfläche oder ein Wasserspiegel der darüber ruhenden kälteren Luft mehr Wasserdampf zuführt, als diese vermöge ihrer Temperatur aufzunehmen vermag. So entstehen die Nebel, welche besonders im Herbste abends die Wiesenthälchen manchmal nur bis zur Höhe von wenigen Metern erfüllen; so erklärt sich auch das „Dampfen" der Flüsse und Bäche und des frisch gepflügten Ackergrundes. Diese Ursache der Nebelbildung ist häufig local eng beschränkt. So erzählt Kämtz, daß er in der Nähe von Wiesbaden nach einem starken Regen, welchem Sonnenschein gefolgt war, eine Nebelsäule fortwährend von einer einzigen Stelle sich erheben sah. Er ging hin: es war eine abgemähte Wiese, umgeben von anderen Wiesen mit sehr hohem Grase. Indem der gemähte Teil sich schneller als die benachbarten erwärmte, veranlaßte er eine lebhafte und für die darüber befindliche kühle Luft zu reichliche Dampfbildung.

Nebel entsteht auch, drittens, wenn zwei mit Dampf gesättigte oder doch nahezu gesättigte Luftmengen von verschiedener Temperatur sich mischen, ohne daß dabei eine Wärmeentziehung stattfindet. Mischen sich z. B. zwei gleiche Luftmengen, die eine von 20°, die andere von 10°, so wird das Gemisch, ohne daß Wärme verloren geht, die mittlere Temperatur von 15° annehmen. Die Luft von 20° aber enthält (nach der kleinen Tabelle S. 46)

Dampf, dessen Spannkraft 17,4 mm ist, und der Dampfdruck der Luft von 10° beträgt 9,2 mm; das Gemisch beider Luftmengen müßte daher den mittleren Dampfdruck von 13,3 mm besitzen; die Tabelle sagt uns aber, daß Luft von 15 Grad höchstens Dampf von 12,7 mm zu fassen vermag; der Ueberschuß muß sich demnach in flüssiger Form als Nebel ausscheiden.

Man beobachtet manchmal Nebel von außerordentlicher Ausdehnung, Dichte und Dauer. Besonders die Umgegenden größerer Seen sind häufig von andauernden Nebeln heimgesucht. Die Stadt Zürich z. B. ist manchmal im Winter wochenlang in dichten Nebel gehüllt; besteigt man aber den Ütliberg, so hat man über sich klaren Himmel und prächtigen Sonnenschein, unter sich ein weithin wogendes Nebelmeer, aus welchem die Gipfel der Vorberge wie Inseln hervorragen, und im Hintergrund zeigt sich in wunderbarer Klarheit die schneebedeckte Alpenkette.

Man hört häufig von aufsteigendem und niedersinkendem Nebel sprechen; der erstere soll, nach einer verbreiteten Witterungsregel, Regen, der letztere aber heiteres Wetter verkünden. Hat nämlich die nebelerfüllte Luft eine aufsteigende Bewegung, so führt sie den Nebel in die höheren kälteren Regionen, wo er durch weitere Abkühlung noch verstärkt zu einer regendrohenden Wolkendecke sich sammelt; dringt dagegen in die unteren nebelhaltigen Schichten wärmere trockene Luft ein, so verwandeln sich die Nebelbläschen wieder in durchsichtigen Wasserdampf, der Nebel „geht nieder" und der Himmel wird klar. Jene Witterungsregel ist daher wohl begründet.

Manche Nebel, welche sich aus sumpfigen Ebenen entwickeln, zeichnen sich aus durch einen unangenehmen Geruch, welcher wahrscheinlich herrührt von ungesunden Ausdünstungen des Sumpfes, die an den Nebelteilchen haften und mit ihnen in die Höhe geführt werden. Man beschuldigt diese Nebel, daß sie bei denen, welche sich ihnen aussetzen, Fieber erzeugen.

In großen Städten erreicht die Dichtigkeit der Nebel oft einen unglaublich hohen Grad, welcher in kleineren Städten oder auf dem Lande selten oder niemals vorkommt. Nicht nur liefert eine große Stadt durch gesteigerte Wasserverdunstung Material zur Nebelbildung, auch der Rauch der zahllosen Schornsteine, Staub und Ausdünstungen aller Art mischen sich bei, indem sie sich an die Nebeltröpfchen festhängen; der so entstehende aus Wasserteilchen und festen Substanzen gemischte Nebel ist häufig übelriechend und ohne Zweifel gesundheitsschädlich. Berüchtigt sind die dichten Nebel in London, welche nicht selten die Luft so verfinstern, daß den ganzen Tag hindurch in den Magazinen und Werkstätten Licht gebrannt wird und die sonst so helle Straßenbeleuchtung zur Sicherung des Verkehrs nicht mehr ausreicht.

Höhenrauch.

Die gemischten Nebel führen uns hinüber zu dem trockenen Nebel oder Höhenrauch, welcher, aus Kohlen- und und andern Staubteilchen bestehend, mit den bisher besprochenen feuchten Nebeln in Entstehung und Zusammensetzung zwar nichts gemein hat, aber doch wegen der Ähnlichkeit der Erscheinung gleich hier besprochen werden soll. Berühmt ist der trockne Nebel des Jahres 1783, welcher sich über ganz Europa und einen Teil von Asien erstreckte. Die gelbbraune Trübung der Atmosphäre war so bedeutend, daß man entferntere Gegenstände nur undeutlich wahrnehmen konnte; die rötliche Sonnenscheibe konnte man selbst um Mittag ohne geblendet zu werden stundenlang betrachten. Die Erscheinung wurde zuerst in Kopenhagen am 24. Mai nach einer Reihe schöner Tage wahrgenommen. An andern Orten ging Regen und Wind vorher. Der Nebel zeigte sich am 6. und 7. Juni in Rochelle, worauf er wieder verschwand, bis er am 18. Juni nach vorausgegangenen Gewittern wieder zum Vorschein kam. Am 14. erschien er in Dijon, am 16. in Mannheim und in Rom, am 19. in den Niederlanden, am 22. in Norwegen, am 23. auf dem St. Gotthard und in Ungarn, am 25. in Moskau, gegen das Ende des Monats in Syrien und am 1. Juli auf den Gipfeln des Altai. Seine Dauer war an diesen verschiedenen Orten mehr oder weniger lang oder er war mehrmals von heiteren Tagen unterbrochen. Die nebelige Trübung nahm im ganzen vom 18. Juni an zu, dauerte mit wechselnder Stärke bis Ende Juli, zeigte sich in geringerem Maße an verschiedenen Orten noch zuweilen im August, in Kopenhagen aber dauerte der Nebel diesen ganzen Monat und verschwand allmählig bis zum gänzlichen Aufhören am 26. September. Gleichzeitig herrschte fast überall Windstille oder ein schwacher Nordwind; die an einzelnen Orten zum Ausbruch kommenden Gewitter waren nicht vermögend ihn zu zerstreuen, obgleich sie ihn verminderten. Der Nebel zeigte durchaus keine Feuchtigkeit, die Luft war sehr trocken, und es herrschte eine unglaubliche Dürre.

Ähnliche Erscheinungen von Höhenrauch, jedoch von weit geringerer Dauer und Ausdehnung, zeigen sich ziemlich häufig in Mitteleuropa, und zwar nur während der sieben Monate von März bis September, am häufigsten im Juli. Der Ähnlichkeit wegen ist wohl auch hierher zu rechnen der dicke schwarze Nebel, welcher im Jahr 1819 sich über mehreren Gegenden von Nordamerika, am stärksten am 23. November zu Montreal in Canada zeigte. Am Morgen fiel während seiner Dauer ein wie Tinte schwarz gefärbter Regen, worauf er verschwand und heiteren Himmel zurückließ, bis zum 25., wo er um Mittag so dick wurde, daß man Licht anzünden mußte. Um 3 Uhr nachmittags trat ein Gewitter ein mit starkem Regen, worauf der Nebel verschwand.

Über den Ursprung des Höhenrauchs sind verschiedene Annahmen gemacht worden. Den eben erwähnten schwarzen Nebel von 1819 in Nordamerika war Chladni geneigt für feinen kosmischen Staub zu erklären von derselben Masse, welche die Meteorsteine bildet. Van Swinden und Toaldo suchen, nicht ohne hohen Grad von Wahrscheinlichkeit, die Ursache des Nebels von 1783 in den Erdbeben und vulkanischen Ausbrüchen, welche in diesem Jahre Calabrien und Island verheerten. Vom Monat Februar bis Ende März ereigneten sich in Calabrien gewaltige Bergstürze, viele Abgründe öffneten sich und stießen Rauch aus; mehr als hunderttausend Menschen kamen um unter den Trümmern einstürzender Städte. Schrecklich waren die vulkanischen Ausbrüche auf Island. Das Ausströmen von Rauch aus dem Hekla begann am Ende des Monats April, erreichte den höchsten Grad in den Monaten Juni, Juli und endigte im August; siebzehn Städte wurden verschlungen und die Lava des Hekla begrub die Gefilde. Auf Island war die Sonne durch den dicken Rauch kaum sichtbar und hatte ein rotes Ansehen. Der vulkanische Ausbruch auf Island stimmt sonach so genau mit dem Eintritt und der Dauer des trockenen Nebels von 1783 zusammen, daß der Zusammenhang beider Erscheinungen die höchste Wahrscheinlichkeit gewinnt. Namentlich lassen sich dann auch der eigentümliche Geruch dieses Höhenrauchs und seine zum Husten reizende Schärfe erklären.

Andererseits aber ist zweifellos, daß die Ursache des gewöhnlichen Höhenrauchs in dem im nordwestlichen Deutschland üblichen Moorbrennen zu suchen ist. „Das Hochmoor bedeckt in Ostfriesland", so berichtet Prestel, „eine Fläche von 12½ geographischen Quadratmeilen. Die Größe des arembergischen Moors, soweit es zwischen dem Huimling, der Hunte, Leda und Ems eine zusammenhängende Fläche bildet, beträgt 28 geographische Quadratmeilen. Auf das auf dem linken Emsufer liegende Bourtanger Moor und den Tvist kommen dann noch 25 geographische Quadratmeilen. Folglich beträgt das Areal des Moors, auf beiden Seiten der Ems 65½ Quadratmeilen. — Über diese weite Fläche sind die Äcker verbreitet, welche jährlich im Mai und Juni durch Abbrennen zum Anbau des Buchweizens und Roggens geeignet gemacht werden. Die Gesamtfläche des Moors, welche jährlich gebrannt wird, läßt sich nur ungefähr angeben; sie mag etwa 30000 bis 40000 Morgen betragen. — An jedem geeigneten Tage wird mit dieser Operation morgens, sobald der Tau von den Sonnenstrahlen aufgezehrt ist, aufs neue begonnen und damit bis Nachmittag fortgefahren. Daher verschwindet auf dem Moor und in der nächsten Umgebung desselben gegen Abend der Dampf oder wird wenigstens auf ein Minimum zurückgeführt. Anders ist es mit den am Vormittag aufgestiegenen Rauchwolken. Diese führt der Wind fort und treibt sie, Tag und Nacht fortwirkend, wenn seine Richtung sich nicht ändert, auf Hunderte von Meilen vor sich hin. Ist das Brennen vollendet und gut durchgeführt, so ist der Acker etwa einen Zoll hoch mit Asche bedeckt und damit zur Einsaat des Buchweizens vorbereitet." Hoffen wir, daß es dem „Verein gegen das Moorbrennen" bald gelingen möge, in jenen Gegenden eine andere bessere Methode der Feldbestellung einzuführen, und uns dadurch von dem Höhenrauch zu befreien, der uns den Genuß manchen sonst klaren Sommertages verkümmert.

Eine höchst merkwürdige Erscheinung, welche während des Nebels von 1783 beobachtet wurde, sei hier noch erwähnt. In der Nacht des 20. Juli begann zu Bramley in

Kent der Nebel nach einem heftigen Gewitter so stark zu leuchten, daß man dabei lesen konnte,

In einem Brief an Elie de Beaumont beschreibt Wartmann in Genf einen solchen leuchtenden Nebel, welcher neun auf einander folgende Nächte, vom 18. bis 26. November 1859, andauerte. Der Neumond, unter dem Horizont verborgen, konnte zu der Erscheinung nichts beitragen. Der sehr dichte Nebel benetzte die Erde nicht. Er verbreitete hinlänglich Licht, um kleine Gegenstände im Innern eines Zimmers zu unterscheiden. Eine Person, welche von Genf nach Annemasse in Savoyen am 22. November zu Fuß ging, gab an, daß sie den Weg in der Nacht eben so gut als bei Mondschein gesehen habe.

Wolken.

Die Wolken sind nichts anders als entfernte in den höheren Luftschichten schwebende Nebel. Sie bestehen demnach wie diese aus flüssigen Nebelkügelchen oder bei tiefer Temperatur aus feinen Eisnadelchen. Manche sind nichts anderes als in den Thälern schon gebildeter und dann emporgestiegener Nebel; andere bilden sich an den Hängen oder auf den Gipfeln der Berge; die meisten entstehen in den höheren Schichten der Atmosphäre selbst.

Die Wolken sind, obgleich sie oft tagelang, namentlich an Berghängen, an derselben Stelle zu schweben scheinen, nicht fertige in ihrem gegenwärtigen Zustand verharrende Gebilde; indem die Nebelkörperchen vermöge ihrer Schwere sich senken und in die untern Luftschichten geraten, verdampfen sie wieder zu unsichtbarem Wassergas, während oben in der Wolke, wo die nebelerzeugende Ursache ihren Sitz hat, sich unaufhörlich neue Tröpfchen bilden. In einer Wolke, welche von unten gesehen unbeweglich an der Bergwand zu kleben scheint, findet der Wanderer, der in sie ein=

dringt, das lebhafteste Nebeltreiben. „Die Wolke," sagt Leopold von Buch, „ist in jedem Augenblick ein Anderes. Sie mag noch so groß sein; nach einer Viertelstunde ist in demselben Raum gewiß nicht ein Bläschen mehr von allen, welche vorher darin sich fanden." Noch anschaulicher schildert Dove diesen Vorgang: „Eine Wolke ist nichts Fertiges, sie ist kein Produkt, sondern ein Prozeß, sie besteht nur, indem sie entsteht und vergeht. Niemand wird die weiße Schaumstelle in einem hellen Gebirgsbach von der Höhe gesehen für etwas Festes, auf dem Boden Liegendes halten. Und ist die Wolke, die den Gipfel des Berges umhüllt, etwas Anderes? Der Stein ist der Berg, der Bach die Luft, der Schaum die Wolke."

Die Formen der Wolken sind so mannigfaltig und so wechselnd, daß es gewagt erscheint, sie klassifizieren zu wollen. Dennoch hat Luke-Howard eine Einteilung angegeben, durch welche die Wolkengebilde auf drei Grundformen zurückgeführt werden. Die Beachtung dieser Formen und ihre Übergänge in einander kann uns, weil sie mit Änderungen im Zustand der Atmosphäre im Zusammenhange stehen, wertvolle Anhaltspunkte zur Beurteilung der bevorstehenden Witterung liefern.

Als Federwolken (Cirrus) (Fig. 17) bezeichnet man die sehr zarten, weißen, faserigen Wolkengebilde, welche bald geradlinig gestaltet, bald lockig gebogen und gekräuselt, scheinbar unbeweglich in sehr großer Höhe schweben. Kämtz sah dieselben nie unter den Gipfel des Finsteraarhorns, welcher eine Höhe von 4200 m hat, herabsteigen, und schreibt ihnen eine Höhe von ungefähr 6500 m zu. Sie bestehen, entsprechend der tiefen Temperatur, welche in den oberen Schichten der Atmosphäre herrscht, aus Eisnadelchen. Die Seeleute nennen sie „Katzenschwänze"; zu ihnen gehören auch die vom Volke so genannten „Windbäume". Wenn der Himmel nach vorausgegangenem schönem Wetter sich immer dichter mit einem Gewebe von Federwolken über-

Fig. 17. Federwolken.

spinnt, so ist der baldige Eintritt von Regen zu erwarten.

Die Haufwolken (Cumulus) (Fig. 18) werden von den Seeleuten sehr treffend „Baumwollballen" genannt. An der untern Fläche wagrecht begrenzt, sind sie an ihrer Oberfläche in scharfen Umrissen abgerundet oder aus abgerundeten Teilen zu traubigen Massen geballt. Je nach der Beleuchtung durch die Sonne wechselt ihre Farbe vom tiefsten Dunkel bis zum glänzendsten Schneeweiß; am Rande des Horizonts sehen sie entfernten Schneegebirgen täuschend ähnlich. Sie entstehen an heißen Sommernachmittagen, indem die erwärmte und dadurch leichter gewordene Luft emporsteigt und Wasserdampf in die höheren Regionen führt, wo er durch Abkühlung sich zur Wolke verdichtet: jede Haufwolke bezeichnet den Gipfel einer aufsteigenden warmen Luftsäule. Die glänzenden Haufwolken, welche sich über jeder Insel des stillen Ozeans bei Tage sammeln, erregen die Bewunderung und das Entzücken der Seefahrer. Der warme Luftstrom, welcher sich über der sonnenbestrahlten Insel erhebt, zeichnet gleichsam deren Abbild als Wolke an den Himmel. Eine Wolke bei Tage ist nach Maury dem

Fig. 18. Haufwolken.

Schiffer auf jener weiten See eine wichtige Marke; sie zeigt ihm das Land viel früher als das Lot und das Fernrohr. Die Höhe, in welcher die Haufwolken schweben, ist sehr verschieden; sie wird zwischen 450 und 2500 m angegeben. Die Haufwolken sind die eigentlichen „Schönwetterwolken"; sie zeigen sich, im Sommer, am häufigsten zwischen 2 und 4 Uhr nachmittags, wenn die aufsteigenden Luftströme am lebhaftesten sind, und vermindern sich gegen Abend, wenn die aufsteigende Bewegung erlahmt.

Eine wagrechte, weithin sich erstreckende und in geringer Höhe schwebende Wolkendecke heißt Schichtwolke (Stratus). Am Horizont, wo sie häufig abends bei Sonnenuntergang und manchmal bei Sonnenaufgang gesehen wird, erscheint sie in der Gestalt horizontaler dunkler Streifen (Fig. 19). Sie entsteht durch das Zusammenfließen massenhaft gebildeter Haufwolken und bringt gewöhnlich Regen oder Schnee. Im Winter ist der Himmel oft wochenlang durch eine solche Wolkendecke verhüllt.

Als Zwischenglieder dieser Hauptformen unterscheidet man noch: die **federige Haufwolke** (Cirrocumulus), welche

Fig. 19. Schichtwolken.

unter dem Namen „Schäfchen" allgemein bekannt ist; es sind kleine, weiße, rundliche Wölkchen, welche in wabenartiger Anordnung einen großen Teil des Himmels überziehen. Die **federige Schichtwolke** (Cirrostratus) besteht aus einer Nebeneinanderlagerung zarter Wölkchen, die sich in der Nähe des Horizonts, wo man sie gleichsam von der Schneide aus sieht, zu schmalen Streifen zusammenschieben. Die **gehäufte Schichtwolke** (Cumulostratus) entsteht, wenn sich Haufwolken über gemeinsamer wagrechter Grundfläche auftürmen; sie geht gewöhnlich bald, wie auch die andern Wolkenformen, wenn sie zusammenfließen, sich verdichten und herabsenken, über in die **Regenwolke** (Nimbus) (Fig. 20).

Wolken bilden sich besonders gern um die Gipfel der Berge, indem die am Abhang emporsteigende oder als feuchtwarmer Wind herbeiwehende dampfreiche Luft daselbst abgekühlt wird. Selbst Berge, deren Höhe noch nicht 500 m beträgt, wie der Kyffhäuser (470 m), hüllen sich schon lange vorher in Wolken, ehe die Bewölkung über die Ebene sich ausbreitet; die Berggipfel bilden gleichsam den Krystallisationspunkt für die beginnende Wolkenbildung. Diese die

Fig. 20. Regenwolken.

Berggipfel einhüllenden Wolken gelten daher den Umwohnern häufig als Wetterpropheten:

Hat der Pilatus einen Hut,
Dann wird das Wetter gut;
Trägt er aber einen Degen
So gibt es Regen.

Der „Hut" ist die an heißen Sommernachmittagen um den Gipfel sich sammelnde Haufwolke; der „Degen" ist eine niedriger schwebende und Regen drohende gehäufte Schichtwolke. — Die Bewohner der Kapstadt schließen auf einen bevorstehenden Orkan, wenn eine dichte blaugraue Wolkenschicht auf den Gipfel des Tafelberges sich lagert, oder wenn „die Tafel gedeckt ist". —

Um den Grad der Bewölkung zu bestimmen, denkt man sich den Himmel in zehn gleiche Teile geteilt und schätzt nun ab, wie viel solche Teile von Wolken bedeckt sind. Die Zahl 10 bedeutet völlig bedeckten Himmel, 5 einen zur Hälfte bedeckten, 0 vollkommene Wolkenlosigkeit.

Regen.

Wenn Nebel und Wolken sich fortdauernd verdichten, lassen sie ihr Wasser als **Regen** herabfallen. Die Nebelkügelchen vereinigen sich anfangs zu sehr kleiner Tröpfchen, es entsteht das **Nebelgeriesel**; in diesem Zustand befindet sich jede regnende Wolke, wie man sich bei Bergbesteigungen leicht überzeugen kann; während es unten im Thale in größeren Tropfen regnet, werden die Regentropfen immer feiner und zahlreicher, je mehr man sich der regnenden Wolke nähert; in ihrer unmittelbaren Nähe „**stiebt**“ es, bis zuletzt nur noch ein bloßes „**Nebeltreiben**“ wahrgenommen wird.

Wenn es aus frei schwebender Wolke zu regnen beginnt, werden die gebildeten feinen Tröpfchen in den tieferen mit Wasserdampf noch nicht gesättigten Luftschichten zunächst wieder verdunsten; es regnet jetzt unten noch nicht, bis sich die Luft bis zur Erdoberfläche mit Wasserdampf gesättigt hat. An entfernten Wolken, welche zu regnen anfangen, kann man deutlich beobachten, wie sie schleierartige Regenstreifen immer tiefer nach unten hinabsenden. Sind endlich auch die untern Luftschichten der Sättigung nahe, so vergrößern sich die herabfallenden feinen Tröpfchen, indem sie auf ihrem Wege auf Nebelkügelchen und andere Tröpfchen treffen und mit ihnen zusammenfließen, oder auch indem sie den Wasserdampf der tieferen wärmeren Luftschichten auf ihrer kalten Oberfläche niederschlagen: sie werden nun zu eigentlichen Regentropfen. Daher kommt es, daß die Menge des fallenden Regenwassers in einiger Höhe über dem Boden z. B. auf der Terrasse eines Turmes, geringer gefunden wird als tiefer unten.

Die Größe der Regentropfen ist sehr verschieden; die sommerlichen Gewitterregen beginnen häufig mit einzelnen sehr großen Tropfen, welche klatschend aufschlagen; ihnen folgt dann heftiger Platzregen; steigert sich dieser zum sogenannten „Wolkenbruch“, so gießt es herab wie wenn Wasser durch ein Sieb geschüttet wird, „es regnet Bindfaden“. Die Frühlings- und Herbstregen dagegen bestehen aus kleineren Tropfen und gehen sanft rieselnd und geräuschlos nieder.

Von außerordentlicher Heftigkeit und Ergiebigkeit sind die Regen der Tropenzone. So erzählt Dampier: „Als wir die kleine Insel La Gorgonie (in der Südsee an der Küste von Neugranada) besuchten, machten wir uns Chokolade, die wir stehend im Regen trinken mußten. Damals regnete es so stark in unsere Kalabassen, daß, wenn wir auch noch so viel Chokolade und Regenwasser tranken, unsere Kalabassen doch immer halb voll blieben, ja einige schwuren, es sei unmöglich, so viel zu trinken, als es regnete.“

Tschudi erzählt in seiner „Reise in Südamerika“ von einem ungewöhnlich heftigen Regen wie folgt: „Im Laufe des Nachmittags gegen 4 Uhr hatte sich der Regen zu einem Wolkenbruche gesteigert, der in unerhörter Heftigkeit sieben Stunden lang ununterbrochen andauerte. Ich habe auf meinen vielen Reisen sehr häufig Gelegenheit gehabt, außerordentlich große Regenmassen herabströmen zu sehen, es geschah indessen immer nur durch einen kurzen Zeitraum. Weder früher noch später erlebte ich ein ähnliches Schauspiel wie hier. Nach mehrstündiger Dauer war es wahrhaft grauenerregend. Die geängstigten Bewohner fürchteten den Untergang ihres Dorfes. Über jeden Abhang stürzten Wasserströme, die immer und immer an Größe und Gewalt zunahmen, denn der übersättigte Boden konnte kein Wasser mehr aufnehmen. In meiner Wohnung — sie war das beste Haus von Capellhina — war kein trockenes Plätzchen mehr; das durch das Dach eingedrungene Wasser strömte zur Thür wieder hinaus. Hin und wieder erleuchtete ein

Blitzstrahl die finstern Gemächer und ein Donnerschlag übertönte für Augenblicke die brausenden Regenströme. Von Stunde zu Stunde erwarteten wir ängstlich das Ende dieses fürchterlichen Naturschauspiels. Erst gegen Mitternacht brach sich die Gewalt des Ungewitters." —

Zur Messung der Regenmenge dienen die verschiedenartig konstruierten Regenmesser oder Ombrometer (Pluviometer, Udometer, Hyetometer). Eine sehr einfache

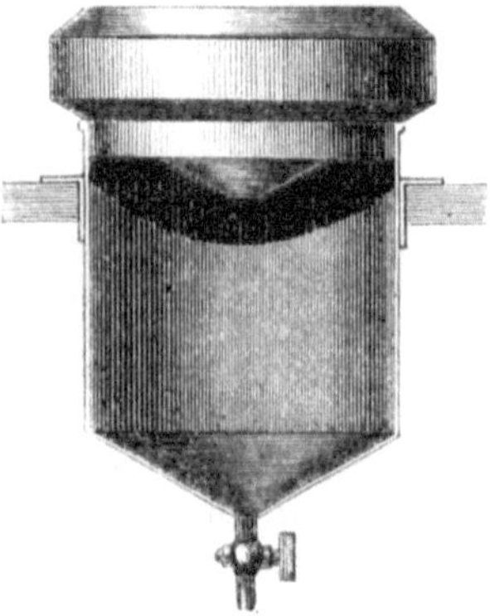

Fig. 21. Regenmesser.

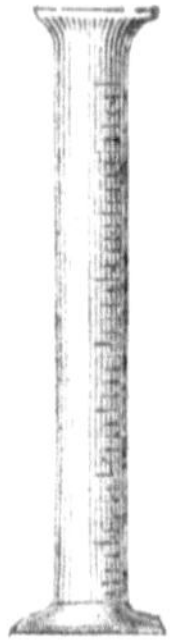

Fig. 22.

und zweckmäßige Vorrichtung dieser Art ist in Fig. 21 u. 22 abgebildet. Der Regen wird aufgefangen durch ein cylindrisches Blechgefäß mit trichterförmigem Aufsatz, dessen obere Öffnung einen Flächeninhalt von 500 qcm hat. Der Aufsatz hat den Zweck, das im Gefäß gesammelte Wasser vor Verdunstung möglichst zu schützen; da nämlich die untere Öffnung des Trichters nur etwa einen Durchmesser von 1 cm hat und das Gefäß somit nahezu geschlossen ist, so sättigt sich die in ihm enthaltene Luft mit Wasserdampf und verhindert weitere Verdampfung. Aus dem Gefäße, dessen Boden nach unten kegelförmig zuläuft, kann das Regenwasser durch einen Hahn in den Meßcylinder (Fig. 22) abgelassen werden; die Teilung desselben ist so bemessen, daß die zwischen zwei auf einander folgenden Teilstrichen enthaltene Wassermenge, auf eine Fläche von 500 ^{qcm} ausgebreitet, diese mit einer Wasserschicht von $^1/_{10}$ ^{mm} Höhe bedecken würde. Durch die Messung erfährt man also, in Zentelmillimetern ausgedrückt, wie hoch das während einer bestimmten Zeit gefallene Regenwasser den Boden bedecken würde, wenn kein Wasser in den Boden eingedrungen oder abgeflossen oder verdunstet wäre.

Der stärkste bis jetzt gemessene Regenfall ereignete sich am 26. Juli 1819 zu Catskil am Hudson, welcher in $7^1/_2$ Stunden 487 ^{mm} ergab; in Genf wurden am 20. Mai 1827 in 3 Stunden 162 ^{mm} Regenwasser gesammelt. In Deutschland übersteigt die 24stündige Regenmenge wohl niemals 80 ^{mm}; die stärksten Sommerregen geben kaum 30 ^{mm}, und wenn die tägliche Regenmenge 40 ^{mm} erreicht, treten die Flüsse aus ihren Ufern und verursachen ausgedehnte Überschwemmungen.

Die jährliche Regenmenge beträgt in unsern Gegenden 400 bis 1000 ^{mm}; in der heißen Zone ist sie weit beträchtlicher. In Saint-Benoit auf der Insel Bourbon hat Maillard in 4 Jahren, von 1846 bis 1850, 16500 ^{mm} Regenwasser gesammelt, was auf ein Jahr 4125 ^{mm} ausmacht; auf den einzigen Monat Januar trifft daselbst die Menge von 740 ^{mm}, also ungefähr soviel als bei uns während der ganzen Dauer eines nassen Jahres fällt. In Indien schwankt die jährliche Regenmenge zwischen 2000 bis 3000 ^{mm}.

Örtliche Verhältnisse üben auf die Regenmenge großen Einfluß. Warum an den Meeresküsten mehr Regen fällt als im Binnenlande, ist leicht einzusehen. Gebirge, namentlich wenn sie bewaldet sind, geben wie wir gesehen haben zu reichlicher Wolkenbildung und daher auch zu vermehrtem

Regenfall Anlaß. Wenn die Richtung eines Gebirgszugs senkrecht steht auf der Richtung des regenbringenden Windes, so wird dieser genötigt auf der dem Winde zugekehrten Seite den größten Teil seiner Feuchtigkeit abzusetzen, und kommt verhältnismäßig trocken jenseits an. Nähert man sich z. B. von Prag aus dem Riesengebirge, so hat man in Prag eine jährliche Regenmenge von 388, in Königgrätz 659, in Trautenau 996, zu St. Peter am Gebirge selbst 1166, dagegen in Neisse jenseits des Gebirgs nur 564 mm.

Durch diese Wirkung der Gebirge kann der Dampfgehalt der Luft so sehr vermindert werden, daß jenseits völlig regenlose Gebiete entstehen. Die Kette der Ghats in Indien nötigt den dampfreichen Südwestmonsun den größten Teil seines Wassers in heftigen Regengüssen auf der Westküste zu entladen; weniger feucht begegnet er der schneebedeckten Gebirgsmauer des Himalaya, welche ihm fast alle seine noch übrige Feuchtigkeit in Form von Regen und Schnee entzieht. Jenseits des Gebirges angekommen, enthält er kaum noch so viel Wasserdampf, um spärliche Wolken zu bilden; die Wüste Gobi ist völlig regenlos, während in Cherrapondschi im Himalaya jährlich die enorme Regenmenge von 17000 mm fällt. Die Küste von Peru ist regenlos, weil der Südostpassat beim Übersteigen der Cordilleren auf deren Ostseite den größten Teil seiner Feuchtigkeit zurückläßt und ausgetrocknet auf die Westseite gelangt.

In der Tropenzone ist das Jahr in eine regenlose und in eine Regenzeit geschieden; diese entspricht dem höchsten Sonnenstande. „Außerhalb der Tropen“, sagt Dampier, „wird die Luft um so heiterer, trockener und wärmer, je mehr sich die Sonne dem Scheitel nähert; in der heißen Zone hingegen wird die Luft um so trockener, je weiter sich die Sonne vom Scheitel entfernt; je mehr sich die Sonne ihrem höchsten Stande nähert, bedeckt sich der Himmel mit

Wolken und die Regenzeit beginnt, denn die Regen folgen der Sonne. Auf jeder Seite des Äquators fangen sie bald nach dem Äquinoktium an und dauern bis zu seiner Wiederkehr. Nördlich vom Äquator beginnt die Regenzeit im April und Mai und dauert bis zum September oder Oktober; die trockene Zeit beginnt im November oder Dezember und dauert bis zum April oder Mai. In den südlichen Breiten ändern sich die Jahreszeiten in denselben Monaten, aber mit dem Unterschied, daß die trockenen Monate hier die sind, welche in den nördlichen die Regenmonate sind und umgekehrt."

Diese Bemerkungen gelten jedoch nur für die unter der Herrschaft der Passate stehenden Festlandgegenden; im Gebiete der Monsune bringt der Südwestmonsun ununterbrochen Tag und Nacht fortdauernde Regenfälle. Im Calmengürtel (vergl. Abschnitt II) regnet es jahraus jahrein, es herrscht dort eine immerwährende Regenzeit.

In der gemäßigten Zone treten Regen zu jeder Jahreszeit auf; in Deutschland fällt die größte Regenmenge auf den Sommer; an den Westküsten von Frankreich, England und Norwegen sind die Herbstregen die ergiebigsten; in Nordamerika dagegen herrschen die Winterregen vor.

Das Kärtchen Fig. 23 gibt einen Überblick über die Verteilung der Niederschläge auf der Erdoberfläche. Die regenlosen Distrikte sind weiß gelassen, die übrigen um so stärker schattiert, je größer die auf sie treffende jährliche Regenmenge ist.

Schnee und Graupeln.

In den höhern sehr kalten Schichten der Atmosphäre bestehen die Wolken, wie bereits erwähnt wurde, nicht aus Nebeltröpfchen, sondern aus nadelförmigen Eiskryställchen. Barral und Bixio gerieten auf ihrer Luftreise am

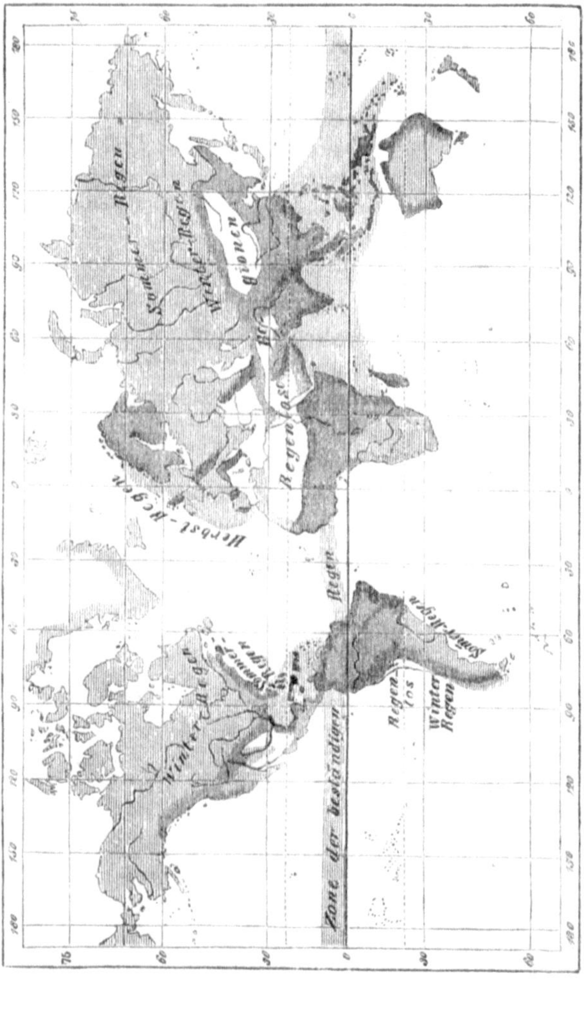

Fig. 23. Verteilung des Regens über die Erdoberfläche.

23. Juli 1850 in eine ungeheure 4 Kilometer dicke Wolke, welche in ihrem oberen Teile aus Eisnadeln bestand; ihre Temperatur war, mitten im Sommer, in einer Höhe von 6000 m über der Meeresfläche, 10° unter Null, und an ihrer oberen Grenze in 7039 m Höhe sogar — 39,7°, also gleich dem Erstarrungspunkte des Quecksilbers. — Sind die untern Luftschichten über den Gefrierpunkt des Wassers erwärmt, so schmelzen die Eisnadeln beim Herabfallen, und es regnet unten, während es oben schneit. Sind aber die untern Schichten winterlich kalt, so schneit es herab bis zur Erdoberfläche und der gefrorene Boden überzieht sich mit blendend weißer Schneedecke.

Bei ruhiger kalter Luft fällt der Schnee nur spärlich in Form einzelner Sternchen. Die Eisnadeln gruppieren sich, dem Krystallisationsgesetz gehorsam, zu sechsstrahligen Sternen von bewunderswerter Regelmäßigkeit und Zierlichkeit (Fig. 24).

Fig. 24. Schneesterne.

Kleinere Eisnadelchen setzen sich an die Hauptstrahlen zu beiden Seiten an, immer genau unter Winkeln von 60°, und geben ihnen das Ansehen der zartesten Federchen. Manchmal schließen sich die Winkelräume des Sterns zum vollen Sechseck zusammen, auf dessen Oberfläche Strahlen und Fiedern in wundervoller Reliefzeichnung hervortreten. Ein andermal ist die Mitte des Sterns aus einem sechseckigen Plättchen gebildet, aus dessen Ecken auf feinen Stielen kleinere Sechsecke oder Sternchen hervorwachsen. Die geringsten Unterschiede in der Temperatur und dem Feuchtigkeitszustand der Luft genügen, um die Gestalt dieser sternförmigen Schneekryställchen in tausenderlei Weise abzuändern. Die zu gleicher Zeit fallenden Sternchen haben gewöhnlich nahezu dieselbe Form, ändern sich aber allmählich, wenn der Schneefall länger andauert; ein folgender von dem ersten durch irgend eine Zwischenzeit getrennter Schneefall liefert gewöhnlich Sternchen von anderer Gestalt.

Bei ergiebigem Schneefall hängen sich mehrere Sternchen lose zusammen und bilden manchmal recht große Schneeflocken. Im Frühjahr, in den Monaten März und April, vereinigen sich in den windgepeitschten Schneewolken die Eisnadeln zu kleinen dicht gefilzten Schneebällchen, welche als Graupeln herabfallen.

Die Menge des gefallenen Schnees wird gemessen mit Hilfe des Ombrometers (Fig. 21), von welchem zu diesem Zwecke der trichterförmige Aufsatz abgenommen wird; das Schmelzwasser des aufgefangenen Schnees wird gemessen und in die Regenmenge mit eingerechnet. Die Höhe der den Boden bedeckenden Schneeschicht bestimmt man durch direkte Messung mit einem in Centimeter geteilten Maßstabe.

Die Schneeschicht, welche sich im Winter über unsere Gefilde breitet, verhindert die Erkaltung des Bodens, und zwar nicht bloß, wie schon früher erwähnt wurde, vermöge ihres geringen Ausstrahlungsvermögens, sondern mehr noch durch ihre geringe Fähigkeit Wärme durchzulassen. Die aus Schneeflocken gewobene Decke hält die Wintersaat warm und schützt sie vor dem Gefrieren. Selbst bei bitterster Kälte findet man die Temperatur des Bodens unmittelbar unter dem Schnee nicht weit von dem Gefrierpunkt entfernt, und wenige Centimeter tiefer schon über dem Gefrierpunkt. Auf den Alpen, selbst an sehr hoch gelegenen Stellen, wo der Schnee 8 bis 10 Monate ununterbrochen liegen bleibt, bedeckt sich der Boden bald nach dem Wegtauen mit üppigem Graswuchs, dessen Rasen von zahlreichen großblütigen und farbenreichen Blumen durchwirkt ist. Unter dem Schutze des Schnees hatten die Pflanzen schon vorher begonnen zu treiben und Blütenknospen zu bilden; der Schnee hat sie vor dem Erfrieren, besonders aber vor den plötzlichen Temperaturwechseln geschützt, welche den zarten Organen so verderblich werden.

Hagel.

Der Hagel, welcher oft in wenigen Minuten die Ernte-hoffnungen ganzer Landstriche zu nichte macht, besteht aus rundlichen Körnern festen Eises oder aus Schlossen, welche gewöhnlich die Größe von Erbsen und Haselnüssen, häufig aber auch die von Tauben- und sogar Hühnereiern erreichen. Volta erzählt von Hagelkörnern, welche in einer Augustnacht des Jahres 1807 während eines Gewitters auf die Stadt Como herabfielen, von denen einige 280 g wogen. Über Hagelkörner von 8 bis 10 cm Durchmesser wird vielfach glaubwürdig berichtet. Fabelhaft aber klingen einige Berichte von ungeheuren Eisklumpen, welche an einigen Orten aus den Wolken gefallen sein sollen. So heißt es*), am 28. Mai 1802 sei in Ungarn bei dem Dorfe Putzemischl während eines Gewitters und Hagelwetters ein viereckiger Eisklumpen aus der Luft gefallen, 3 Fuß lang, 3 Fuß breit und 2 Fuß dick. Acht Männer vermochten

*) Gilberts Ann. XVI. 75.

nicht ihn aufzuheben; man schätzte ihn auf 11 Zentner, und nach drei Tagen fand man noch Überbleibsel davon. In der letzten Zeit der Regierung Tippoo Sahibs soll nahe bei Seringapatam in Indien eine Hagelmasse von der Größe eines Elefanten gefallen sein, wovon die zur Untersuchung hingesandten Offiziere des Sultans berichteten, daß sie bei der Berührung die Empfindung des Brennens erzeuge, eine sehr natürliche Äußerung solcher Menschen, welche an die Empfindung der Kälte nicht gewöhnt sind. Die Eismasse lag zwei Tage ehe sie geschmolzen war. — Wahrscheinlich sind diese Eisklumpen nicht so gefallen, wie sie gefunden wurden, sondern erst nachträglich aus einzelnen Hagelkörnern zusammengefroren.

Die Gestalt der Hagelkörner ist gewöhnlich abgerundet, kugelig oder eiförmig, manchmal plattgedrückt; prismatische oder pyramidale Formen scheinen Bruchstücke größerer Körner zu sein. Ihre Oberfläche ist häufig glatt, oft aber auch rauh, warzig, und mit hervorragenden Ecken, als ob sie aus mehreren Hagelkörnern zusammengefroren wären. Im Innern eines jeden Hagelkorns findet man einen weißen undurchsichtigen einem Graupelkorne ähnlichen Kern, um welchen dichtes Eis in abwechselnd bald mehr bald weniger durchsichtigen Schichten gelagert ist. Manchmal hat man im Kerne kleine Stückchen Spreu, Sandkörnchen und andere leichte Körperchen gefunden. Bisweilen läßt sich ein strahliger Bau erkennen, dessen Fasern senkrecht zu den Schichten gerichtet sind.

Der Hagel fällt besonders häufig in der gemäßigten Zone; er wird um so seltener je mehr man sich der Polarregion nähert. In der heißen Zone hagelt es nur auf hohen Bergen und auf Hochebenen.

Die Hagelwetter ereignen sich hauptsächlich zur heißen Jahreszeit und während der Tageshitze; nächtliche Hagelfälle wie der oben erwähnte von Volta in Como beobachtete, sind sehr selten. Sie sind in der Regel von Gewittererscheinungen begleitet; der Hagel geht gewöhnlich dem Gewitterregen voran, oder er erfolgt gleichzeitig, fast nie folgt der Hagel auf den Regen.

Die Hagelwolken sind, nach der Verdunkelung die sie bewirken zu urteilen, von bedeutender Tiefe und Dichte, und scheinen meist niedrig zu schweben. Man bemerkt in ihnen eine lebhafte, manchmal wirbelnde Bewegung, und ihre Ränder erscheinen mannigfach zerrissen. Vor dem Ausbruch des Hagelwetters hört man ein eigentümliches rasselndes Geräusch in der Wolke, wahrscheinlich von dem Aneinanderprall der bereits gebildeten Hagelkörner herrührend. Der Hagelfall dauert gewöhnlich nur einige Minuten, selten eine Viertelstunde lang.

Um einen Begriff von der Ausdehnung und dem Hergange eines solchen Unwetters zu geben, mögen einige genauere Angaben über den von Tessier beobachteten Hagelschlag folgen, welcher am 13. Juli 1788 einen großen Teil Frankreichs verheerte.

Das Unwetter begann im südlichen Frankreich am Morgen des 13. Juli 1788, durchzog in wenigen Stunden die ganze Länge des Landes und erstreckte sich bis nach Belgien und Holland.

Alle Landstriche, welche der Hagelschlag traf, bildeten zwei parallele von Südwest nach Nordost gerichtete Streifen, von denen der westliche 175, der östliche 200 Meilen lang war. Die Breite des westlichen behagelten Streifens betrug ungefähr 4, die des östlichen nur 2 Meilen. Der zwischen beiden Streifen gelegene Landstrich von 5 Meilen Breite wurde nicht von Hagel, wohl aber von reichlichem Regen getroffen. Überall war dem Unwetter eine dichte Finsternis vorausgegangen, welche sich weit über die behagelten Gebiete hinaus erstreckte. Der Hagel fiel an jedem Orte nur 7 bis 8 Minuten lang; die Schlossen waren teils rund, andere länglich und mit Spitzen versehen; die größten wogen ungefähr 250 g.

Bei Vergleichung der Stunden, in welchen der Hagel an verschiedenen Orten eintraf, findet man, daß das Hagelwetter von Süden nach Norden 16½ Meilen in der Stunde zurücklegte und daß die Geschwindigkeit auf beiden Streifen genau dieselbe war.

Der in Frankreich in den 1039 an diesem Tage vom Hagel betroffenen Pfarreien angerichtete Schaden belief sich, nach amtlicher Schätzung, auf nahezu 25 Millionen Franken.

Wie entstehen nun die ungeheuern Eismassen, welche in so kurzer Zeit, mitten im Sommer, von den Hagelwolken ausgeschüttet werden? Unter der ganzen Reihe der bereits versuchten Erklärungen, welche hier nicht besprochen werden können, ist keine ganz befriedigend. Wir wollen aber doch andeuten, wie man sich den Vorgang der Hagelbildung etwa vorstellen kann.

Hiezu müssen wir uns erst mit einer bemerkenswerten Eigenschaft der Flüssigkeiten bekannt machen. Fahrenheit hat im Jahre 1714 die Beobachtung gemacht, daß reines Wasser, wenn man es ruhig in der Kälte stehen läßt, bis 5, ja bis 10° unter Null erkaltet, ohne zu gefrieren. Wird dieses „überschmolzene" Wasser aber erschüttert, oder wirft man ein Eisstückchen, einen Schneekrystall oder irgend einen festen Körper hinein, so erstarrt die ganze Wassermasse wie mit einem Schlag, indem die Temperatur durch Freiwerden von Wärme auf Null steigt. Wasserkugeln, welche in einer Mischung von Mandelöl und Chloroform schweben, die mit dem Wasser gleiches spezifisches Gewicht hat, können, wie Dufour gezeigt hat, auf −8° bis −10°, kleinere Kügelchen sogar auf —20° erkaltet werden, ohne daß Erstarrung eintritt.

Hienach kann nicht bezweifelt werden, daß auch die feinen Wasserkügelchen und Bläschen, aus denen die Wolken bestehen, weit unter dem Gefrierpunkt des Wassers erkaltet und doch noch flüssig geblieben sein können*). In der That, in der ungeheuren Wolke, welche Barral und Bixio am 27. Juli 1850 mit ihrem Luftballon durchfuhren, war das Thermometer schon in einer Höhe von 3700 m unter den Gefrierpunkt gesunken, in 5000 m Höhe zeigte es —7°, und erst in einer Höhe von 6000 m, bei —10°, ging der Nebel in eine aus Eisnadeln bestehende Schneewolke über, an deren oberer Grenze, in 7039 m Höhe, die tiefe Temperatur von —39,7° herrschte; von 3700 m bis 5000 m, also in einer Schicht von 1300 m Dicke bestand sonach die Wolke aus flüssigen Wasserteilchen, die unter den Gefrierpunkt erkaltet waren, sich also im überschmolzenen Zustand befanden.

Diese Beobachtungen von Barral und Bixio beweisen, daß selbst in unseren heißesten Monaten die höhern Luftschichten eine sehr niedrige Temperatur besitzen können; ferner daß die Temperaturabnahme nach oben hin eine sehr rasche ist; sie sank bei der Erhebung von 6000 m auf 7039 m um nicht weniger als 29,7°, d. i. durchschnittlich um nahe 3° für je 100 m Erhebung; sie beweisen endlich, daß es Wolken gibt, die, obgleich bis zu 10° unter den Gefrierpunkt erkaltet, dennoch aus flüssigen Wasserteilchen bestehen.

Dennoch war die besprochene Wolke keine Hagelwolke; dazu gehört, daß sie rasch in stürmischer Bewegung durch einen aufsteigenden Luftstrom gebildet werde.

Reye**) hat gezeigt, daß die Luft sich in einem schwan-

*) Nach Fr. Vogel; s. Müllers kosmische Physik.

**) Reye, die Wirbelstürme; Hannover, 1872.

kenden Gleichgewichtszustande befindet, sobald die Temperaturabnahme für eine lotrechte Erhebung von 100 m mehr als einen Grad beträgt. Der geringste Anstoß reicht alsdann hin, um das Gleichgewicht zu stören und absteigende und aufsteigende Luftströme zu erzeugen.

Obige Wolke scheint durch einen abwärts gerichteten kalten Luftstrom, der in die unteren wärmeren dampfführenden Schichten eindrang, gebildet worden zu sein.

Bei einem derartigen Zustand der Atmosphäre bilden sich aber besonders leicht aufsteigende Luftströme, und zwar steigt die Luft um so rascher und leichter empor, je wärmer und je dampfreicher sie ist, Bedingungen, welche an heißen Sommertagen gegeben sind. Die aufsteigende Luftsäule nimmt eine wirbelnde Bewegung an; in die kalten höheren Luftschichten eindringend, schlägt sie dort ihren Wasserdampf in rascher Wolkenbildung nieder, die hiebei freiwerdende Wärme dehnt die Luft noch mehr aus und treibt sie schneller empor. In den immer toller kreisenden Strudel werden von allen Seiten her eisig kalte Luftmassen hineingerissen, immer höher wirbelt er empor, seinen Weg durch eine dichte Wolke von ungeheurer Dicke bezeichnend, welche unten aus flüssigen aber unter den Gefrierpunkt erkalteten Wasserteilchen, oben aus Eisnadeln besteht. Letztere werden von der stürmisch bewegten Luft zu Graupelkörnern geballt, welche, zu schwer um zu schweben, durch den untern Teil der Wolke herabfallen und dort zu plötzlicher massenhafter Eisbildung den Anstoß geben: um jedes Graupelkorn als Kern bildet sich augenblicklich eine dicke Eisschicht, welche, wenn die Wolke aus abwechselnd mehr und weniger wasserreichen Lagen besteht, aus mehreren concentrischen Schalen zusammengesetzt sein kann. Auch Sandkörner und andere feste Körperchen, die vom aufsteigenden Luftstrom mit in die Höhe gerissen wurden, können die überschmolzenen Wasserteilchen der Wolke zum plötzlichen Erstarren bringen und so die Kerne von Hagelkörnern abgeben. Die im nu fertigen Hagelkörner, in der Wolke schon mit Geprassel zusammenstoßend, stürzen nun verheerend herab. Wie bei jeder raschen Wolkenbildung, treten auch bei der Hagelwolke elektrische Entladungen auf; das Gewitter ist der stete Begleiter des Hagels. Das Hagelwetter kann jedoch, an einer und derselben Stelle, nur von kurzer Dauer sein; durch die plötzliche und massenhafte Eisbildung wird eine so große Wärmemenge frei, daß die tiefe Temperatur der Wolke und damit der überschmolzene Zustand ihrer Wasserteilchen ein rasches Ende finden muß; nach der Hagelentladung wird ihr nur noch ein heftiger Gewitterregen entströmen. Aus alledem erklärt sich zur Genüge das häufig konstatierte lokale oder strichweise Auftreten des Hagels; nur da, wo die Bedingungen zur Bildung eines solchen aufsteigenden Luftstroms gegeben sind, kann Hagel entstehen. Damit ein Hagelwetter über weite Landstrecken fortschreite, ist notwendig, daß der eigentümliche Zustand der Atmosphäre, der die Entstehung begünstigt, ebenfalls weithin verbreitet sei. In der Richtung der Fortbewegung bildet sich die Hagelwolke durch den dort aufsteigenden Luftstrom immer neu, hinter sich eine regnende Gewitterwolke zurücklassend.

Gletscher und Eisberge.

Die Luft wird, indem sie die Sonnenstrahlen fast vollständig durchläßt, von denselben direkt nur unbedeutend erwärmt. Sie empfängt ihre Wärme vielmehr durch Mitteilung von Schicht zu Schicht von der erhitzten Erdoberfläche aus; zwar steigt die so erwärmte Luft, durch Ausdehnung leichter geworden, empor und führt ihre Wärme den höheren Regionen zu; da aber in der Höhe ein geringerer Luftdruck herrscht, muß sie sich verdünnen und dabei abkühlen, so daß die erwärmende Wirkung, welche sie in den oberen Schichten hervorbringen könnte, zum Teil wieder aufgehoben wird. Aus alledem folgt, daß unter gewöhnlichen Umständen und im großen ganzen die Temperatur bei senkrechter Erhebung in der Atmosphäre abnehmen muß. Diese Abnahme, welche wegen des störenden Einflusses verschieden warmer Luftströmungen, der Wolkenbildung u. s. w. begreiflicherweise kein regelmäßiges Gesetz befolgt, kann in freier Atmosphäre nur bei Luftballonfahrten, sonst aber noch am Abhang hoher Gebirge beobachtet werden, wo freilich durch das Hereinragen der Bergmassen die Verhältnisse wieder andere sind als in freier Luft; sie wird ferner verschieden sein nach der Jahreszeit und außerdem noch von örtlichen Einflüssen abhängen. Wenn wir uns, von abnormen atmosphärischen Zuständen absehend, mit einem durchschnittlichen Werte begnügen, können wir sagen, daß (z. B. in den Schweizeralpen) auf je 190 m Erhebung die Temperatur um 1° abnimmt.

Nehmen wir daher für unsere Gegenden an, daß an der Meeresoberfläche die durchschnittliche Temperatur 11° beträgt, so müßte in einer Höhe von 2090 m die Temperatur des Gefrierpunktes herrschen. Unter dem Äquator, z. B. in Quito in Südamerika, wo am Meeresniveau die Luftwärme 28,5° beträgt, müßte die Luftschicht von 0 Grad in einer Höhe von 5400 m zu finden sein.

Diese Schicht, deren mittlere Temperatur der Gefrierpunkt ist, fällt aber keineswegs mit der Grenze des ewigen Schnees zusammen, über welche an den Hängen der Gebirge der Schnee nicht mehr wegtaut. In unseren Alpen ist die S c h n e e g r e n z e erst in 2700 m Höhe anzutreffen, liegt also um 610 m höher als die Nullschicht; in Quito dagegen reicht die Schneegrenze bis 4000 m, also um 400 m tiefer herab als die Nullschicht.

Die Schneegrenze kann man als diejenige Linie bezeichnen, über welcher im Winter mehr Schnee fällt, als durch die Sommerwärme hinweggeschmolzen werden kann. Ihre Lage muß demnach einerseits durch die Ergiebigkeit des winterlichen Schneefalls, andererseits durch die Wärmeverhältnisse des Sommers bedingt sein. Auf den Anden von Quito, wo es einen Unterschied zwischen Sommer und Winter nicht gibt, lagern sich aus der feuchten Luft der Tropenmeere fortwährend ungeheure Schneemassen ab, zu deren Wegschmelzen eine durchschnittliche Temperatur von mindestens 2° erforderlich ist; die Schneegrenze erscheint demnach herabgedrückt. In unseren Alpen dagegen fällt aus weniger dampfreicher Luft eine geringere Schneemasse, welche die heiße Sommersonne bis hoch über die Nullschicht hinauf leicht bewältigt. Am nördlichen Abhang des Himalaya trifft man die Schneegrenze in 5000, am südlichen schon in 4000 m Höhe; diese auffallende Thatsache aber wird leicht erklärlich, wenn man bedenkt, daß die über dem indischen Ozean mit Dampf gesättigten Lüfte, an dem südlichen Abhange der riesigen Gebirgsmauer anprallend, daselbst ungeheure Regen- und Schneemassen entladen; aus der relativ trockenen Luft über der tibetanischen Hochebene, zu welcher sich der nördliche Abhang herabsenkt, können sich dagegen nur vergleichsweise geringe Schneemassen niederschlagen.

Obgleich in der Schneeregion mehr Schnee herabfällt als geschmolzen wird, so kann sich derselbe doch nicht ins Unbegrenzte anhäufen. Auf den schroffen Gipfeln und steilen Felswänden bleibt der sandartig trockene Hochschnee ohnedies nicht liegen oder er wird durch den Wind herabgefegt; von den Schneefeldern auf weniger steil angelegten Flächen stürzt von Zeit zu Zeit, durch geringfügige Veranlassung gelockert, die Überlast als Lawine donnernd in die Tiefe. Nur in beckenartigen, rings von Gipfeln und Felswänden umstarrten Vertiefungen, den sogenannten Firnmulden, sammelt der Schnee sich in ungeheuern Massen an, und entsendet nach der Seite hin, nach welcher der Boden der Mulde sich neigt und zum Thal sich verengt, in dieses hinab bis tief unter die Schneegrenze einen gewaltigen Eisstrom, den Gletscher.

Wie entsteht aber aus dem lockeren Schnee die feste Eismasse des Gletschers? Der in der Mulde gesammelte Schnee erleidet durch abwechselndes Auftauen und Wiedergefrieren bald eine Änderung seines Gefüges. Das an der Oberfläche durch die warmen Sonnenstrahlen gebildete Schmelzwasser sickert, Luftblasen mit sich führend, in die Zwischenräume der darunter liegenden Schneekryställchen; beim Wiedergefrieren in der Nacht bilden sich dann locker an einander liegende Eiskörnchen, aus dem Schnee entsteht der Firn. Man kann einen ähnlichen Umwandlungsprozeß auch in der Ebene an jeder länger liegenden Schneedecke verfolgen. Je weiter nach unten, desto kräftiger wirken die umbildenden Ursachen, die Firnkörner werden immer größer, bis sie endlich als unregelmäßig gestaltete klare Eiskörner an einander stoßen und sich zu anscheinend festem Gletschereis zusammenkeilen. Das Gletschereis ist demnach keine kompakte Masse wie etwa das Flußeis, es ist vielmehr von zahllosen mit Wasser oder Luft erfüllten Spalten durchsetzt; man kann diese Fugen, welche die benachbarten Gletscherkörner von einander trennen, sehr schön sichtbar machen, indem man gefärbten Weingeist auf das Gletschereis gießt, welcher, in die Spalten eindringend, diese als netzartiges Gewebe hervortreten läßt.

Bei der Umwandlung des Firnschnees in Gletschereis spielt die unter dem Namen Regelation (Wiedergefrieren) bekannte Eigenschaft des Eises eine wesentliche Rolle. Drückt man zwei Eisstücke, selbst bei einer weit über dem Schmelzpunkt liegenden Temperatur, mit den Händen zusammen, so haften sie aneinander, indem sie an dem Berührungspunkte zusammengefrieren. Durch Druck wird nämlich der Schmelzpunkt des Wassers erniedrigt, es entsteht an der Berührungsstelle beim Zusammenpressen Wasser, welches, obgleich flüssig, doch unter Null erkaltet ist, und zur Seite an nicht gedrückte Stellen der Berührungsflächen ausweichend sogleich wieder erstarrt und so die Eisstücke zusammenkittet. In ähnlicher Weise werden die kleineren Firnkörner, unter dem Druck der darüber lastenden Massen, durch Regelation zu größeren Gletscherkörnern vereinigt.

Die Gletschermasse, obgleich aus sprödem Eise gebildet, hat vermöge ihrer Zusammensetzung aus einzelnen an einander verschiebbaren Körnern gleichsam Millionen Gelenke, und kann daher, dem Zug der Schwere folgend, einem zähen Thonbrei vergleichbar, auf der geneigten Sohle des Gletscherthales langsam herabgleiten, allen Windungen desselben folgen, durch Verengungen sich hindurchzwängen, in Erweiterungen sich ausbreiten. In demselben Maße als der Gletscher fortrückt, schmilzt er unten ab und wird von oben aus dem Vorrat der Firnmulde neu gespeist.

Die Geschwindigkeit, mit welcher der Gletscher in das Thal hinabrückt, hängt begreiflicher Weise von lokalen Umständen ab, z. B. von der Neigung seines Bettes; wo die vorher sanftere Neigung plötzlich steiler abfällt, schreitet der untere Teil des Gletschers rascher voran als der obere zu folgen vermag, die spröde Masse zerbricht und zerklüftet sich, die Gletscheroberfläche, weiter oben ziemlich eben und nur von tiefen Spalten durchsetzt, verwandelt sich in ein wildes Chaos riesiger Eisblöcke, deren abenteuerliche Formen in der herrlich blauen Farbe, die dem Gletschereis eigentümlich ist, prachtvoll schimmern; eine solche E i s k a s k a d e zeigt z. B. das Eismeer (mer de glace) im Chamounithal an der

Stelle, welche man Chapeau nennt, und der Rhonegletscher da, wo von der Paßhöhe herabkommend die Furkastraße ihn erreicht. In der Nähe solcher Stellen kann, wie Messungen an dem Eismeer in Chamouni ergeben haben, das tägliche Fortschreiten im Sommer über 50, ja bis zu 95 cm betragen. Aus Beobachtungen, welche sich über eine längere Reihe von Jahren erstrecken, ergibt sich im Durchschnitt eine tägliche Geschwindigkeit von ca. 30 cm. In der Mittellinie des Gletschers ist die Geschwindigkeit größer als an den Ufern, wodurch auch an weniger geneigten Stellen Anlaß zur Bildung von Spalten gegeben ist. Im Sommer rückt der Gletscher natürlicherweise rascher vor als im Winter.

Das untere Ende des Gletschers befindet sich da, wo gerade so viel Eis abschmilzt, als von oben nachgeschoben wird; es reicht stets bis tief unter die Schneegrenze herab. Der untere Grindelwaldgletscher z. B. steigt herab bis zu 1000 m über dem Meeresspiegel, während in den Schweizeralpen die Schneegrenze 2700 m hoch liegt. So kommt es, daß dicht neben den Eismassen der Gletscherfront grünende Matten sich ausbreiten, Obstbäume gedeihen und Getreidesaaten reifen. Freilich ist diese Nähe des Gletschers den Werken des menschlichen Fleißes gefahrdrohend; folgen mehrere nasse kühle Sommer auf einander, so rückt das Gletscherende mit unwiderstehlicher Gewalt voran, Matte und Feld, Baum und Haus unter Schutt und Eis begrabend.

Von den benachbarten Felsgipfeln fallen, durch Verwitterung losgelöst, Steinblöcke, Schutt und Grus auf den Gletscher herab und werden auf seinem Rücken allmählich thalabwärts getragen und gleichzeitig seitwärts geschoben. An seinen Ufern häufen sich diese Gesteinstrümmer auf und bilden gewaltige Schuttwälle, die sogenannten Seitenmoränen. Die bis zum Gletscherende herabgeführten Schuttmassen umschließen dasselbe als halbkreisförmige

Frontmoräne, welche eine mannigfaltige Musterkarte aller an den Gletscherufern vorkommenden Gesteinsarten darstellt. Wenn sich zwei Gletscherströme, von verschiedenen Firnmulden entspringend, zu einem einzigen vereinigen, so bilden die beiden zusammenstoßenden Seitenmoränen auf diesem letzteren eine Mittelmoräne oder Gufferlinie; bei großen Gletschern, welche aus mehreren Zuflüssen entstanden sind, beobachtet man der Anzahl derselben entsprechend mehrere Gufferlinien. Bei seinem unwiderstehlichen Fortrücken zermahlt der Gletscher die Gesteine, welche den Grund und die Wände seines Bettes bilden, zu feinem Staub, welcher das Schmelzwasser, das als Gletscherbach der häufig thorartig gewölbten Front des Gletschers entströmt, milchig trübt. Durch diese Wirkung des Eisstroms werden die Felsen, auf denen er entlang gleitet, abgeschliffen und glatt poliert, es entstehen die Gletscherschliffe; Steine, welche in den Grund oder die Seitenflächen der Gletschermasse eingefroren sind, graben in das Ufergestein rinnenartige Streifen oder Ritzen. Gletscher der Vorzeit, welche heutzutage völlig verschwunden oder bis auf einen unverhältnismäßig kleinen Rest zusammengeschmolzen sind, haben einerseits in den zurückgebliebenen Moränen, anderseits in den abgeschliffenen und geritzten Felswänden ihre deutlichen Spuren hinterlassen.

Zur Bildung der Gletscher ist der Wechsel der Jahreszeiten, wie er der gemäßigten Zone eigentümlich ist, eine wesentliche Bedingung. In der Tropenzone, z. B. an den schneebedeckten Cordilleren von Quito, kommen keine Gletscher vor; sie erscheinen dort erst von dem 35. Grad südlicher Breite an. Dagegen erreichen die Gletscher in den Polarbezirken eine ungeheure Mächtigkeit und Ausdehnung; der zehnte Teil der Insel Island ist von Gletschern bedeckt. Da bei der Annäherung an die Pole die Schneegrenze be=

greiflicherweise immer tiefer zu liegen kommt, so müssen die Gletscher endlich bis zum Meeresspiegel herabreichen, wie das auch z. B. bei den Gletschern von Spitzbergen und Grönland der Fall ist.

Die Enden dieser Polargletscher, welche oft 1 bis 2 Kilometer weit und in einer Mächtigkeit von 300 m in das Meer hineinragen, werden endlich, von der nachdrängenden Masse immer weiter vorgeschoben, durch den Auftrieb des Meerwassers oder durch den Wellenschlag abgebrochen und schwimmen als **Eisberge** mit den polaren Meeresströmungen den gemäßigten Regionen zu; sie dringen bis zum 35. Breitengrad vor, ja sie wurden schon in den westindischen Gewässern beobachtet. In bizarrer Gestaltung, mit Hörnern und Spitzen gekrönt, von Höhlen und Gewölben durchbrochen (Fig. 25), ragen dieselben oft 30 bis 50 m aus dem Meere hervor, während ihr breiter Fuß 160 bis 200 m tief eingetaucht ist. Diese schwimmenden Kolosse sind in fortwährend drehender Bewegung, so daß ihr Aussehen wechselt, „wie die Bilder in einem Kaleidoskop“. Das abschmelzende Wasser stürzt in Strömen an ihren Flanken herab; durch das Abschmelzen ändert sich die Lage des Schwerpunktes, der Eisberg kippt um oder zerbirst, und bietet plötzlich einen ganz veränderten Anblick dar. Wegen dieser plötzlichen Katastrophen ist es für Schiffe gefährlich, sich schwimmenden Eisbergen zu nähern. Die von der Sonne beleuchteten Stellen glänzen blendend weiß, die beschatteten Stellen zeigen das gesättigte Blau des Eises, oder sie schimmern durch Lichtbrechung in den Farben des Regenbogens. Bei ihrem bedeutenden Tiefgange stranden die Eisberge sehr häufig. „Im August 1827,“ erzählt **Couthouy**, „fuhr ich an einem bei 80—90 Faden Meerestiefe gestrandeten Eisberge vorüber. Er oscillierte oder drehte sich halb um sich selbst mit einem hart reibenden Geräusch und zuweilen mit so lautem Krachen, daß man es bis

Fig. 25. Schwimmender Eisberg.

10 und 12 engl. Meilen Entfernung hörte. Eine Viertelmeile (engl.) weit war die See getrübt. Plötzlich stürzte er auf die Seite mit wahrhaft fürchterlichem Krachen und mitten in einem Wirbel von Schaum."

Die Eisberge verraten ihren Gletscherursprung dadurch, daß sie häufig Gesteinstrümmer mit sich führen, welche sich beim Schmelzen auf dem Meeresgrund ablagern. Die Bank von Neufoundland ist wahrscheinlich aus den Schuttmassen schmelzender Eisberge, welche dort dem warmen Golfstrome begegnen, entstanden und wird durch Anhäufung derselben auch jetzt noch fortwährend vergrößert.

Der atmosphärische Kreislauf des Wassers.

Die Vorgänge, welche wir bisher einzeln betrachtet haben, die Verdunstung des Wassers, der Niederschlag des Dampfes in Form von Wolken, Regen, Schnee bilden in ihrer Gesamtheit einen rastlos sich vollziehenden Destillationsprozeß im großartigsten Maßstabe. Das Wasser verdunstet von der Oberfläche des Ozeans, der Seen, Flüsse und des feuchten Bodens; aufsteigende Luftströme führen den Dampf in höhere kältere Luftschichten, Winde entführen ihn nach kälteren Zonen; durch Abkühlung verdichtet er sich zu Wolken, aus denen Regen und Schnee herabfällt. Besonders wirksam für die Verdichtung sind die über die Schneegrenze emporragenden Hochgebirge: sie stellen gleichsam mächtige Kühl- und Sammelapparate dar für das flüssige oder feste Destillationsprodukt. Das Regenwasser oder das Schmelzwasser des Schnees, soweit es nicht sofort wieder von der Erdoberfläche verdunstet, strömt entweder direkt den Bächen und Flüssen zu und mehrt ihre Wassermenge zufällig und unregelmäßig, oder dringt in den Boden ein, sammelt sich in der Tiefe und bricht an anderer Stelle als Quelle hervor und nährt so in regelmäßiger Weise die Wasserläufe. Jeder Gletscher ist als die Quelle eines Baches zu betrachten, der sein Wasser aus den auf den Hochgebirgen aufgehäuften Schneemassen bezieht. Die Bäche vereinigen sich zu Flüssen und Strömen, welche das Wasser wieder zum Meere zurückführen, woraus es ursprünglich durch Verdampfung entnommen wurde. So ist der große unaufhörliche Kreislauf vom Meer zum Firn, vom Firn durch den Strom zum Meere in sich geschlossen.

Die ungeheuren Wassermengen, welche dem Meer durch die Flüsse zugeführt werden, waren also zuerst bis zur Höhe der Wolken- und Schneeregion emporgehoben worden. Die Kraft, welche sie emporhob, ist die Wärme der Sonne; durch sie wurde ja nicht nur die Verdampfung bewirkt, sondern auch der dampfhaltigen Luft der Anstoß zum Aufsteigen gegeben.

Nun erhellt aus unsern bisherigen Betrachtungen, daß die Wärme, welche bei der Dampfbildung gebunden wurde, bei der Verdichtung des Dampfes zu Wasser wieder freigegeben wird; aus den Äquatorialgegenden, wo unter den scheitelrechten Strahlen der Tropensonne die Verdampfung des Meerwassers am lebhaftesten ist, wird die Wärme, im Wasserdampf gleichsam eingeschlossen, durch Luftströme, deren Gesetze wir später kennen lernen werden, nach den gemäßigten und kalten Regionen fortgeführt und dort wieder im Prozesse der Wolkenbildung als wirksame Wärme in Freiheit gesetzt. Der Wasserdampf spielt also bei der Erwärmung der Erdoberfläche eine vermittelnde und ausgleichende Rolle, indem er einen Teil des Überflusses, welcher der heißen Zone direkt von der Sonne zugestrahlt wird, in sich aufnimmt, ihn nach den kälteren Himmelsstrichen fortführt und dort absetzt. Der ganze Vorgang ist zu vergleichen mit einer großartig angelegten Dampfheizung; die Feuerung und der Dampfkessel sind die tropische Sonne und der Ozean, die zu heizenden Räume sind die gemäßigten und kalten Zonen.

Aber die Sonnenwärme hat das Wasser nicht nur verdampft, sie hat es auch bis zu unsern Berggipfeln gehoben; wie im Dampf die gebundene Wärme, so ist im gehobenen Wasser die Arbeit gleichsam aufgespeichert, welche zu seiner Hebung nötig war. Während das Wasser der Bäche und Flüsse allmählich wieder zum Meeresniveau zurückkehrt, gibt es diesen ihm innewohnenden Arbeitsvorrat nach und nach wieder aus, es leistet Arbeit. Es zermalmt und zersprengt, es schleift und poliert die Felsen, es führt Sand und Geröller hinab in die Thäler und ins Meer, es nagt unausgesetzt an den starren Felsrippen, es arbeitet mit zäher Ausdauer an ihrer Zerstörung und Nivellierung. Die menschliche Betriebsamkeit macht sich die Arbeitskraft des herabfließenden Wassers zu nutze, indem sie es zwingt Wasserräder und durch sie zahllose industrielle Maschinen zu treiben. Wo das bewegte Wasser auf ein Hindernis stößt und die Energie seiner Bewegung einbüßt, verwandelt sich die ihm innewohnende Arbeit wieder in Wärme. Durch die Reibung, welche die Gletschermasse an den Felswänden ihres Bettes erfährt, wird Wärme erzeugt, welche ihr Schmelzen befördert. Die senkrechte Geschwindigkeit eines Wasserfalls wird, indem er unten zu staubartigem Gischt zerstäubt, plötzlich gehemmt und vernichtet; der Fluß, der ihn bildet, fließt unterhalb des Falles nicht rascher als oberhalb. Aber die Arbeitsfähigkeit der herabstürzenden Wassermassen ist doch nicht verschwunden, sie wird nur durch die gegenseitige Reibung der Wassertröpfchen in dem schäumenden Strudel in Wärme verwandelt. Und wenn der Strom endlich seine müden Gewässer in die Wogen des Meeres ergießt, wird auch noch der letzte Rest seiner Geschwindigkeit als Wärme wieder freigegeben.

Erwärmung des Bodens.

Der feste Erdboden erwärmt sich unter dem Einfluß der Sonnenstrahlen weit höher als eine Wasseroberfläche; einmal, weil er die Sonnenwärme, wie wir bereits wissen, viel kräftiger absorbiert, dann aber auch, weil keine Wärme durch Verdampfung gebunden, sondern die gesamte absorbierte Wärmemenge zur Erwärmung verwendet wird. Zu diesen Ursachen kommt aber noch eine dritte nicht minder wirksame. Die Erfahrung lehrt nämlich, daß gleiche Gewichtsmengen verschiedener Körper sehr ungleiche Wärmemengen nötig haben, damit sie sich um gleich viel Grade erwärmen Wir haben als Einheit diejenige Wärmemenge gewählt, welche verbraucht wird um 1 kg Wasser um 1° zu erwärmen. Ein Stück Eisen von 1 kg Gewicht verbraucht nur den neunten Teil dieser Wärmemenge zu gleicher Erwärmung, d. h. man kann mittelst einer Wärmeeinheit ein Kilogramm Eisen um 9° erwärmen. Man drückt diese Thatsache aus, indem man sagt, das Eisen besitze eine 9 mal geringere „Wärmekapacität" oder „spezifische Wärme" als das Wasser, d. h. die Wärmekapacität des Eisens ist $^1/_9$, wenn diejenige des Wassers 1 ist.

Unter allen bekannten Körpern besitzt das Wasser die größte spezifische Wärme; die Wärmekapacitäten aller übrigen Körper werden sonach durch ächte Brüche ausgedrückt.

Die Wärmekapacität der Gesteine, aus welchen die feste Erdrinde vorzugsweise besteht, ist, auf gleiche Gewichtsmengen bezogen, ungefähr $^1/_5$, d. h. das Gestein erwärmt sich bei gleicher Wärmezufuhr 5 mal stärker als eine gleiche Gewichtsmenge Wasser. Beziehen wir jedoch den Begriff der Wärmekapacität lieber auf gleiche Raumteile; die Gesteine sind im Durchschnitt $2^1/_2$ mal so schwer als ein gleicher

Raumteil Wasser, d. h. 1 kdm Stein wiegt 2½ kg, während 1 kdm (Liter) Wasser 1 kg wiegt. Wenn demnach für das Liter Wasser, um seine Temperatur um 1° zu erhöhen, die Wärmemenge 1 nötig ist, braucht ein Liter Gesteinsmasse hiezu die Wärmemenge $2^1/_2 \cdot {}^1/_5 = {}^1/_2$; d. h. der Stein braucht bei gleichem Rauminhalt für dieselbe Temperaturerhöhung nur die Hälfte der für das Wasser erforderlichen Wärme oder er kann bei gleicher Wärmezufuhr um doppelt so viele Grade erwärmt werden.

Die vom Boden absorbierte Sonnenstrahlung wird jedoch nur dann in diesem hohen Betrage und ausschließlich seiner Erwärmung zu gute kommen, wenn derselbe vollkommen trocken und vom Pflanzenwuchs entblößt ist. Bei feuchtem Boden wird ein großer Teil der Wärme zur Verdampfung des Wassers und Austrocknung des Erdreichs verbraucht, ohne erwärmend zu wirken. Je nasser das Terrain ist, desto mehr wird es sich in seinem Verhalten zur Wärme einer Wasseroberfläche nähern.

Fortdauernd trocken und vegetationslos sind außer vielen Berggipfeln, Bergkämmen und Hochebenen nur die eigentlichen Wüsten. Dieselben finden sich fast ausschließlich in den heißen und gemäßigten Teilen der alten Welt. Von dem westlichen Ende der Sahara bis zum östlichen der Wüste Gobi erstreckt sich über das nördliche Afrika durch Arabien hindurch bis zum Land der Mongolen ein fast ununterbrochener Gürtel von Wüsten. Damit ist die einzige Wüste Amerikas, die von Atakama, in einer Breite von 75 und in einer Länge von 330 km freilich nicht zu vergleichen. Die sogenannten Wüsten im Innern Neuhollands besitzen mehr den Charakter von Steppen, deren Graswuchs in der heißen Jahreszeit vertrocknet und zu Staub zerfällt.

Der Sand der Wüste, Felsschutt und trockener Fels erwärmen sich in der Sonne zu sehr hohen Temperaturgraden. So fand Winterbottom die Bodenoberfläche von Sierra Leone auf 59°, Rouet die von Theben in Ägypten auf 67,5° und Herschel die von Südafrika sogar auf 70° erwärmt.

Aber eben so kräftig und rasch als die Erwärmung bei Tage, erfolgt die Abkühlung des trockenen Bodens bei Nacht. Der wolkenfreie Himmel, der sich über der regenlosen Wüste wölbt, gestattet eine energische Wärmeausstrahlung gegen den kalten Weltenraum. Dabei erkalten Sand und Steine viel rascher als eine gleichgroße Menge Wasser, weil sie ein größeres Strahlungsvermögen und eine geringere Wärmekapacität besitzen als dieses. So kommt es, daß selbst in der afrikanischen Wüste des Nachts die Temperatur so tief und anhaltend unter den Gefrierpunkt sinkt, daß das Wasser in den Schläuchen gefriert, während am Mittag die Hitze der Luft über 40° steigt.

Die Wirkungen, welche die hohe Erwärmung bei Tage im Verein mit der tiefen Abkühlung bei Nacht unter Umständen hervorbringen kann, sind geradezu überraschend. So erzählt Livingstone, daß er am Westufer des Nyassasees beobachtete, „wie die Steine am Tage so erhitzt wurden, daß selbst nach Sonnenuntergang niemand darauf sich niedersetzen konnte. Infolge der raschen nächtlichen Abkühlung und Zusammenziehung der äußern Schichten des Gesteins springen diese ab. Der Reisende hört dann deutlich im Lager den Donner der abgesprengten Felsen wie in einem Steinbruch, und wenn er sich Mühe gibt die einzelnen Stücke wieder zusammenzusetzen, so sieht er, daß ihre Bruchstücke genau in einander passen". Dr. Wetzstein erfuhr ähnliches auf seiner Reise durch das von ihm entdeckte vulkanische Gebiet östlich von Damaskus. „Im Sommer wird die Glut dort so stark, daß nach einstimmigem Zeugnisse der Anwohner die schwarzen Steine mit einem lauten Knalle in Stücke zerspringen". Die Sonne kann also im heißen Erdgürtel eine beachtenswerte zerstörende Wirkung auf die Gesteine ausüben, und man wird vielleicht keinen zu kleinen Anteil an der gewaltigen Gesteinszertrümmerung auf den Plateaus der südalgerischen Sahara, wie sie uns von Batonne und Duveyrier geschildert wird, dem außerordentlich raschen Temperaturwechsel zuschreiben dürfen.

Einfluß der Pflanzendecke auf die Erwärmung.

Schon früher wurde erwähnt, daß die Pflanzen wegen ihres hohen Strahlungsvermögens in klaren Nächten tief unter die Temperatur ihrer Umgebung erkalten und daher zu reichlicher Taubildung Anlaß geben. Jetzt wollen wir noch den Einfluß kennen lernen, den die Vegetation auf die Erwärmung bei Tage ausübt.

Die krautigen Teile der Pflanzen und die Blätter bestehen zum größten Teile aus Wasser bis zu 90 Prozent ihres Gewichts. Selbst das Holz enthält noch 50 Prozent Wasser. Dieses Wasser verdampft nun fortwährend durch die zarten Zellwände hindurch, besonders aber durch die zahllosen Spaltöffnungen auf der Unterseite der Blätter. Die Menge des Wassers, welches von einer Pflanze verdunstet wird, ist eine ganz enorme. Nach Hales verdunstet eine Sonnenblume mittlerer Größe in 12 Stunden eines Julitages nahezu ein Kilogramm Wasser. Nach Schübler verdunstet von einer dicht bewachsenen Grasfläche doppelt bis dreimal so viel Wasser, als von einem gleichgroßen Wasserspiegel. Diese auf den ersten Blick überraschende Thatsache kann nicht befremden, wenn man bedenkt, daß das Gras durch seine zahllosen Blätter und Halme der Luft eine viel größere Fläche darbietet, als der ebene Wasserspiegel.

Natürlich geht die gesamte Wärmemenge, welche bei der Verdunstungsthätigkeit der Pflanzen gebunden wird, für die Erwärmung verloren. Eine mit Pflanzen bestandene Landstrecke, sei es Wiese, Feld oder Wald, wird sich daher weit weniger stark erwärmen, als steriler trockener Boden. Nach zuverlässigen Schätzungen beträgt die gesamte Wassermenge, welche die Bäume eines Obstgartens von einer Hektare Flächeninhalt während des Sommers dampfförmig durch die Blätter ausscheiden, wohl nicht weniger als 4 Millionen Kilogramm. Ein Kilogramm Wasser, welches bei 20° verdunstet, bindet aber 593 Wärmeeinheiten; die Wärmemenge, welche durch die Verdunstungsthätigkeit jener Bäume pro Hektare Bodenfläche der Erwärmung entzogen wird, beträgt also nahezu 2400 Millionen Wärmeeinheiten. Diese Wärmemenge würde im Stande sein eine ungefähr 3^m dicke über die Waldfläche ausgebreitete Eisschicht zu schmelzen; nun haben wir früher (S. 37) gesehen, daß die jährliche Gesamtmenge der unserer Erde zugestrahlten Sonnenwärme eine 30^m dicke Eisrinde zu bewältigen vermöchte. Durch die Verdunstungsthätigkeit der Pflanzendecke wird also etwa ein Zehntel dieses Betrags für die Bodenerwärmung unwirksam gemacht.

Außer der Verdunstung des Wassers haben die Sonnenstrahlen in den Pflanzen noch eine andere Arbeit zu verrichten, welche für deren Lebensprozeß weit wichtiger ist. Die Pflanzen beziehen nämlich die gesamte Kohlenstoffmenge, welche sie zum Aufbau ihres Körpers bedürfen, aus der Luft, indem sie die gasförmige in der Luft stets vorhandene Kohlensäure in Kohlenstoff zerlegen, welcher in der Pflanze als Bestandteil des Holzes und der übrigen Pflanzenteile zurückbleibt, und in Sauerstoff, welchen sie an die Atmosphäre zurückgeben. Diese Aufnahme des Kohlenstoffs vollzieht sich nur in den g r ü n e n Pflanzenteilen unter dem Einfluß des direkten Sonnenlichts. Die Sonne muß die Arbeitsmenge liefern, welche zur Zerlegung der Kohlensäure, zur Trennung des Kohlenstoffs vom Sauerstoff, notwendig ist. Derjenige Anteil der Sonnenstrahlung, welcher zu dieser Arbeit verbraucht wird, kann nicht erwärmend wirken; er wird gewissermassen in das Produkt der Arbeit, das Holz z. B., übergehen, und darin in gebundenem Zustande verborgen sein, ähnlich wie die zur Verdampfung des Wassers aufgewendete Arbeitskraft der Sonnenstrahlen in dem Wasserdampf gebunden schläft. Und wie die im Wasserdampf gebundene Wärme durch Rückgängigmachung des Verdampfungsprozesses, d. h. durch Verdichtung des Dampfes zu Wasser, wieder ohne Verlust gewonnen werden kann, so kommt auch die bei der Holzbildung verbrauchte Wärme wieder zum Vorschein, wenn man den Vorgang der Kohlensäurezerlegung wieder rückgängig macht, d. h. wenn man den Kohlenstoff des Holzes wieder mit Sauerstoff zu Kohlensäure verbindet. Dies geschieht durch die **Verbrennung**, welche eben darin besteht, daß sich der Kohlenstoff des Holzes mit dem Sauerstoff der Luft zu Kohlensäure vereinigt; die dabei frei werdende Wärmemenge ist genau so groß wie diejenige, welche zur Bildung des Holzes in der lebenden Pflanze verbraucht wurde: das Licht und die Wärme, welche ein brennender Pflanzenstoff ausstrahlt, sind hienach nichts anderes als Sonnenlicht und Sonnenwärme, welche bisher in dem Brennmaterial verborgen schlummerten, bis sie durch das Anzünden geweckt wurden.

Untersuchen wir nun, wie groß etwa die Wärmemenge sein mag, welche durch die Holzbildung zum Verschwinden gebracht wird. Nach **Hartwig** liefert ein Buchenwald von mittlerer Güte bei 100jährigen Umtrieb einen durchschnittlichen jährlichen Holzzuwachs von 23 Kubikfuß pro Morgen, d. i. $2^3/_4$ cbm pro Hektare. Ein Kubikmeter frisch gefälltes Buchenholz wiegt 852 kg und enthält 40 Prozent, d. i. 340 kg Kohle; auf einer Hektare Buchenwald werden also jährlich 935 kg

Kohle erzeugt; diese entwickeln beim Verbrennen, da jedes Kilogramm Kohle 8000 Wärmeeinheiten gibt, 7 480 000 Wärmeeinheiten. Diese Wärmemenge, welche während eines Jahres von jeder Hektare Buchenwald zur Holzbildung verbraucht wird, würde hinreichen um eine die Waldfläche bedeckende Eisschicht von ein Centimeter Dicke zu schmelzen.

Die üppige Vegetation der Tropenzone wird sicherlich eine noch viel größere Wärmemenge aufzehren, als die soeben aus dem langsamen Zuwachs unserer beforsteten Wälder berechnete. Diese beträgt freilich nur $^1/_{3000}$ von der durch die Sonne direkt gespendeten und $^1/_{300}$ von der durch die Verdunstungsthätigkeit der Pflanzen gebundenen Wärme. Während aber die letztere in ihrem vollen Betrag bei der Verdichtung des Wasserdampfes wieder frei gegeben wird und dadurch der Erwärmung, wenn auch an einer anderen Stelle, doch wieder zu gute kommt, bleibt jene zur Zerlegung der Kohlensäure verbrauchte Wärme, mit Ausnahme des Anteils der bei der Vermoderung der abgestorbenen Pflanzen und durch den Lebensprozeß der Tiere allmählich wieder frei wird, für die Erwärmung unwiederbringlich verloren. Durch langsam vor sich gehende Umwandlungen wird der durch die Kraft der Sonne bereitete Kohlenstoff in Form von Torf-, Braunkohlen- und Steinkohlenlagern zu den Erdschichten gebettet. So hat die Natur aus früheren Erdepochen, in welchen eine Vegetation von tropischer Üppigkeit selbst die jetzt gemäßigten und kalten Landstriche überwucherte, einen reichen Sparpfennig von Sonnenwärme für kommende Zeiten in den Schoß der Erde zurückgelegt. Die menschliche Betriebsamkeit versteht es die schwarzen Schätze zu heben und ihnen die seit Äonen schlummerde Sonnenkraft wieder zu entlocken. Die Kraft, welche jetzt in unseren Werkstätten riesige Dampfhämmer schwingt, die Kraft, welche die schnaubende Lokomotive auf dem Eisenstrange mit Windeseile dahintreibt, wurde von der Sonne lange vor der Existenz des Menschengeschlechts den Cycadeenwäldern der Steinkohlenzeit zugeführt und von ihnen, an Kohle gebunden, zum Nutzen für die Industrie der Gegenwart aufbewahrt.

Bodentemperatur.

Die der Bodenoberfläche zugeführte Wärme teilt sich allmählich den darunter liegenden Erdschichten mit. Man bezeichnet diese langsam von Schicht zu Schicht stattfindende Fortpflanzung der Wärme als Leitung. Die Wärmeleitungsfähigkeit der Bodenschichten ist eine sehr unvollkommene; es bedarf daher einer ziemlich langen Zeit, bis eine der Oberfläche mitgeteilte Temperaturerhöhung in die Tiefe dringt. Ebenso wird eine an der Oberfläche erfolgte Abkühlung sich erst nach einiger Zeit weiter unten bemerkbar machen, weil die tieferen wärmeren Schichten nur allmählich ihre Wärme an die erkalteten oberen abgeben können. Die Julihitze braucht etwa 150 Tage, um bis zur Tiefe von 8^{m} in den Boden einzudringen, d. h. die höchste Erwärmung in dieser Tiefe fällt in den Dezember; ebenso wird die niedrigste Temperatur, welche an der Oberfläche im Januar stattfindet, erst Mitte Juni in 8^{m} Tiefe anlangen. In dieser Bodenschicht sind also so zu sagen die Jahreszeiten nahezu umgekehrt. So erklärt sich warum tiefe und gegen rasche Luftwechsel wohl geschützte Keller im Sommer kühler sind als im Winter.

Es kann jedoch nicht sämtliche der Oberfläche mitgeteilte Wärme in die Tiefe gelangen, weil jede Schicht einen Teil der durch sie gleichsam hindurchfließenden Wärme zu ihrer eigenen Erwärmung zurückbehält. Eine jede Schicht wird sich daher im Laufe eines Jahres um so weniger hoch über ihre Durchschnittstemperatur erwärmen und um so weniger tief darunter erkalten, je tiefer sie liegt. Nach unten hin werden sich also die höchsten und tiefsten innerhalb eines Jahres vorkommenden Temperaturen nicht nur der Zeit nach verschieben, sondern auch ihrem Betrage nach immer mehr ausgleichen, bis man zu einer Schicht gelangt, in welcher der Unterschied zwischen Sommer und Winter gar nicht mehr merklich ist, sondern jahraus jahrein dieselbe konstante Temperatur herrscht, welche mit der mittleren Temperatur an der Oberfläche nahezu übereinstimmt. Die Temperatur dieser konstanten Schicht wird daher an verschiedenen Orten ebenso verschieden sein, wie die entsprechenden Mitteltemperaturen an der Oberfläche. Sie liegt in um so geringerer Tiefe, innerhalb je engerer Grenzen die Temperatur an der Oberfläche sich im Laufe eines Jahres bewegt. Im tropischen Südamerika, wo die Wärme ziemlich gleichmäßig über die verschiedenen Jahreszeiten ausgeteilt ist, fand Boussirgault schon in einer Tiefe von 50 bis 60 cm eine konstante Temperatur. In unserer gemäßigten Zone liegt die konstante Schicht etwa in 25 m Tiefe. Ein in dem Keller der Pariser Sternwarte aufgestelltes genaues Thermometer zeigt 11,82°, und diese Temperatur hat sich seit einem halben Jahrhundert nicht geändert.

An allen Orten, deren mittlere Jahreswärme unter dem Gefrierpunkt liegt, bleibt der Boden in einer gewissen Tiefe stets gefroren; in der wärmeren Jahreszeit taut er von der Oberfläche ab mehr oder weniger tief auf, so daß eine rasch sich entwickelnde Vegetation, ja sogar Getreidebau, über dem eisigen Untergrund gedeiht. Im Distrikt Nertschnsk in Sibirien (52° nördl. Breite) taut der Boden im Sommer 3 m tief auf, tiefer hinab bis 14 m fand man ihn stets gefroren. Das Bodeneis Sibiriens ist besonders auch deswegen merkwürdig, weil man darin schon mehrmals urweltliche Mammutelefanten mit Haut und Haaren so wohlerhalten gefunden hat, daß ihr Fleisch wenigstens für Samojeden und Polarfüchse noch genießbar war.

Eine Temperaturveränderung dringt um so tiefer in den Boden ein, je länger sie Zeit dazu hat. Die im Laufe eines Jahres vorkommenden Wärmeschwankungen machen sich daher in viel größerer Tiefe bemerklich als die täglichen Schwankungen; im mittleren Deutschland ist schon 1 m unter dem Boden von den im Verlauf eines Tages vorkommenden Temperaturänderungen nichts mehr zu bemerken.

Zur Bestimmung der Bodentemperatur dient wohl am besten die von Lamont angegebene in Fig. 26 abgebildete Vorrichtung. Ein 6,3 m langes, hölzernes, unten durch eine Metallplatte geschlossenes Rohr von quadratischem Querschnitt ist in den Boden eingegraben; in den Hohlraum desselben passen sechs Holzstäbe, deren jeder auf der einen Seite in eine Rinne eingelassen ein Thermometer, und an seinem oberen Ende eine eiserne Handhabe trägt, welche in eine Höhlung des ihm aufsitzenden Stabes hineinragt. Die Länge der Stäbe ist so bemessen, daß das Gefäß des obersten Thermometers genau ein Meter unter der Oberfläche des Bodens und das Gefäß jedes folgenden gerade ein Meter tiefer liegt als das des vorher-

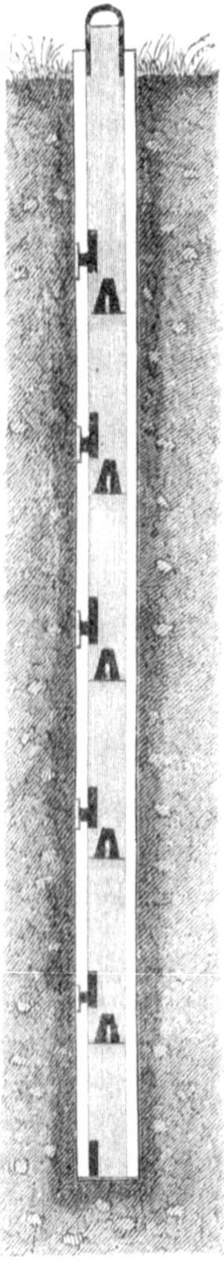

Fig. 26. Erdthermometer.

gehenden. An den Stellen, wo die Thermometerkugeln liegen, ist die Wand der Holzröhre durchbohrt und außen durch Kupferblech verschlossen, damit wohl die Bodenwärme, nicht aber Wasser und Erdreich eindringen kann. Die Thermometer enthalten, um sie träge zu machen, eine große Menge Quecksilber und gestatten eine Ablesung von Zehntelgraden. Bei der Beobachtung, welche wöchentlich einmal vorgenommen wird, zieht man die Stäbe nach der Reihe heraus, die tieferen mittelst eines an einer Schnur befestigten Hakens, und liest sie rasch ehe ihr Stand sich ändern kann ab.

Um sich über Zahlenreihen, welche man durch diese und ähnliche Beobachtungen erhält, einen bequemen Überblick zu verschaffen, kann man sich einer bildlichen Darstellung wie Fig. 27 bedienen. Auf der untern horizontalen Linie sind

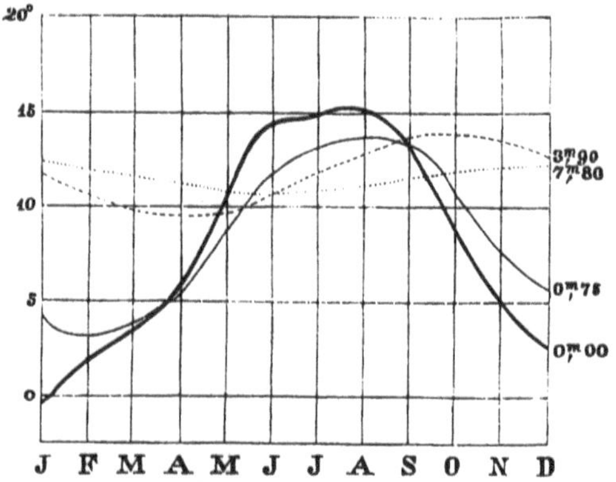

Fig. 27. Jährlicher Gang der Bodentemperatur in verschiedenen Tiefen.

12 Punkte, den Monaten des Jahres entsprechend, und mit deren Anfangsbuchstaben bezeichnet, in gleichen Entfernungen aufgetragen. In jedem dieser Punkte ist eine Senkrechte errichtet und auf dieser die für den jeweiligen Monat

beobachtete Bodentemperatur nach beliebigem Maßstabe aufgetragen. Die so auf den einzelnen Senkrechten erhaltenen Punkte, welche zu derselben Tiefe gehören, sind nun durch eine krumme Linie oder Kurve verbunden, welche den Verlauf der Temperatur in dieser Tiefe von Monat zu Monat deutlich versinnlicht. In unserer Figur sind vier solcher Kurven, nach Beobachtungen von Quetelet in Brüssel in den Jahren 1838—1843, gezeichnet; die erste, stark ausgezogene, gibt die Temperatur an der Bodenoberfläche selbst, die zweite, schwach gezogene, die in 75 cm Tiefe, die dritte, gestrichelte und die vierte, punktierte, entsprechen den Tiefen 3,9 m und 7,8 m. Die horizontalen Linien der Figur beziehen sich auf die Temperaturen, welche links angeschrieben sind. Bei aufmerksamer Betrachtung der Figur wird man die Gesetze aus ihr herauslesen können, welche oben bereits ausgesprochen sind.

II. Die Winde.

Und Stürme brausen um die Wette,
Vom Meer aufs Land, vom Land aufs Meer,
Und bilden wütend eine Kette
Der tiefsten Wirkung rings umher.

Wind-Richtung und Stärke.

Jede horizontale Luftströmung, vom leisesten Luftzug bis zum Bäume entwurzelnden Orkan, bezeichnen wir als Wind. Um die Richtung eines Windes zu bezeichnen, gibt man die Himmelsgegend an, aus welcher er weht; zu ihrer Ermittelung dient die gewöhnliche Windfahne, deren Einrichtung allgemein bekannt ist. Zur Bestimmung der Stärke des Windes kann man sich mit bloßer Schätzung begnügen, etwa nach folgenden fünf von Lamont auf der Münchener Sternwarte angewendeten Graden:

0) vollkommene Windstille oder leiser Wind, der noch keine Bewegung der Baumblätter hervorbringt;
1) schwacher Wind, der die Baumblätter und ganz dünne Zweige bewegt;
2) mäßiger Wind, der kleinere Baumäste zu bewegen vermag;
3) starker Wind, der auch stärkere Äste schüttelt und Staub aufwirbelt;
4) Sturmwind, der Baumäste abbricht und ganze Bäume entwurzelt, bei dem die Kamine sausen und brausen.

Die Stärke eines Windes hängt natürlich ab von der Geschwindigkeit der Luftströmung. Bei einem leisen aber wahrnehmbaren Luftzug legt die Luft in 1 Sekunde etwa 1^m zurück; bei 2^m Geschwindigkeit ist der Wind leicht und angenehm; bei 4 bis 7^m ist der Wind schon frisch, aber noch angenehm; starke Winde besitzen eine Geschwindigkeit von 10 bis 15, sehr starke bis 20^m; mit 27^m haben wir einen heftigen Sturm; Winde, deren Geschwindigkeit 35 bis 40^m erreicht, nennen wir Orkane; ein Orkan von 45^m Geschwindigkeit entwurzelt die mächtigsten Bäume und stürzt Gebäude um.

Apparate, welche die Windstärke zu messen erlauben, nennt man Windmesser oder Anemometer.

Mit einer sehr einfachen derartigen Vorrichtung ist die in Fig. 28 abgebildete Windfahne versehen. Die Windfahne selbst besteht, um die bei stärkerem Wind eintretenden Schwankungen zu verringern, aus zwei unter einem Winkel von etwa 20^0 zu einander geneigten Blechflügeln, welche durch einen bleiernen Knopf am Ende des Windzeigers ins Gleichgewicht gesetzt sind. Flügel und Zeiger sind an einer eisernen Röhre befestigt, welche über eine auf dem Dachfirst des Hauses aufgerichtete Eisenstange geschoben ist, und mittelst eines an ihrem oberen Ende eingeschraubten stählernen Hütchens sich auf der ebenfalls stählernen Spitze der Stange mit Leichtigkeit dreht. An der

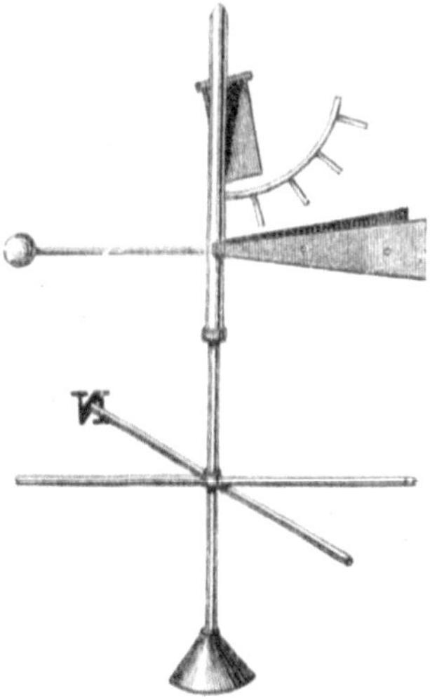

Fig. 28. Windfahne.

Röhre, auf derselben Seite wo sich die Fahnenflügel befinden, hängt eine um eine horizontale Axe leicht drehbare Blechtafel herab, deren Fläche durch die Stellung der Windfahne stets der herrschenden Windrichtung zugekehrt wird. Durch den Stoß des Windes wird die Blechtafel mehr oder weniger gehoben; ihre Stellung und die derselben entsprechende Windstärke kann an einem ebenfalls an der drehbaren Röhre befestigten Gradbogen abgelesen werden, an welchem vier Stifte, den obigen Windgraden entsprechend, angebracht sind. An der feststehenden Stange sind unten zwei horizontale, sich rechtwinkelig kreuzende Stäbe befestigt, welche die vier Hauptrichtungen Nord, Ost, Süd, West angeben. Die Zwischenrichtungen Nordost, Südost, Südwest, Nordwest werden nach dem Augenmaße geschätzt.

Häufig ist die Windrichtung in den höheren Luftschichten eine andere als tiefer unten im Bereich der Windfahnen. Man erkennt dieselbe an dem Zuge der Wolken entweder nach dem bloßen Augenmaße, oder mit Hilfe von Instrumenten, welche Nephoskope heißen. Aimé benutzte hiezu einen horizontalliegenden Glasspiegel, auf welchen zwei sich rechtwinkelig kreuzende Reihen von Strichen mit dem Diamant geritzt sind. Man rückt den Spiegel so lange zurecht, bis die gespiegelten Wolken mit der einen Strichreihe parallel zu ziehen scheinen, und bestimmt dann mittelst einer Magnetnadel die Richtung der Striche.

Kalmen.

Durch welche Ursachen aber werden die Luftströmungen in Bewegung gesetzt und in ihre Bahnen gelenkt? Wir antworten: Die Kraft, welche den rastlosen Lauf der Winde veranlaßt und unterhält, ist die von der Sonne ausströmende Wärme. Die Sonnenstrahlen werden, wie bereits erwähnt wurde, von der Luft nahezu ungehindert durchgelassen, ohne diese wesentlich zu erwärmen; indem sie dann die Erdoberfläche treffen, werden sie von ihr aufgehalten und absorbiert, und bewirken eben dadurch die Erwärmung des Festlandes sowohl wie der Meeresoberfläche. Die erwärmte Erdoberfläche teilt ihrerseits der zunächst sie berührenden Luftschicht ihre Wärme nach und nach mit; mit andern Worten, die Atmosphäre wird nicht von oben her direkt durch die Sonnenstrahlen, sondern von unten her vom erhitzten Boden oder Meeresspiegel aus erwärmt.

Die Erwärmung der Erdoberfläche ist aber unter verschiedenen Himmelsstrichen eine sehr ungleiche. Sie ist am stärksten unter den scheitelrechten Strahlen der Tropensonne, während in den Polargegenden die schräg auffallenden Sonnenstrahlen kaum hinreichen, nach monatelanger Winternacht den Boden oberflächlich aufzutauen. Die Stellen der größten Erwärmung bilden rings um den Erdball einen Gürtel, welcher aber nicht am Äquator selbst, sondern etwas nördlich davon liegt; da nämlich die nördliche Halbkugel, weil sie mehr Festland enthält als die fast ganz von Meer bedeckte südliche, eine stärkere Erwärmung erfährt als diese, so wird der Gürtel der größten Erwärmung vom Äquator hinweg etwas auf die nördliche Erdhälfte hinübergedrängt. Über dieser heißen rings um die Erde ziehenden Region, welche jedoch bei weitem nicht die ganze Breite der Tropenzone einnimmt, steigt nun die erhitzte und dadurch leichter gewordene Luft in die Höhe.

Der aufsteigende warme Luftstrom kann jedoch nur dann fortdauern, wenn die aufgestiegene Luft von unten her fortwährend ersetzt wird. Sie wird ersetzt durch einen Vorgang, den wir bei jeder Lampe oder jeder Ofenfeuerung täglich im kleinen beobachten können. Der im Glascylinder der Lampe oder im Schlot des Ofens aufsteigende warme Luftstrom zieht die umgebende kältere Luft durch die unter dem

Brenner befindlichen Löcher oder durch die Stäbe des Rostes nach sich und veranlaßt dadurch den für das lebhafte Brennen der Flamme so notwendigen Zug. Einen solchen Zug bewirkt auch jener große in der Nähe des Äquators aufsteigende Luftstrom; die kühlere Luft, welche nördlich und südlich von der Region des Aufsteigens die Erdoberfläche bedeckt, strömt längs derselben von Norden und Süden her in den luftverdünnten Raum, den die aufsteigende Luft unausgesetzt zu schaffen bestrebt ist, um dann selbst in deren aufwärts gerichtete Bewegung mitgerissen zu werden.

Wohin geht aber die warme Luft, welche in der Nähe des Äquators rastlos emporsteigt? In einer gewissen Höhe wird ihre aufstrebende Geschwindigkeit erschöpft sein, und da sie den nachdrängenden warmen Luftmassen entgegen nicht zurückkehren kann, muß sie notwendig in den obern Schichten der Atmosphäre nach den Polen der Erde hin abfließen.

Ein senkrecht aufsteigender Luftstrom wird nicht wie ein horizontal fortschreitender als Wind empfunden, sondern eben jenes Aufwärtsströmen äußert sich als Windstille; die rings um die Erde ziehende Region des aufsteigenden Luftstroms wird daher die Zone der Windstillen oder die Kalmenzone genannt. Sie wird von den Seefahrern gefürchtet und möglichst gemieden. Die Luft ist dick und schwül; selbst unter dem Sonnenzelt und trotz des beständigen Flatterns der von der emporsteigenden Luft bewegten Segel ist die Hitze kaum erträglich; häufig genug zwar wird die Windstille durch heftige Gewitterstürme und Regengüsse, welche nur vorübergehende Erfrischung bringen, unterbrochen; die warme Luft nämlich, besonders da wo sie sich von der Meeresoberfläche erhebt, führt große Mengen Wasserdampf in die höheren kälteren Schichten der Atmosphäre; durch teilweise Verdichtung des Dampfes bilden sich Wolken, aus denen eben jene Gewitterregen hervorbrechen. Der Kalmenzone entspricht daher ein in der Atmosphäre schwebender den Erdumfang umspannender **Wolkengürtel**, der „cloud ring“ der englischen Seefahrer. Die Wärme, welche bei der raschen Verdichtung des Wasserdampfes frei wird, sowie die dadurch erzeugte Luftverdünnung trägt nur dazu bei, dem aufsteigenden Luftstrom einen neuen Antrieb zu verleihen.

Durch diese Vorgänge ist in unserer Atmosphäre ein immerwährender Luftkreislauf, eine Ventilation im großen, hergestellt. Von der Kalmenregion aus wird die warme feuchte Luft der Äquatorialgegenden hoch über der Erdoberfläche nach den Polen hingetrieben, während die kältere und dampfärmere Luft der gemäßigten und kalten Regionen an der Erdoberfläche selbst gegen die Kalmenzone hinströmt. Der warme Luftstrom hält jedoch seine hochschwebende Bahn nicht lange ein; schon in der Nähe der Wendekreise, an den Grenzen der Tropenzone, zweigt sich von ihm ein vertikal abwärts steigender Luftstrom ab, der seine Luftmassen in den unteren kalten Strom ergießt und mit ihm wieder zum Äquator zurücksendet; die Gegenden, welche von diesem herabsinkenden Luftstrom getroffen werden, zeichnen sich, wie die Region des aufsteigenden Luftstroms, durch Windstillen und veränderliche Winde aus; sie bilden rings um die Erde zwei im allgemeinen dem Verlauf der Wendekreise folgende Gürtel, welche zum Unterschied von der bereits besprochenen **äquatorialen** Kalmenzone die beiden **tropischen Kalmenzonen** heißen. Auch auf sie sind die Seefahrer nicht gut zu sprechen und nennen sie „Roßgegenden“ (horse latitudes).

Der Hauptteil des oberen Luftstroms, nachdem er diesen nach unten strömenden Zweig abgegeben hat, behält seine Richtung nach dem Pole bei, indem er sich immer mehr zur Erdoberfläche herabsenkt; er erreicht dieselbe in der gemäßigten Zone, wo er mit dem unten fließenden polaren Strome auf demselben Terrain zusammentrifft.

Passate.

Dieser großartige Luftkreislauf unserer Atmosphäre ist durch die Skizze Fig. 29 angedeutet. Er ist ein doppelter:

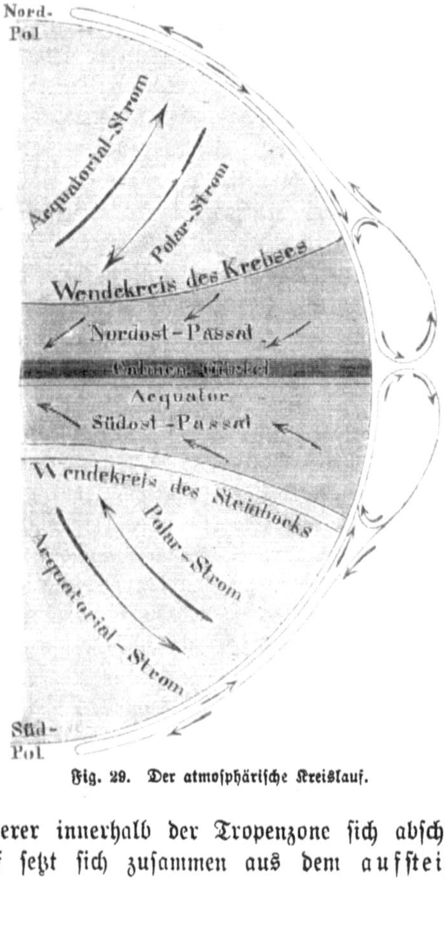

Fig. 29. Der atmosphärische Kreislauf.

ein kleinerer innerhalb der Tropenzone sich abschließender Kreislauf setzt sich zusammen aus dem *aufsteigenden*

Strom des äquatorialen Kalmengürtels, aus dem oben nach dem Pol abfließenden Strom, welcher der *obere* oder *Gegenpassat* genannt wird, ferner aus dem *absteigenden Strom* in der Gegend des Wendekreises, und endlich dem an der Erdoberfläche selbst nach dem Äquator hinfließenden *unteren* oder *eigentlichen Passat*. Der große die ganze Erde umfassende Kreislauf beginnt ebenfalls mit dem aufsteigenden warmen Luftstrom der Kalmenzone, woran sich der obere Passat schließt; dieser aber setzt sich jenseits der Wendekreise fort in den *Äquatorialstrom*, dessen Luftmassen in den Polarregionen sich umbiegen und als *Polarstrom* bis zu den Wendekreisen und von da als unterer Passat zum Äquator zurückströmen.

Wir haben bisher angenommen, daß die äquatoriale Strömung auf der nördlichen Halbkugel genau von Süden nach Norden, die polare aber direkt von Norden nach Süden gehe. Dem ist aber in der Wirklichkeit nicht so. Da sich nämlich die Erde täglich von West nach Ost um ihre Axe dreht, so beschreibt jeder Ort an ihrer Oberfläche innerhalb 24 Stunden einen Kreis, dessen Umfang um so kleiner ist, je näher der Ort einem der beiden Pole liegt. Während ein Punkt des Äquators mit einer Geschwindigkeit von 463^{m} in der Sekunde von Westen nach Osten eilt, um seine tägliche Bahn zu vollenden, legt ein Ort unter dem 45. Breitengrad in derselben Richtung nur 327^{m}, und ein Ort unter 60^{0} Breite nur 231^{m} in jeder Sekunde zurück. Die Lufthülle, welche unsere Erde umgibt und durch die Schwerkraft an sie gefesselt ist, macht diese tägliche Umdrehung mit; jeder ihrer Teile nimmt die Geschwindigkeit an, welche dem Boden zukommt, auf dem er aufruht. Wäre dem nicht so, d. h. würde sich die Atmosphäre nicht mit der Erde umdrehen, so müßte ein am Äquator stehender Mensch mit einer Geschwindigkeit von 463^{m} per Sekunde der ruhenden

Luft von West nach Ost entgegengeführt werden und müßte dieselbe als einen Oststurm empfinden, dessen Gewalt die der stärksten Orkane weit überträfe.

Denken wir uns nun für einen Augenblick, auf der ganzen Erde herrsche Windstille: das heißt mit andern Worten, die Atmosphäre drehe sich, ohne von Strömungen in ihrem Innern bewegt zu sein, in gleichem Tempo wie die Erde selbst um deren Axe; die über irgend einer Gegend ruhende Luftmenge hat alsdann in der Richtung von Ost nach West genau die dieser Gegend entsprechende Geschwindigkeit. Nun werde plötzlich eine Luftmasse vom Äquator mit einer gleichgroßen Luftmasse vom 45. Breitengrade vertauscht; jede dieser Luftmassen wird bei dieser Versetzung die Geschwindigkeit beibehalten, welche ihr durch die Erdumdrehung eingeprägt worden ist. Die vom Äquator stammende Luft eilt aber mit einer Geschwindigkeit von 463^{m} von West nach Ost, während der Erdboden selbst unter dem 45. Breitengrade nur 327^{m} per Secunde in dieser Richtung zurücklegt; sie überholt also die Erdoberfläche in der Richtung von West nach Ost um 136^{m}, und müßte daher als ein Weststurm von enormer Gewalt empfunden werden. Die von 45° Breite nach dem Äquator versetzte Luftmenge dagegen würde um eben diese 136^{m} hinter der Erdoberfläche zurückbleiben und daher als ein aus Osten wütender Orkan sich geltend machen.

So plötzliche Versetzungen mit so gewaltsamen Erfolgen kommen glücklicherweise in der Wirklichkeit nicht vor. Nichtsdestoweniger wird sich auf die Luftströme, welche vom Äquator nach den Polen und von den Polen nach dem Äquator hinfließen, der Einfluß der Erdumdrehung in der nämlichen Weise geltend machen. Der äquatoriale Strom wird nebst seinem Antrieb von Süden nach Norden auch noch die westöstliche Umdrehungsgeschwindigkeit seiner Geburtsstätte mitbringen und daher, indem er nach und nach über Gegenden weht, deren Drehungsgeschwindigkeit stets geringer wird, immer mehr in westöstlicher Richtung voraneilen; zu seiner ursprünglich südnördlichen Tendenz wird sich, je weiter er in höhere Breiten vordringt, um so vorwiegender eine westöstliche Tendenz gesellen und den ursprünglichen Südwind zu einem Südwestwind umgestalten. In derselben Weise muß der polare Strom bei seinem Vordringen nach Süden immer mehr hinter der Umdrehungsgeschwindigkeit der Orte, über welche er nach und nach wegschreitet, zurückbleiben, und daher in der Tropenzone als Nordost= bis Ostwind anlangen. Überhaupt geht aus diesen Betrachtungen das zuerst von Foucault ausgesprochene allgemeine Gesetz hervor, daß infolge der Umdrehung der Erde jeder längs ihrer Oberfläche sich hinbewegende Körper die Richtung seiner Bewegung zu ändern bestrebt ist, und zwar derart, daß er auf der nördlichen Halbkugel nach rechts=, auf der südlichen nach linkshin von seiner Bahn abweicht. Der untere Passat erscheint daher in der heißen Zone der nördlichen Erdhälfte als ein Jahr aus Jahr ein unausgesetzt wehender Nordostwind, der seinen Namen eben davon hat, daß die Segelschiffe ihn zur Überfahrt (passata) von Spanien nach Brasilien benutzen. Zur Zeit der Entdeckung Amerikas waren die Passatwinde noch nicht bekannt; es ist daher nicht zu verwundern, daß der in der Tropenregion des atlantischen Ozean ununterbrochen wehende Nordost den Begleitern des Kolumbus, indem er sie ohne ihr Wissen den Schätzen und Wundern einer neuen Welt entgegentrug, die Furcht einflößte, sie würden nie mehr nach der Heimat zurücksegeln können.

Wie die Winde, so sind auch die übrigen Witterungserscheinungen in den tropischen Meeren von großer Regelmäßigkeit. Zwar bleibt auch die Passatregion von atmo=

sphärischen Störungen, wie sie in der gemäßigten Zone so häufig sind, nicht ganz verschont, nur sind diese Störungen, wenigstens da wo keine lokalen Ursachen zu ihrer Verstärkung beitragen, seltener und weniger eingreifend. Die Spanier nannten den tropischen Teil des atlantischen Ozeans el Golfo de las Damas, „Damenmeer“, weil dort die Schiffahrt so leicht ist, daß selbst die zartesten Hände das Steuer zu führen vermöchten. Varenius, indem er von den Passaten des stillen Ozeans spricht, sagt, daß die von Acapulco in Mexiko aussegelnden Seeleute ohne um das Steuerruder sich zu kümmern sich schlafen legen könnten, weil der Wind sie sicher geradewegs nach den Philippinnen führe.

Nicht so unmittelbar wie der untere Passat ist der in beträchtlicher Höhe über der Erdoberfläche hinwehende obere oder Südwestpassat der Beobachtung zugänglich; in der Nähe des Äquators geht seine Bahn noch hoch über den höchsten Berggipfeln hinweg, und kann nur an dem Zuge hochschwebender „Schäfchen“, der sogenannten Passatwölkchen, erkannt werden. Auf isoliert emporragenden Berggipfeln aber, welche mehr gegen die Grenze der Tropenzone hin liegen, wie z. B. auf dem Pic von Teneriffa und auf dem Mauna Loa auf Hawaii, wird er als unausgesetzt wehender Südwestwind unmittelbar empfunden, während in den niedrigeren Regionen der genannten Inseln eben so ununterbrochen der Nordostpassat weht. Auch bei Ausbrüchen von Vulkanen ist schon mehrfach die ausgeworfene Asche durch den obern Passat der Richtung des untern Passates entgegen fortgeführt worden. Über einen großen Ausbruch des Vulkans von St. Vincent, einer der Antillen (Ende April 1812), berichtet Leopold von Buch: „Im Osten der Insel liegt die Insel Barbados in geringer Entfernung, aber durch den Nordost-Passat von ihr so bestimmt geschieden, daß sie nur durch einen Zirkel von vielen hundert

Meilen zu erreichen gewesen wäre. Dieser Ostwind bringt nach Barbados keine Wolken und keinen Regen. Plötzlich aber erschienen finstere Wolken über der Insel und die Asche aus dem Vulkan von St. Vincent fiel zur größten Bestürzung und zum Schrecken der Einwohner in großer Menge herab. Diese hätten mit nicht geringerem Erstaunen Berge sich bewegen, als solche Stoffe durch die Luft von Westen her ihnen zugeführt werden sehen." Der Ausbruch des kleinen Vulkans von Coseguina am Meerbusen von Fonseca in Zentral-Amerika im Januar 1835 bietet ein noch merkwürdigeres Beispiel dar. Die Asche brach in solcher Fülle aus, daß eine völlige Verfinsterung des Himmels in einem Umkreis von 35 Meilen Halbmesser eintrat; sie verbreitete sich in westnordwestlicher Richtung 80 Meilen weit bis nach dem Staate Chiapa in Mexiko und wurde durch jene obere dem Nordostpassat entgegengesetzte Luftströmung bis nach Kingston auf Jamaica, also über 170 Meilen weit so reichlich fortgeführt, daß sich der Himmel über der ganzen Insel verdunkelte; ja sogar in 225 Meilen Entfernung war das Meer mit schwimmenden Bimssteinen bedeckt.

Auf der südlichen Erdhälfte erscheint, unter dem Einfluß derselben Gesetze, der untere Passat und der Polarstrom als Südostwind, der obere oder Äquatorialstrom dagegen als Nordwestwind.

Mittlerer Barometerstand an der Meeresoberfläche.

Wir haben früher angenommen, daß der durchschnittliche Barometerstand an der Meeresoberfläche 760^{mm} betrage; aus einer großen Zahl von Beobachtungen, welche aus allen Gegenden der Erde zu Gebote stehen, ergibt sich aber, daß der durchschnittliche Luftdruck mit der geographischen Breite sich ändert. Nach Kämtz beträgt derselbe in der Nähe des Äquators nur 758^{mm}; von 10° Nordbreite an nimmt derselbe zu und steigt zwischen 30° und 40° Breite auf 762—764 mm; von hier aus nimmt er wieder ab, beläuft sich unter dem 50. Breitegrad auf 760 mm und sinkt noch weiter gegen Norden auf 756 mm herab.

Dieses Verhalten des Luftdrucks steht im innigsten Zusammenhang mit den großen Bewegungen unserer Atmosphäre, welche wir im Vorhergehenden kennen gelernt haben. Jeder aufsteigende Luftstrom muß, indem er unter sich eine Luftverdünnung hervorbringt, ein Sinken des Barometers bewirken, ein herabsteigender Luftstrom aber, indem er vor sich die Luft verdichtet, veranlaßt die Quecksilbersäule zum Steigen. Durch den tiefen Barometerstand in der Nähe des Äquators verrät sich das Aufsteigen der erhitzten Luft im äquatorialen Kalmengürtel, durch den hohen Luftdruck unter 30° Breite das Herabsteigen der Luft in den tropischen Kalmen. Die Luftverdünnung in der äquatorialen Kalmenzone würde durch das Heranströmen der Passate bald ausgeglichen sein, wenn nicht eine fortwährende Ursache, nämlich die Sonnenstrahlung, sie immer neu zu schaffen bestrebt wäre; ja, die Passate müßten durch ihre Wirkung allein, indem sie von beiden Seiten gegen den Äquator dringen, dort eine Verdichtung der Luft zuwege bringen. Der geringe Luftdruck in der Kalmenzone gibt uns sonach den unwiderleglichen Beweis, daß die Passate nicht etwa durch eine außerhalb der Tropenzone liegende Ursache nach dieser hingetrieben, sondern daß sie wirklich von der Kalmenzone, als dem Orte der wärmsten und dampfreichsten und daher auch dünnsten und leichtesten Luft, gleichsam herbeigesogen werden.

Monsune. Etesien. Land- und Seewinde.

Die Passate wehen völlig ungestört nur auf dem hohen Meere; in der Nähe großer Kontinente werden sie abgelenkt. So wird an der Küste von Oberguinea der Südostpasat in einen unausgesetzt wehenden Südwestwind verwandelt, weil über dem heißen afrikanischen Kontinent warme Luft emporsteigt und die kältere Luft des Passats in den verdünnten Raum nachzuströmen nötigt.

Am großartigsten aber tritt diese Erscheinung ein im nördlichen Teile des indischen Ozeans. Dort weht im Winterhalbjahr (von Oktober bis März) Nordostwind, im Sommerhalbjahr dagegen Südwestwind. Diese regelmäßigen Winde werden Monsune (Moussons) genannt, ein Name, der wahrscheinlich von dem arabischen Mausim, Jahreszeit, abgeleitet ist. Der Nordostmonsun ist nichts anderes als der gewöhnliche Passat, der hier im Dezember bis Februar sogar ziemlich beträchtlich in die südliche Halbkugel hinübergreift. Im Sommer dagegen wird das asiatische Festland, die Bergkette des Himalaya und die Hochebene von Tibet so beträchtlich erwärmt, daß die erhitzte Luft über ihnen kräftig emporströmt; die kältere Luft über dem Meere wird dadurch gezwungen nachzuströmen, und statt des Nordostwindes entwickelt sich der Südwestmonsun. Die beiden entgegengesetzten Monsune folgen nicht plötzlich auf einander; ihre Übergänge sind durch Windstillen, veränderliche Winde und Gewitterstürme bezeichnet. Gegen das Ende des Südwestmonsuns sind in den chinesischen Meeren die Stürme am häufigsten; dieselben übertreffen an Heftigkeit alles was uns in unseren Gegenden bekannt ist und machen die Schifffahrt in diesen Meeren höchst gefährlich. Die Übergangszeiten der Monsune werden daher von den Seefahrern sehr gefürchtet.

Auch auf dem Mittelmeere wehen Winde, welche mit den Jahreszeiten wechseln; sie waren den Alten wohlbekannt und wurden von ihnen Etesien genannt. Während des Sommers nämlich herrschen auf der südlichen Hälfte des Mittelmeeres nordöstliche Winde, indem die kältere Luft über dem Meere nach dem erhitzten afrikanischen Festland strömt. Im Winter dagegen fließt die Luft von der kälteren afrikanischen Küste nach dem wärmer gebliebenen Meer, und es entstehen demnach Südwinde. Zeitweise erstrecken sich diese Monsune des Mittelmeeres sogar über einen Teil seiner nördlichen Gestade. Der Nordwestwind, welcher in der Provence unter dem Namen Mistral bekannt ist, schließt sich an die Etesien an.

Wie die Monsune und Etesien von den Jahreszeiten, so hängen die Land- und Seewinde von den Tageszeiten ab. An den Küsten und auf den Inseln erhebt sich morgens um 8 bis 9 Uhr, wenn die Sonne begonnen hat das Land zu erwärmen und daselbst einen aufsteigenden Luftstrom zu erzeugen, der Seewind, eine leichte vom Meer her wehende Brise, welche anfangs nur auf dem Meere bemerkbar dessen Oberfläche schwach kräuselt, gegen Mittag aber stärker wird und abends gegen 5 Uhr wieder verschwindet. Nach einer Windstille kehrt sich das Spiel um; das Land erkaltet rascher als das Meer, und sendet seine kälter gewordene Luft diesem zu. Dieser Landwind, welcher etwa 6 Uhr abends beginnt und gegen Morgen wieder erlischt, erstreckt sich gewöhnlich nicht weit auf das Meer hinaus, ist dagegen bis tief ins Innere des Landes bemerkbar. In den Tropengegenden, wo sowohl tägliche Erwärmung als nächtliche Abkühlung am stärksten wirken, sind auch die Land- und Seewinde am meisten ausgeprägt. Man bemerkt sie jedoch schon deutlich selbst an den Ufern größerer Binnenseen, z. B. an den nordamerikanischen und Schweizerseen. Sowohl Land- als Seewind werden durch die Erdumdrehung nach rechts abgelenkt und blasen daher schief gegen die Küste, so daß jenem das Land zur Rechten, diesem zur Linken liegt.

Aus ähnlichen Ursachen entstehen in den Hochgebirgen die Tag- und Nachtwinde; in den Thälern, besonders in jenen, welche sich gegen Süden senken, bemerkt man bei Tag einen thalaufwärts, bei Nacht einen abwärts wehenden Wind. Bei Tag nämlich erwärmen sich die Felsengipfel sehr stark und der über ihnen emporsteigende warme Luftstrom zieht die Thalluft nach sich; ebenso stark und rasch erkalten bei Nacht die Kuppen und Kämme, und mit ihnen die sie umgebende Luft, welche schwerer geworden in das Thal herabfließt. Die Kühle des Nachtwindes ist besonders empfindlich, wenn das Thal von Gletschern und Schneefeldern herabkommt. In den Thälern der Schweizeralpen gedeihen die Nußbäume an den Gehängen besser als unten im Thale, weil sie dort dem kalten, längs der Thalsohle fließenden Nachtwind nicht ausgesetzt sind.

Die Winde Europas.

Die einfache Gesetzmäßigkeit der Tropenwinde, das stetige Wehen des Passats wie der periodische Wechsel der entgegengesetzten Monsune, steht in auffallendem Kontrast zu der Regellosigkeit der Winde unserer Heimat; die Windfahne, als Symbol der Launenhaftigkeit sprichwörtlich geworden, zeigt bald nach dieser, bald nach jener Himmelsgegend und durchläuft häufig in kurzer Zeit ihren ganzen Umkreis.

Die Regellosigkeit ist aber nur eine scheinbare; denn auch die veränderlichen Winde der gemäßigten Gegenden sind an Gesetze gebunden, deren Erforschung eine Hauptaufgabe der Witterungskunde bildet; sie ordnen sich, wie Dove gezeigt hat, ein in den großen, nach seinen Hauptzügen bereits oben geschilderten atmosphärischen Kreislauf, der in der Äquatorialzone seinen Impuls empfängt.

Der Äquatorialstrom senkt sich, nachdem er den Wendekreis überschritten, immer mehr gegen die Erdoberfläche herab, wo er dem unten fließenden Polarstrom begegnet; die beiden Strömungen, sich oft bekämpfend und gegenseitig verdrängend, fließen sonach in der gemäßigten Zone nicht nur über, sondern auch in veränderlichen Betten neben einander hin. Vermöge der Umdrehung der Erde um ihre Axe muß der Äquatorialstrom bei uns als Südwestwind, der Polarstrom als Nordostwind erscheinen. Südwest und Nordost sind daher für Europa die beiden Hauptwinde, von denen bald der eine, bald der andere die Herrschaft erringt; die Zwischenwinde aus den übrigen Himmelsgegenden wehen nur beim Übergang von einem zum andern.

So unregelmäßig und launenhaft auch der Wechsel der verschiedenen Winde bei oberflächlicher Betrachtung erscheinen mag, so ist doch schon längst aufmerksamen Beobachtern nicht entgangen, daß die Windrichtungen gewöhnlich in nachstehender Reihe auf einander folgen: Nord, Nordost, Ost, Südost, Süd, Südwest, West, Nordwest.

Nach Dove, welcher aus einer großen Zahl von Beobachtungen nachwies, daß in der That diese von ihm als direkt bezeichnete Drehung häufiger ist als die entgegengesetzte indirekte, wird diese Regel das Dovesche Winddrehungsgesetz genannt. Von der Ursache des Vorherrschens der direkten Drehungsrichtung von Ost über Süd nach West läßt sich in folgender Weise Rechenschaft geben.

Wenn der Nordwind eine Zeit lang geweht hat, so führt er uns nach und nach Luft aus immer nördlicher gelegenen Gegenden zu; je weiter aus Norden aber diese Luft stammt, desto geringer ist die ihr innewohnende von West nach Ost gerichtete Rotationsgeschwindigkeit, und desto entschiedener muß sich an unserem rascher von West nach Ost geführten südlicheren Standort zu ihrer aus Norden kommenden Richtung eine nach Westen gerichtete Tendenz gesellen; der ursprüngliche Nordwind wird daher bei längerer Dauer zum Nordostwind, und zuletzt zum reinen Ostwind. Wird nun der Polarstrom durch den Äquatorialstrom verdrängt, so kombinirt sich dessen südliche Richtung mit dem noch herrschenden Ostwind zu Südost, welcher bei Fortdauer der äquatorialen Strömung bald in Südwind übergeht. Der Südwind aber muß, indem er Luft aus immer südlicheren Regionen herbeiführt, durch die Wirkung der Erdumdrehung bald in Südwest und endlich in West übergehen. Tritt jetzt wieder der Polarstrom ein, so dreht sich die Windfahne durch Nordwest nach Nord, und das nämliche Spiel beginnt von neuem.

In der gemäßigten Zone der südlichen Halbkugel erfolgt die regelrechte Winddrehung begreiflicherweise in entgegengesetztem Sinne, nämlich von Nord über West und Süd.

Wie groß aber auch die Bedeutung des Doveschen Drehungsgesetzes für die richtige Erkenntnis der Witterungsvorgänge sein mag, so ist es doch unmöglich, mit seiner Hilfe die bevorstehende Windrichtung und damit das Wetter bestimmt vorauszusagen. Denn erstlich ist die zu einer vollen Umdrehung erforderliche Zeit je nach den Umständen sehr verschieden; die kürzeste, von Quetelet in Brüssel beobachtete Dauer betrug 1 Tag 16 Stunden, die längste 88 Tage. Wenn z. B. der Äquatorialstrom zur Herrschaft gelangt ist, zeigt die Windfahne tage-, vielleicht wochenlang nach Südwest, bis endlich ganz rasch die Weiterdrehung über West und Nord nach Nordost erfolgt, um dort wieder längere Zeit, während der Herrschaft des Polarstroms, zu verweilen. Überhaupt ist klar, daß die Hauptwinde Südwest und Nordost häufiger und dauernder wehen werden, als die Zwischenwinde, welche nur den Übergang des einen in den andern vermitteln.

Ferner sind Ausnahmen von der Regel nicht allzu selten; vollständige Umdrehungen im entgegengesetzten Sinne, von

Nord über West nach Süd, kommen zwar nicht häufig vor und sind dann immer aus den begleitenden Umständen leicht zu erklären; desto häufiger aber wird während des Kampfes der beiden gegnerischen Strömungen ein Zurückspringen des Windes beobachtet. Wenn nämlich der ermattende Äquatorialstrom dem Andrang des Polarstroms bereits nachgegeben hat und Nordwestwind eingetreten ist, dann aber, neue Kraft gewinnend, den Gegner wieder zurückdrängt, so springt der Wind von Nordwest wieder nach West oder Südwest zurück. Ebenso kann beim Verdrängen eines Polarstroms durch den Äquatorialstrom, der erstere zeitweise stärker anwachsend, diesem den fast schon errungenen Sieg wieder entreißen, wobei die Windfahne von Südost wieder nach Ost oder Nordost zurückgeht.

Wenn ein Äquatorialstrom einen Polarstrom ablöst, so ergießt sich in der Höhe die wärmere und leichtere Luft des ersteren über die kältere schwerere Luft des letzteren und verdrängt ihn, indem er sich von oben her wie ein Keil in ihn einschiebt. Der Kampf der beiden Strömungen vollzieht sich daher in den meisten Fällen schon in der Höhe, und wenn unten Südost eintritt, ist der Sieg des Äquatorialstroms gewöhnlich schon entschieden. Die stets in den unteren Luftschichten aufgestellten und sonach dem Schauplatz dieses Kampfes entrückten Windfahnen zeigen daher ein Zurückspringen von Südost nach Ost verhältnismäßig selten. Bei dem Verdrängen des äquatorialen durch den stets unten fließenden Polarstrom aber ist die Erdoberfläche selbst der Tummelplatz der kämpfenden Gegner, und die Wechselfälle des oft lange unentschiedenen Ringens zeigen sich an durch ein öfteres Zurückspringen der Windfahne von Nordwest nach West oder Südwest.

In Mittel- und Westeuropa sowie über dem nördlichen Teil des atlantischen Ozeans herrschen West- und Südwestwinde entschieden vor. Diese Thatsache, welche sich schon der oberflächlichen Wahrnehmung aufdrängt, ergibt sich mit größerer Sicherheit aus folgenden Zahlen, welche angeben, wie oft im Durchschnitt unter je tausend Tagen jeder der acht Hauptwinde in England und Deutschland beobachtet wird:

	N	NO	O	SO	S	SW	W	NW
England:	82	111	99	81	111	225	171	120
Deutschland:	84	98	119	87	97	185	198	113

Um über diese Zahlen einen bequemen Überblick zu geben, sind in den Fig. 30 und 31*) die 8 Hauptstriche der Windrose als Radien eines Kreises verzeichnet, und auf jeder Windrichtung eine ihrer Häufigkeit entsprechende Länge vom Umfang des Kreises nach einwärts aufgetragen; die so erhaltenen Punkte sind dann durch eine krumme Linie verbunden, deren Vorspringen nach innen oder Zurückweichen nach außen die größere oder geringere Häufigkeit der verschiedenen Windrichtungen dem Auge leicht erfaßbar darstellt. Für England (Fig. 30) zeigt sich in Südwest die bedeutendste Anschwellung, eine zweite weniger vorspringende in Nordost; für Deutschland (Fig. 31) fällt der weiteste Vorsprung zwischen West und Südwest, und

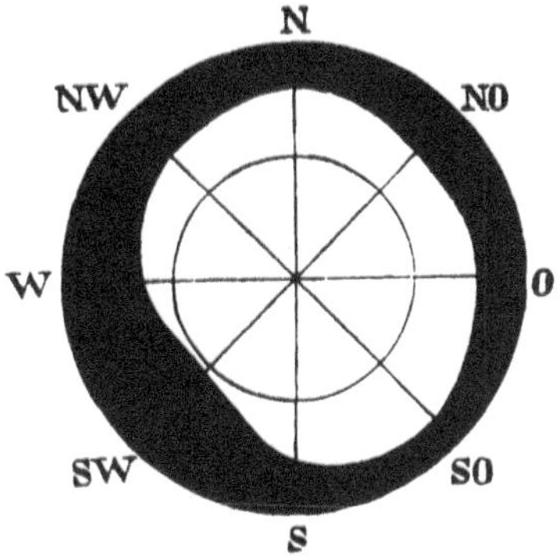

Fig. 30. Häufigkeit der Winde in England.

*) In beiden Figuren ist der Durchmesser des Kreises gleich 1000 angenommen, und nach diesem Maßstabe sind dann obige Zahlen eingetragen.

zwischen Nordost und Ost ein zweiter geringerer. Man sieht daraus zunächst, daß, wie nach dem vorhergehenden leicht begreiflich, die dem Äquatorial- und Polarstrom entsprechenden Südwest- und Nordostwinde häufiger sind als die den Übergang des einen in den anderen vermittelnden Zwischenrichtungen; außerdem aber ergibt sich, daß die äquatorialen Strömungen die polaren an Häufigkeit übertreffen. Das Übergewicht der Südwestwinde macht sich besonders stark im Winter geltend; im Frühjahr und Herbst gewinnen, in Mitteleuropa wenigstens, nordöstliche und östliche Strömungen die Oberhand. Auch in einzelnen Jahrgängen ergeben sich manchmal Abweichungen von der Regel. Obige Zahlen sowie die nach ihnen konstruierten Figuren beziehen sich auf den Durchschnitt aus einer großen Reihe von Jahren.

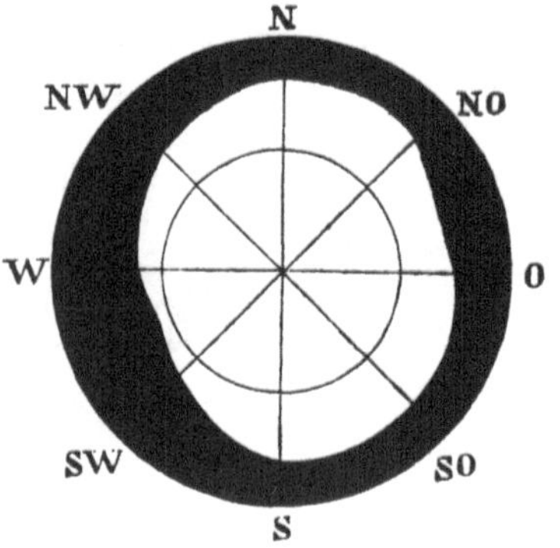

Fig. 31. Häufigkeit der Winde in Deutschland.

Aus diesem Vorwalten des Äquatorialstroms gegenüber dem Polarstrom, welches nicht nur in Westeuropa, sondern überhaupt in den gemäßigten Zonen beider Hemisphären als Regel gilt, darf jedoch nicht geschlossen werden, daß dem Pol mehr Luft vom Äquator her zuströme, als dieser vom Pol her zurückempfängt. Dieser Schluß würde im Widerspruch stehen mit dem Begriff eines atmosphärischen Kreislaufs, welcher verlangt, daß zwischen Pol und Äquator gleichgroße Luftmengen zum Austausch kommen. Ein solcher Widerspruch besteht aber in der That nicht, sondern das Übergewicht äquatorialer Strömungen erscheint vielmehr als notwendige Folgerung aus den Gesetzen des Kreislaufs, wenn man bedenkt, daß die ausgetauschten Luftmengen dem Gewichte nach einander gleich sein müssen. Die äquatoriale Luft nimmt nämlich schon ihrer höheren Temperatur wegen einen größeren Raum ein als die kalte Polarluft; zudem wird ihr Volum noch vergrößert durch den reichlich mitgeführten Wasserdampf, der in den polaren Regionen sich zum größten Teil in fester und flüssiger Form niederschlägt und nicht mehr auf atmosphärischen, sondern auf ozeanischen Wegen zum Äquator zurückkehrt. Der Äquatorialstrom führt demnach eine dem Raume nach größere Gasmenge nordwärts, als im Polarstrom zurückfließt, und nimmt daher ein breiteres Bett für sich in Anspruch als dieser. Ja, die in ihm fortbewegte Gasmasse ist so umfangreich, daß ihr selbst das breitere Bett noch zu eng wird und sie zu rascherem Strömen nötigt. Daher kommt es, daß die Äquatorialströme nicht bloß durch ihre Häufigkeit, sondern auch durch ihre Heftigkeit die Polarströme übertreffen.

Daß die äquatorialen Winde wärmer sind als die polaren, ergibt sich mit Sicherheit, wenn man die mittleren Temperaturen berechnet, welche jeder Windrichtung, abgesehen von den Einflüssen der Jahres- und Tageszeiten, zukommen. So findet man z. B. für Paris folgende Zahlenreihe:

N	NO	O	SO	S	SW	W	NW
12,03°	11,76	13,50	15,25	15,43	14,93	13,64	12,39

In Fig. 32*) sind diese Zahlen in ähnlicher Weise wie in den Figuren 30 und 31 durch Zeichnung versinnlicht. Man erkennt deutlich, daß die südlichen Winde die höchste,

*) In der Figur sind die Überschüsse obiger Temperaturen über 10°, jeder Grad durch die Länge eines Millimeters dargestellt, eingetragen.

die nördlichen und nordöstlichen die tiefste Temperatur besitzen. Man bezeichnet eine derartige Zusammenstellung der Windrichtungen mit ihren zugehörigen Temperaturen, sei dieselbe durch eine Zahlenreihe oder durch eine Zeichnung dargestellt, als „Wärmewindrose“ (thermische Windrose).

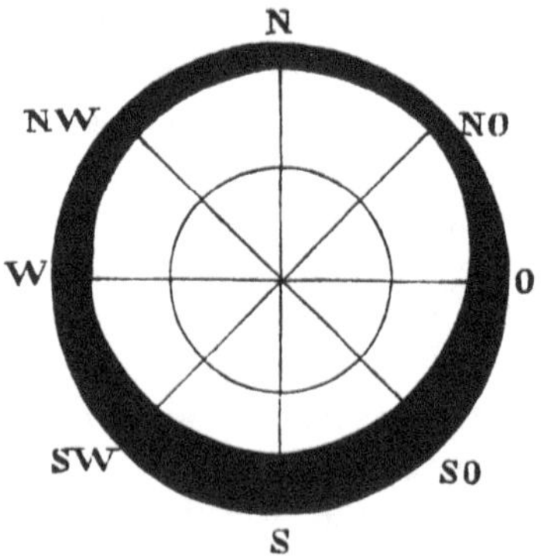

Fig. 32. Thermische Windrose.

Natürlich lassen sich auch andere die verschiedenen Winde auszeichnende Eigenschaften in ähnlicher Weise versinnlichen. In Fig. 33*) sind die Feuchtigkeitsverhältnisse (atmische Windrose), in Fig. 34**) die Bewölkungsgrade (nephische Windrose) bei verschiedenen Windrichtungen dargestellt. Der größte Dampfgehalt entspricht, wie man sieht, dem wärmsten Wind, dem Süd, der geringste dem kältesten, dem Nordost. Die stärkste Bewölkung tritt ein bei Südwest, und am klarsten zeigt sich der Himmel

*) Atmische Windrose von Halle nach Kämtz. Dampfspannung in Millimetern:

N	NO	O	SO	S	SW	W	NW
6,7	6,5	6,9	7,3	7,8	7,4	7,2	6,9

In der Figur sind die Überschüsse dieser Zahlen über 5 mm, der Radius des äußeren Kreises = 10 gesetzt, eingetragen.

**) Nephische Windrose von Karlsruhe nach Eisenlohr. Bedeckter Himmel = 10.

N	NO	O	SO	S	SW	W	NW
5,65	4,38	3,94	5,14	6,72	7,18	6,81	6,41

In der Figur ist der Radius des Kreises = 20 genommen.

bei Ost. Aus letzterem Umstand erklärt sich auch die Thatsache, daß im Sommer die Ostwinde, im Winter die Südwestwinde die höchste Temperatur bringen. Im Sommer nämlich, wo die Sonnenstrahlung bei Tag die nächtliche Ausstrahlung überwiegt, begünstigt die Klarheit des Himmels bei Ostwind die erwärmende Wirkung; im Winter aber, wo die nächtliche Ausstrahlung stärker wirkt als die Einstrahlung bei Tag, gewährt die vom Südwest erzeugte Wolkendecke Schutz gegen die tiefe Erkaltung, welche bei Ostwind, d. i. bei klarem Himmel, unvermeidlich eintritt.

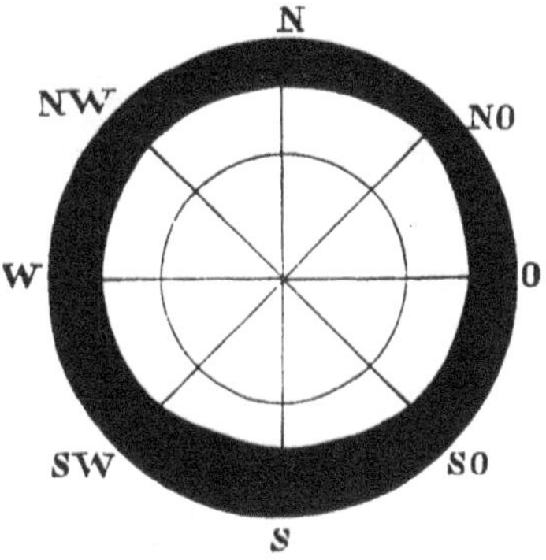

Fig. 33. Atmische Windrose.

Die vermöge ihrer höheren Temperatur aufgelockerte und darum spezifisch leichtere äquatoriale Luft übt einen geringeren Druck aus als die kalte dichte Polarluft. Das Barometer steht daher bei West- und Südwestwind niedriger als bei Ost- und Nordostwind. In der barischen Windrose, Fig. 35 *), sind die jeder Windrichtung entsprechenden Barometerstände eingezeichnet. Ihre Vergleichung mit der ther-

*) Barische Windrose von Berlin. Barometerstand in Millimetern:

N	NO	O	SO	S	SW	W	NW
758,68	759,36	758,77	754,69	751,33	752,57	756,00	756,62

In der Figur sind die Überschüsse dieser Zahlen über 750 mm in Millimetern aufgetragen.

mischen Windrose (Fig. 32) lehrt, daß Temperatur und Luftdruck in entgegengesetztem Sinne sich ändern.

Durch Temperatur, Dampfgehalt und Luftdruck sind äquatoriale und polare Strömungen viel sicherer gekennzeichnet als durch ihre an der Windfahne beobachtete Richtung, welche häufig durch lokale Ursachen bedeutend geändert, ja manchmal geradezu umgekehrt wird. In engen Gebirgsthälern, in der Nähe hoher Bergketten wehen die Winde, durch die Hindernisse des Terrains abgelenkt, häufig in einer ihrer ursprünglichen Herkunft ganz fremden Richtung. Auch in völlig ebenen Gegenden kann es vorkommen, daß z. B. ein unzweifelhafter Polarstrom von Südost her einsetzt, indem er nämlich vermöge des höheren Druckes seiner Luft in einen nordwestlich an ihm vorbeifließenden Äquatorialstrom eindringt. In allen diesen Fällen ist aber äquatoriale Luft von polarer durch ihre hohe Temperatur, ihren großen Feuchtigkeitsgehalt und geringen Luftdruck leicht zu unterscheiden.

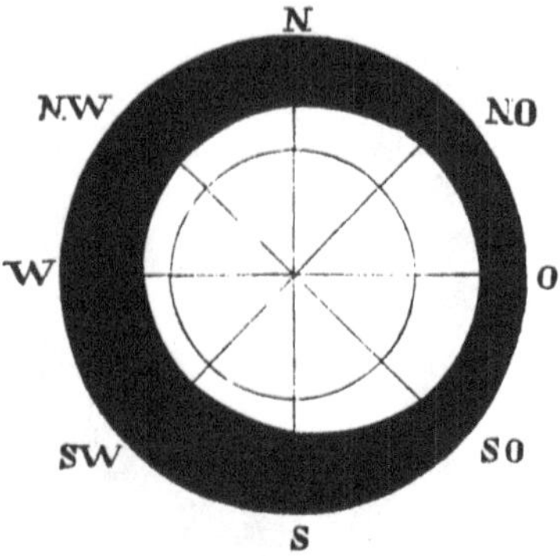

Fig. 34. Nephische Windrose.

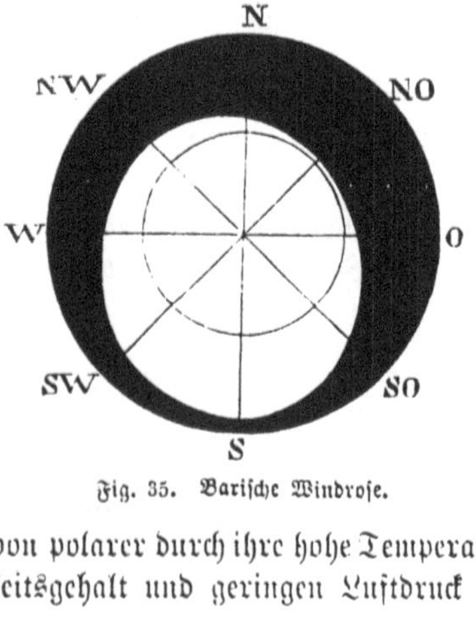

Fig. 35. Barische Windrose.

Wind und Wetter.

Im vorhergehenden haben wir den innigen Zusammenhang kennen gelernt, welcher stattfindet zwischen den verschiedenen Windrichtungen und dem Dampfgehalt der Luft, durch welchen der Unterschied guten und schlechten Wetters bedingt ist. Das Wetter durchläuft hienach denselben Cyklus wie die Windrichtungen, und jeder vollen Umdrehung des Windes von Ost über Süd, West, Nord nach Ost zurück entspricht eine vollständige Änderung guten Wetters in schlechtes und wieder zurück in gutes. Dieser selbst oberflächlicher Beobachtung sich aufdrängende regelmäßige Wechsel des Wetters mit dem Winde kann als die sicherste Bestätigung des Doveschen Drehungsgesetzes betrachtet werden.

Besonders deutlich läßt sich der die Winddrehung begleitende Witterungswechsel im Winter beobachten. Wenn nach längerer Herrschaft des Ostwindes der Äquatorialstrom durchzudringen beginnt, mildert sich die bisher bestandene Kälte. Während das Barometer langsam sinkt, überspinnt sich der kurz vorher noch klare Himmel mit einem zarten Gewebe von Federwolken; der Wind geht allmählich über in Südost, der Himmel überzieht sich dichter, das zierliche Netzwerk der Lämmerwölkchen verdichtet sich zu federigen Schichtwolken, aus welchen zuweilen spärlicher Regen oder Schnee herabfällt; der Wind dreht sich indessen weiter nach Süd, das Barometer fährt fort zu sinken und erreicht seinen tiefsten Stand. Zuweilen heitert sich der Himmel bei Südwind wieder ein wenig auf und die Niederschläge lassen nach, um nachher bei Südwest aus dichter Wolkendecke um so reichlicher als strömender Regen oder großflockiger Schnee hervorzubrechen. Indem der Wind nach West sich wendet und die bisher milde Temperatur wieder rauher wird, dauern die Niederschläge fort, während das Barometer allmählich steigt. Mit eintretendem Nordwest beginnt die Wolkendecke zu zerreißen, phantastisch geformte Hauf- und Schichtwolken jagen mit dem Winde dahin, mit Unterbrechungen heftige Schauer von Regen oder Schnee ergießend. Springt jetzt bei erneuertem Angriff des Äquatorialstroms der Wind nach West oder Südwest zurück, so sinkt das Barometer wieder und die Niederschläge erneuen sich. Hat dagegen der Polarstrom, der die Drehung nach Nordwest veranlaßte, als Nordwind die Oberhand gewonnen, so steigt das Barometer stetig, der Himmel klärt sich, die Kälte nimmt zu, um bei Nordost ihren höchsten Grad zu erreichen.

Man kann diese Beziehungen zwischen Wind und Wetter

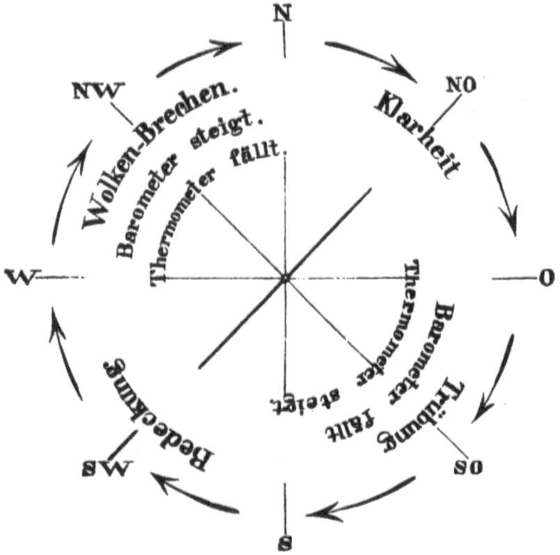

Fig. 36. Witterungswindrose.

übersichtlich zusammenstellen in einer Zeichnung (Fig. 36), welche wir Witterungswindrose nennen wollen. In ihr stellt sich der Durchmesser von Nordost nach Südwest als eine Axe dar, zu deren beiden Seiten ähnliche Witterungszustände, nur in umgekehrter Reihenfolge, symmetrisch gruppiert sind.

Unter den Merkmalen — Temperatur, Feuchtigkeit und Luftdruck —, welche die beiden Hauptströme unserer Atmosphäre kennzeichnen, ist der Luftdruck am wenigsten lokalen Einflüssen unterworfen. Das Barometer ist sonach das sicherste Mittel zur Unterscheidung der Äquatorial- und Polarströme; es zeigt nicht nur durch seinen Stand an, ob der eine oder andere bereits herrschend geworden, sondern es kann auch, noch ehe die Windfahne sich regt, durch sein Sinken oder Steigen ihr bevorstehendes Eintreten vorhersagen, namentlich wenn man zu den Anzeigen des Barometers noch diejenigen des Hygrometers, Thermometers und der Windfahne hinzunimmt. Das Barometer hat sich daher den nicht unbegründeten Ruf eines Wetterpropheten und damit das Bürgerrecht in jedem Hause erworben. Das Barometer wird in ein „Wetterglas" umgewandelt, wenn man an demselben eine Witterungsskala anbringt. Kennt man den höchsten und den tiefsten Barometerstand an einem Ort, so wird der erstere mit „Sehr trocken", der letztere mit „Sturm" bezeichnet; der mittlere Barometerstand erhält die Bezeichnung „Veränderlich"; dann wird zwischen dem mittleren und höchsten Stand noch „Schön" und „Beständig", zwischen dem mittleren und tiefsten Stand „Regen oder Wind" und „Viel Regen" eingeschaltet und das „Wetterglas" ist fertig.

Daß ein hoher Barometerstand schönes Wetter, ein tiefer dagegen schlechtes Wetter anzeigt, gilt jedoch nur für solche Gegenden, wo wie in Europa der Äquatorialstrom feucht und daher regenbringend ist. An den Küsten von La Plata z. B. ist der Äquatorialstrom (Nordwest), ehe er die Küste erreicht, über die dürren Flächen der Pampas gestrichen; er ist daher trocken und bringt klaren Himmel; der

Polarstrom dagegen (Südost), welcher von dem südatlantischen Ozean herweht, ist feucht und bringt Wolken und Regen. Dort also zeigt das Fallen des Barometers mit dem Eintritt des Äquatorialstroms schönes Wetter, sein Steigen aber schlechtes Wetter an.

Föhn. Scirocco. Bora.

Das Bild, welches wir bisher von den Windverhältnissen der gemäßigten Zone überhaupt und Europas insbesondere entworfen haben, beschränkt sich auf allgemeine Umrisse. Es gibt den Verlauf der Erscheinungen im großen und ganzen, und läßt die Abänderungen, welche teils durch örtliche Umstände, teils durch gewaltsame, weit vom Beobachtungsort entstandene und bis zu ihm fortgepflanzte Störungen des atmosphärischen Gleichgewichts hervorgebracht werden, vorerst außer Acht. Um daher das Bild zu vervollständigen, müßte noch manche Detailzeichnung in die flüchtig umrissene Skizze nachgetragen werden.

Ein hervorragendes Beispiel für den tiefgreifenden Einfluß, welchen eine hochragende Gebirgsmauer auf die atmosphärischen Erscheinungen, auf Wind und Wetter, auszuüben vermag, bietet der schweizerische Föhn dar, jener heftige Südwind, welcher die nördlichen Alpenthäler, namentlich die Urkantone, Glarus, Appenzell, einen Teil von Graubünden, das Berner Oberland und das obere Rhonethal nicht selten heimsucht. Er tritt gerade in den kälteren Jahreszeiten, Herbst, Winter und Frühling, am häufigsten, in den Sommermonaten dagegen seltener und weniger ausgeprägt auf. Die auf den Föhn sich beziehenden Worte Schillers:

Der graue Thalvogt kommt, dumpf brüllt der Firn,
Der Mythenstein zieht seine Haube an,
Und kalt her bläst es aus dem Wetterloch;
— — — — — — — — —
Der Föhn ist los!

versetzen uns unmittelbar auf den klassischen Boden der Tellsage, an die Ufer des Vierwaldstätter Sees. Hier wählen wir unsern Standpunkt, von welchem aus wir dem Verlauf eines Föhnsturms folgen wollen.

Das bevorstehende Eintreten des Föhn kündigt sich an durch eine rasche Abnahme des Luftdrucks und durch eine ungewöhnliche Zunahme der Temperatur. Der vorher vielleicht bewölkte Himmel hellt sich auf, jedoch nicht zu völliger Klarheit; in den höheren Schichten der Atmosphäre schweben zarte Federwolken, oft zu bizarren Formen gekräuselt, den einheimischen Wetterkundigen als „Föhngewölk“ wohl bekannt.

Noch ehe die Windfahne sich regt, hört man aus der Höhe herab ein dumpfes Brausen; der Föhn ist oben schon eingetreten, während vielleicht unten noch Windstille oder eine ganz entgegengesetzte Luftströmung herrscht. Bald hört man vom nahen Berghang her das Rauschen des vom Wind geschüttelten Waldes, an den der herabgestiegene Luftstrom jetzt anprallt, und wenige Minuten nachher empfinden wir seinen heißen Atem. Die Windfahne belebt sich, sie zeigt zuerst nach Südost und geht, während der Wind sich zum Sturm entwickelt, nach Süd und endlich nach Südwest über. Die Gewalt des Sturmes wächst, er bricht starke Baumäste ab, er rüttelt heulend an den Gebäuden, mancher Schornstein muß seinem Andrang weichen, manches steinbeschwerte Dach wird abgedeckt. Und wehe, wenn er einen unbewachten Funken findet, den er zur unbezähmbaren Flamme anfachen kann. Das Städtchen Glarus, welches am 1. Mai 1861 während eines heftigen Föhns fast völlig abbrannte, gibt nebst vielen anderen durch ihn verursachten Feuersbrünsten von seiner Feuergefährlichkeit Zeugnis. In den Kantonen Schwyz und Uri ist während des Föhns das Rauchen auf den Straßen verboten und in Uri darf sogar kein Herdfeuer brennen.

Der See ist in mächtigem Aufruhr; durch einzelne Windstöße wird das Wasser zu weithin sichtbaren Staubsäulen aufgepeitscht, in langen Reihen ziehen die schaumgekrönten Wogen gegen das Ufer, um dort hoch aufspritzend zu zerschellen. Die Dampfpoote dürfen nicht wagen an den Landungsbrücken anzulegen. Der Reisende, der das Schiff zu benutzen genötigt ist, muß auf schwankem, von kräftigen Fäusten regiertem „Nauen" weit hinausfahren auf den empörten See, wo der Dampfer hinter einer schützenden Felsenecke gestoppt hat.

Unterdessen dauert das Sinken des Barometers fort. Es erreicht bei Föhn gewöhnlich den tiefsten Stand, den es überhaupt an dem betreffenden Orte erreichen kann.

Das Thermometer dagegen steigt bis zu einer für die Jahreszeiten, in welchen der Föhn am häufigsten auftritt, ungewöhnlichen Höhe. Der tägliche Gang der Temperatur wird durch ihn völlig gestört und manchmal umgekehrt. Entwickelt sich z. B. der Föhn nachmittags und dauert in die Nacht hinein fort, so kann es vorkommen, daß abends um 9 Uhr das Thermometer um 10° höher steht als nachmittags um 1 Uhr. Vermöge seines hohen Wärmegrades räumt der Frühlingsföhn die Schneemassen, welche der Winter aufgehäuft hat, bis in größere Höhen hinauf mit überraschender Schnelligkeit weg, und hat sich daher bei den Älplern den Beinamen „Schneefresser" verdient. Diese wissen ihm freilich wenig Dank dafür, daß er manchmal mitten im Winter die für die Ausnutzung der Alpen so nötige Schlittbahn zerstört.

Ein nie fehlendes und charakteristisches Hauptmerkmal des Föhns ist seine große Trockenheit; die relative Feuchtigkeit der Föhnluft bleibt stets unter dem sonst gewöhnlichen Mittelwert und sinkt in einzelnen Fällen bis auf 25%; daher seine den Alpenbewohnern wohlbekannte austrocknende Wirkung. Fällt der Föhn in die Blütezeit der Bäume, so welken die

Blüten und fallen wie versengt zu Boden; das während des Winters aufbewahrte Heu darf bei Föhn nicht aus dem Speicher weggebracht werden, denn es zerkrümelt und zerfällt zu Staub.

Der Himmel zeigt unterdessen, wie bereits erwähnt, nur einen leichten Schleier von Federwolken; am südlichen Horizont jedoch zeigt sich eine dichtere Bewölkung, welche hie und da den Bergriesen über die Schultern hervorguckt. Das Wetter ist demnach, nach gewöhnlicher Sprachweise, schön zu nennen, die Sonne scheint, freilich mit etwas getrübtem Glanze. Aber trotz den heitern Nächten fällt begreiflicherweise kein Tau.

Sehr eigentümlich ist die außerordentliche Durchsichtigkeit der Luft. Die Landschaft gewinnt dadurch ein ganz anderes Ansehen als bei gewöhnlichem, etwa durch Ost- oder Nordostwind herbeigeführtem schönen Wetter. Der zarte Dunstschleier, welcher die malerischen Wirkungen der Luftperspektive hervorbringt, ist verschwunden. Die näheren und die ferneren Bergrücken, welche sich sonst in sanft abgestuften Farbentönen coulissenartig hinter einander reihen, erscheinen fast gleich nahe gerückt. Bei weit entfernten Felsgruppen tritt, durch dunkle Schatten gehoben, das Relief scharf hervor; das Schwarzgrün der entfernten Nadelwälder, das sonst nur bläulich durchschimmert, zeigt sich in ungemilderter Schwärze und verleiht der Gegend eine melancholische Dunkelheit, die mit dem Sonnenschein einen sonderbaren Kontrast bildet.

Durch seine Hitze und Trockenheit gewinnt der Föhn eine große Ähnlichkeit mit den heißen Wüstenwinden; in der Schweiz herrscht in der That die populäre Meinung, daß er aus der Wüste Sahara stamme. Vermöge der oben entwickelten Gesetze des Luftkreislaufs kann aber die über der Sahara aufgestiegene Luft nicht nach dem direkt nördlich gelegenen Europa gelangen, sie wird vielmehr durch die

Achsendrehung der Erde weit nach Osten hin abgelenkt, und erreicht erst am Caspisee oder noch tiefer im Innern von Asien die Erdoberfläche. Verfolgen wir dagegen den in Mitteleuropa herabsteigenden Teil des Äquatorialstroms bis zu seinem Ursprung zurück, so finden wir an der Hand jener Gesetze, daß das Antillenmeer, welches die brasilische Nordküste bespült, seine Geburtsstätte sein muß. Die über dem lauwarmen Tropenmeer aufsteigende Luft aber wird reichliche Wasserdämpfe mit in die Höhe führen, und, wie viel sie auch auf ihrem langen Wege durch Niederschläge an Feuchtigkeit verlieren mag, dennoch als feuchter Südwestwind in den gemäßigten Klimaten eintreffen. Es fragt sich nun, ob der trockene Föhn als ein Abkömmling des feuchten Äquatorialstroms und somit als ein Glied in der gesetzmäßigen Kette des Luftkreislaufs betrachtet werden kann, oder ob ihm ein besonderer Ursprung zugeschrieben werden muß.

Um diese Frage zu beantworten, müssen wir untersuchen, welche Änderungen der Äquatorialstrom erleidet, wenn er die Alpenkette zu übersteigen gezwungen wird. Von Südwest her am Südabhang der Alpen angekommen, biegt er in die Thäler ein, welche immer enger werdend zu den Pässen hinaufziehen; der Erhebung des Thalgrundes folgend steigt er stets höher und kühlt sich dabei ab aus zwei Ursachen: einmal, weil er sich mit der kälteren Gebirgsluft mischt und mit den kalten Gipfeln, den Schneefeldern und Gletschern in Berührung kommt, und dann, weil die emporgestiegene Luft unter dem in jenen hohen Regionen geringeren Druck sich ausdehnt und infolge dieser Ausdehnung erkaltet. Die kälter gewordene Luft aber vermag den Wasserdampf, den sie bei höherer Temperatur in sich aufnahm, nicht mehr zu fassen; sie scheidet ihn in Form von Wolken aus; Regengüsse überschwemmen das Thal, Schneemassen hüllen die Kämme und Gipfel ein. Die Wärmemenge, welche der mitgebrachte

Wasserdampf bei seiner Entwickelung aus dem tropischen Meere verbrauchte und gebunden fortführte, wird jetzt, wo er in den flüssigen Zustand zurückkehrt, wieder freigegeben, und so wird der Wärmeverlust, welchen der Luftstrom bei seinem Emporsteigen erleidet, wenigstens teilweise wieder gedeckt.

Wenn also der Luftstrom über den Gebirgskamm wegblasend auf die Nordseite der Alpenkette übertritt, hat er den größten Teil seines Wasserdampfes in Form von Regen und Schnee auf der Südseite zurückgelassen, dagegen einen Teil der in diesem Wasserdampf gebundenen Wärme zurückbehalten.

Herrscht nun, aus irgend einer Ursache, auf der Nordseite der Alpen ein geringerer Luftdruck als auf der Südseite, so werden die über die Paßhöhe strömenden Luftmassen in den luftverdünnten Raum der nördlichen Alpenthäler gleichsam herabgesaugt; der Luftstrom weht mit erneuter Kraft längs der Thalsohle hinab und gelangt sehr rasch aus der Höhe des Gebirgskammes in die Niederung des Thales. Die Luft des Thalgrundes, obwohl im Vergleich zu ihrem gewöhnlichen Zustande verdünnt, ist dennoch bedeutend dichter als die dünne Luft der Berghöhen. Indem nun diese aus der Höhe in die Tiefe gleichsam hinabgeschleudert wird, muß sie durch den hier herrschenden stärkeren Luftdruck zusammengepreßt werden, bis sie eine diesem Drucke entsprechende Dichte angenommen hat. Bei dieser Zusammenpressung gewinnt sie aber zum großen Teil die Wärmemenge wieder, welche sie jenseits durch ihre Ausdehnung beim Emporsteigen verlor; ja sie würde die ganze bei der Ausdehnung verbrauchte Wärmemenge wieder erlangen, wenn diesseits derselbe Luftdruck herrschte wie jenseits. Diese beim Herabsteigen wieder gewonnene Wärmemenge im Vereine mit derjenigen, welche, wie oben gezeigt, bei der Verdichtung des

Wasserdampfes frei wurde, reicht aber vollkommen aus, um die hohe Temperatur des über die Alpen gestiegenen Äquatorialstroms zu erklären. Da derselbe den größten Teil seiner Feuchtigkeit in Form von wässerigen Niederschlägen auf der Südseite der Alpen zurückgelassen hat, so muß er in den nördlichen Alpenthälern mit einer weit geringeren Dampfmenge beladen eintreffen, als er vermöge seiner hohen Temperatur zu fassen vermöchte, d. h. er muß sehr trocken sein. Er besitzt sonach alle Eigenschaften, welche wir an dem Föhn beobachten, und wir dürfen sonach den Föhn als einen über die Alpen herübergestiegenen und dadurch in seinen Eigenschaften abgeänderten Teil des gewöhnlichen Äquatorialstroms betrachten. Die schweizerischen meteorologischen Stationen liefern für die Richtigkeit dieser Anschauung zahlreiche Belege. Jedesmal, wenn in den nördlichen Alpenthälern der trockene Föhn wütet, weht auf der Südseite der Alpen bei bedecktem Himmel und unter reichlichen Regengüssen der gewöhnliche feuchte Äquatorialstrom.

Die Luftverdünnung auf der Nordseite der Alpen, welche wir oben zur Erklärung des Föhns angenommen haben, kann verursacht sein durch einen Wirbelsturm (siehe unten), welcher über Mitteleuropa hinziehend die Luft aus den nördlichen Alpenthälern gleichsam heraussaugt und bis in die Nähe des Gebirgskammes den Barometerstand tief unter seinen mittleren Wert erniedrigt. Außerdem aber vermehrt jeder gegen und über einen Gebirgszug wehende Luftstrom diesseits den Luftdruck durch Stauung, und vermindert ihn jenseits durch eine Wirkung, welche wir uns im kleinen durch einen sehr einfachen Versuch deutlich machen können. Bläst man nämlich durch einen Federkiel oder ein Glasröhrchen in horizontaler Richtung über die obere Öffnung eines vertikal gehaltenen Glasröhrchens hinweg, so wird durch den Luftstrom zunächst die Luft am obern Ende des letzteren Röhrchens mit fortgerissen, die darunter befindliche Luft strömt nach, und so entsteht in dem Röhrchen ein aufsteigender Luftstrom, und, wenn es unten verschlossen ist, eine Luftverdünnung. Daher kommt es auch, daß jeder Wind den Zug in unsern Kaminen lebhafter macht. In ähnlicher Weise wie hier im kleinen muß der über die Paßhöhe wegblasende äquatoriale Luftstrom in der jenseitigen Thalsenkung eine Luftverdünnung bewirken.

Jeder feuchte Luftstrom, welcher eine hohe Gebirgskette zu überschreiten genötigt ist, wird jenseits als föhnähnlicher Wind erscheinen. So gibt es in den südlichen Alpenthälern einen Nordföhn, den vento favonio. Wenn nämlich ein feuchter Nordwestwind die Alpen überschreitet, wird er, nachdem er auf der Nordseite seine Feuchtigkeit entladen hat, trocken und warm in die südlichen Alpenthäler hinabwehen, in allen seinen Eigenschaften ein wahrer Föhn.

Nicht bloß in den europäischen Alpen, sondern auch in andern Gebirgsgegenden treten föhnartige Winde auf. In Kutais (Mingrelien) weht ein solcher im Frühjahr und Herbst aus Ostnordost vom Suramgebirge herab, so heiß und trocken, daß die Vegetation unter seinem Einflusse leidet und selbst die Bäume ihr Laub verlieren. An den südwestlichen Küsten des Kaspischen Meeres wird ebenfalls eine dem Föhn ganz ähnliche Erscheinung beobachtet, nämlich ein heißer trockener Südwest, welcher im Winter von dem schneebedeckten Elbrusgebirge herabkommt. Nach Haast sind auch die Nordweststürme am Ostabhange der neuseeländischen Alpen als Föhne zu betrachten. Diese Nordwestwinde (dort auf der südlichen Erdhälfte Äquatorialströme) lassen den größten Teil ihrer Feuchtigkeit auf der Westseite des Gebirges zurück und gelangen trocken und warm auf die Ostseite. Die Wolken verschwinden wie durch Zauberei und die Gletscherflüsse schwellen an durch die eisschmelzende Wirkung des heißen Windes. Alle diese Beispiele zeigen, daß jedesmal, wenn ein feuchter Luftstrom eine hohe Gebirgskette übersteigt, jenseits des Gebirges (auf der „Leeseite") ein warmer trockener Wind, ein Föhn, zu erwarten ist.

Während die Föhne, aus ursprünglich feuchten Winden entstanden, ihre hohe Temperatur und Trockenheit der lokalen Einwirkung der Gebirgszüge verdanken, sind den Wüstenwinden diese Merkmale schon von ihrem Ursprunge her eigen. Unter ihnen wird am häufigsten genannt der Samum in Arabien und Persien. Die Araber schreiben ihm giftige Wirkungen zu, worauf sein Name „Giftwind" hindeutet. Seine schädlichen Wirkungen auf Pflanzen und Tiere erklären sich aber hinlänglich, ohne daß man ihm spezifisch giftige Eigenschaften beizulegen braucht, aus seiner glühenden Hitze (bis 50° C), seiner sengenden Trockenheit und aus den Massen heißen Wüstenstaubes, welche er mit sich führt. Während seines Wehens wird das Atmen peinlich, Nase und Mund trocken, immerwährendes Wassertrinken zum Bedürfnis, der Schlaf unmöglich. Ganze Karawanen können, wenn der heiße Wind sie in der Wüste überrascht und länger andauert, durch Austrocknung zu Grunde gehen. Übrigens scheint der Samum häufig als Wirbelwind aufzutreten und in der Regel nur kürzere Zeit, mehrere Stunden oder höchstens einige Tage, zu dauern.

Der Chamsin dagegen, der trockene Wüstenwind Ägyptens, verdankt seinen Namen (Fünfzig) seiner langen Dauer; er weht nämlich 25 Tage vor und nach der Frühlingsnachtgleiche. Durch die Staubmassen, welche er mit sich führt, vergrößert er die Sahara nach Osten hin unaufhaltsam und droht Ägypten unter Wüstensand zu begraben. Die im Altertum blühende und dichtbevölkerte Landschaft Thebais ist heutzutage zur Wüste geworden. Aus dem Meere leichtbeweglichen Sandes ragen als trauernde Reste nur noch die Säulenknäufe der Tempel und die Köpfe riesiger Sphinxe hervor.

In Italien scheinen alle Süd- und Südwestwinde, welche durch hohe Temperatur auf den menschlichen Organismus erschlaffend wirken, Scirocco genannt zu werden, gleichviel ob sie trocken oder feucht sind, und wie verschieden auch ihr Ursprung vielleicht sein mag. Bei Scirocco steigt in Palermo das Thermometer bis auf 45°; er ist daselbst weit heißer als an der Südküste von Sicilien; er muß sich daher beim Übersteigen der Gebirgsketten im Innern der Insel, sei es direkt an den nackten Felsen, sei es durch jene Wirkung der Gebirge, welche wir beim Föhn kennen gelernt haben, höher erwärmt haben. Ob der Scirocco ein in der oben angedeuteten Weise modifizierter Äquatorialstrom, oder ob er als afrikanischer Landwind (vergl. Etesien) zu betrachten ist, muß unentschieden gelassen werden. Auch über den heißen Solano im südlichen Spanien ist wenig bekannt.

Der Harmattan weht an der Guineaküste vom Lande her; er ist zwar auch trocken, aber nicht heiß, sondern im Gegenteil ungewöhnlich kühl. Er ist ebenfalls mit Staub beladen, der wie ein dichter Nebel die Sonne verdunkelt, und sich auf dem Rasen und den Baumblättern absetzt, so daß alles weiß erscheint.

Von Winden, welche wegen besonderer Eigenschaften eigene Lokalnamen erhalten haben, sei noch erwähnt die Bora, welche über die Alpenwüste des Karst hervorbrechend die Nordküste des adriatischen Meeres heimsucht. Sie ist ein heftiger Nordoststurm, der meist plötzlich aufspringt und sich durch einzelne gewaltsame Stöße auszeichnet. Während der Bora steigt das Barometer, die Temperatur dagegen nimmt ab, beträgt aber gewöhnlich noch einige Grade über Null, nur im Winter sinkt sie zuweilen, wiewohl nicht bedeutend, darunter. Sie entsteht aus dem Polarstrom, dessen durch den Höhenzug des Karst aufgestaute und verdichtete Luft durch die wenigen möglichen Pässe gewaltsam hervorgepreßt wird.

Ein Bora=ähnlicher Wind, welcher am östlichen Ufer des schwarzen Meeres auftritt, wird von Kämtz in folgender Weise geschildert: „Es ist dieses ein sehr starker Wind, oft unerwartet ankommend, welcher stoßweise mit ungewöhnlicher Heftigkeit weht und öfter 3 Tage fortdauert, zuweilen mit großer Kälte. Die furchtbarsten Orkane des großen Ozeans und der Antillen, welche 6 bis 10 Stunden wehen, sind in mancher Hinsicht nicht so furchtbar als die Bora. Die furchtbare Wirkung dieses Windes ist namentlich bekannt den Bewohnern der Stadt Nowo=Rossiisk, welche vor nicht langer Zeit am östlichen Ufer des schwarzen Meeres in der Vertiefung der gleichnamigen Bucht erbaut wurde. Diese malerische Bucht erstreckt sich gegen Nordwest, sie wird in Nord und Nordost durch die Ausläufer einer Bergkette von 1000 Fuß Höhe geschützt; die Stadt mit den beiden Forts liegt auf dem südwestlichen Ufer. Die Gewalt des Windes ist furchtbar, er erhebt das Wasser in der Bucht, führt es fort und es fällt als Wasserstaub auf die entfernten Gebäude, Eisenbleche werden zu engen Röhren gebogen. Zur Zeit des Sturmes verbergen sich die Schildwachen in der benachbarten Brustwehr; in den Forts ist es nicht möglich irgend welche Signale zu hören; kein Feuer will brennen; der Mensch, welcher von der Bora auf einem Platze überrascht wird, ist genötigt, ihrem Willen zu folgen, und an die Erde geworfen, wird er bis zur nächsten Mauer fortgerollt; am Ufer fliegen Sand und kleine Steine dicht unter einander. Weht die Bora im Winter, so sind in 10 Minuten die Kleider steif und auf dem Leibe festgefroren: Wassertropfen, zu eckigen Eismassen gefroren, werden ins Gesicht geworfen und dieses zum Bluten zerrissen. Bei einer Kälte von — 16° (R) und mehr hängt sich das von den Winden in die Höhe gepeitschte Wasser als Eisrinde an den Seiten und auf dem Verdecke der Schiffe an, welche dadurch von Moment zu Moment schwerer werden und endlich zu Boden sinken; ein dichter Nebel liegt über der Bucht; auf dem Schiffe ist es völlig unmöglich, irgend eine Vorsichtsmaßregel zu seiner Sicherung zu treffen, man hört nur das heulende Konzert des Windes in Spalten, Masten und Tauen."

Wirbelwinde und Wettersäulen.

Die bisher betrachteten Winde können als Luftströme bezeichnet werden, in welchen die Luft in geradliniger Bewegung dahinfließt wie das Wasser in einem Flußbett. Entstanden aus dem unaufhörlichen Bestreben der erwärmten Äquatorialluft und der kalten Polarluft, sich in ein nie zu erreichendes Gleichgewicht zu setzen, schließen sie sich zusammen zu einem großartigen Kreislauf, dessen ungestörtes Pulsieren als der Normalzustand unserer Atmosphäre zu betrachten ist.

Dieser Normalzustand wird aber häufig gestört durch örtlich entstandene Luftwirbel, in welchen die Luft eine kreisende Bewegung um eine zur Erdoberfläche nahezu senkrechte Achse annimmt.

Die einfachsten und bekanntesten dieser Erscheinungen sind die zierlichen und unschädlichen Wirbelwinde, welche an windstillen sonnigen Tagen manchmal über den erhitzten Flächen unserer Landstraßen und großen Plätze sich bilden, Strohhalme, dürre Blätter und Staubwolken aufwirbeln und den Staub oft bis zu großen Höhen emporheben. Sie bilden Säulen von wenigen Metern Durchmesser, an deren Umfang die Luft in schraubenförmigen Windungen emporsteigt, wie man an den mitgerissenen Blättern deutlich erkennt. In größerer Ausbildung und Häufigkeit zeigen sie sich über den erhitzten Steppen und Sandwüsten; Humboldt beobachtete sie in den südamerikanischen Prärien, Clarke in den russischen Steppen; Bruce sah in den Wüsten Afrikas „erstaunlich hohe Säulen von Sand, die sich bald sehr hurtig bewegten, bald mit majestätischer Langsamkeit fortrückten."

Noch größere und heftigere Luftwirbel, welche manchmal von Gewittererscheinungen begleitet sind und oft verheerende Wirkungen hervorbringen, bezeichnet man als Tromben oder Wettersäulen; eine Wettersäule wird auch, je nachdem ihr Fuß über Land- oder Wasserflächen fortschreitet und daher von aufgewirbelten Staubwolken oder von aufspritzendem Wasser umhüllt ist, Land- oder Wasserhose genannt. Aus den Wolken, welche die Erscheinung stets begleiten, senkt sich gegen den Fuß des Wirbels eine trichterförmige Wolkenspitze herab, welche sich endlich mit dessen Schaum- oder Staubwolke vereinigt und zuletzt eine ungeheure schlauchartige Säule bildet, welche auf der Erdoberfläche stehend bis in die Wolken hineinragt.

Eine Wettersäule, welche am 10. Juni 1858 durch G. vom Rath in der Nähe von Bonn beobachtet wurde, liefert ein interessantes und belehrendes Beispiel für diese Klasse von Erscheinungen.

Nachdem man sich in Bonn seit mehreren Tagen vergeblich nach Regen gesehnt, stiegen endlich am 10. Juni um die Mittagszeit gegen Süden schwere Wetterwolken auf. Nach 1 Uhr wurde in derselben Richtung eine Staubsäule gesehen, welche sich aus einer wirbelnden Staubmasse wie ein aschgraues Band zum Himmel emporzog bis zu einer Höhe von wenigstens 2000 Fuß. Der Wirbel erreichte in fortschreitender Bewegung bald den Spiegel des Rheins. Da erhob sich auf einem Umkreis von ungefähr 25 Schritt das Wasser, indem Kämme und Strahlen von Wasser und Schaum emporsprangen. Die schöne Erscheinung glich einer sich drehenden Krone, deren weiße Schaumstrahlen 20 bis 30 Fuß hoch aufschossen. Die innere Kreisfläche erschien schildartig aufgewölbt und mit Schaum bedeckt, vergleichbar einer flachen Insel, um welche im Kreise rings das Wasser aufspritzte. Mit dem Fortschreiten wuchs die Menge und die Höhe des emporgezogenen Wassers, und dem linken Ufer nahe war die Krone schon in eine 40 bis 50 Fuß hohe Wassersäule verwandelt. Jetzt streckte sich aus den graublauen Wetterwolken eine gelblichweiße kegelförmige Wolkenspitze hervor, welche sich gegen den Staubwirbel am Fuß der aufs linke Rheinufer übergetretenen Trombe herabsenkte. Die Spitze der Sandsäule und der degenförmigen Wolke waren gerade auf einander gerichtet und strebten sich zu vereinigen. Indem die Wettersäule dem Ufer entlang stromabwärts fortschritt, wuchs ihre Gewalt; sie nahm eine erschreckende Gestalt an. Statt aber die Richtung nach Norden beizubehalten, machte der Wirbel jetzt eine Wendung gegen den Rhein zu und sprang zum zweiten Male auf das Wasser mit ungleich größerer Gewalt als das erste Mal. „Die getroffene Stelle verwandelte sich sogleich in eine weiße Schaummasse, das Wasser schien hoch aufzusieden, eine Wolke vom feinsten Wasserstaube lagerte darauf. Mit einemmale erhob sich aus dem wogenden Schaume eine Masse von Wasser und Wasserdunst fast senkrecht, ein wenig nach rechts geneigt. Sie teilte sich alsbald in drei Strahlen, welche mit einander parallel und einander nahe sich aufwärts streckten. Der mittlere Strahl sprang hoch über die beiden seitlichen empor und näherte sich mehr und mehr der weißen degenförmigen Wolke; die beiden seitlichen Strahlen schienen sich nun in je zwei zu zerteilen, so daß nun fünf erblickt wurden. Der mittelste stieg immer höher der sich herabsenkenden Wolkenspitze zu. Beide vereinigten sich; so wurde das Wasser aus dem Strom in die Wolken gezogen, welche viel höher als der Drachenfels schwebten."

Die Wasserhose veränderte mit jedem Augenblicke ihre Gestalt. Einige Minuten lang hatte sie die auffallendste Ähnlichkeit mit einem gothischen Turme. Senkrecht erhob er sich wie Silber glänzend und berührte mit seiner Spitze die Wolken. Das Volk mit seiner lebhaften Phantasie vermißte daran keinerlei Schmuck und Zierrat. „Kein Steinmetz vermag so wunderschöne Blumen und Schnörkel zu hauen wie der Turm trug"; „er war genau wie das Hochkreuz bei Godesberg", hörte man zu Rhöndorf und Honnef versichern.

Über einer Stelle, wo sich im Rhein eine Untiefe befindet, und demnach nicht Wasser genug vorhanden war, verengte sich die Wassersäule an ihrem Fuße. Nun vereinigten sich alle Strahlen, die Einschnürung verschwand und wie ein Riesen-Obelisk schwebte die Gestalt auf dem Rheine. Bald erreichte sie das rechte Ufer; die schweren Wasserteile fielen wie niederhangende Fetzen von der aufsteigenden Schaummasse herunter und über das Ufer weg, während der Schaum zu den Wolken gezogen wurde. Zum dritten Male auf seinem Wege rührte der Wirbel Staub und Sand empor. Während die Schaummasse gänzlich in den Wolken verschwand und der Staub folgte, schritt die Wettersäule gegen den südlichen Fuß des Drachenfels zu. Sie erreichte ihn nicht, ihre Gewalt nahm ab. Die ganze Wirbelerscheinung endigte, nachdem sie etwa 35 Minuten gedauert hatte, mit einem wolkenbruchartig herabstürzenden Regen.

Soweit die Trombe auf dem Lande fortgezogen war, hatte sie ihre etwa 50 Schritt breite Bahn durch deutliche Spuren bezeichnet. Von den Häusern, über welche sie wegschritt, waren die Ziegel heruntergeworfen, starke Baumäste abgebrochen und die Saaten waren niedergelegt, so daß die

Halme in der Mitte der Bahn genau mit dem Zuge, an den Seiten gegen die Mitte zugewandt lagen.

Auf dem Meere sind die Wasserhosen nicht selten, namentlich in der Kalmenzone; besonders häufig beobachtet man sie zwischen den Inseln des ostindischen Archipels und an der Guineaküste; auch im mittelländischen und roten Meere werden sie angetroffen, und einzelne Fälle sind auch von der Ostsee und selbst von einigen Schweizer Seen bekannt. Nach Maxwell zeigt sich zuerst eine spitz herabhängende schwarze Wolke; unter ihr beginnt ein Aufwallen des Meeres, und aus emporgepeitschtem Wasserstaub bildet sich eine Art Dampfwolke. Die kegelförmige Wolke sinkt dann mehr und mehr herab, bis fast zur Oberfläche des Meeres, während die Wasserstaubmasse stets höher und höher steigt, bis sie den Schlauch nahe erreicht hat, der aus den Wolken herabhängt (Fig. 37).

Die Wasserhosen erreichen einen Durchmesser bis zu 60 m, und eine Höhe bis 600 m; ja manche müssen, nach der Entfernung zu urteilen, aus der sie gesehen worden sind, noch viel höher gewesen sein. Ihre verheerende Gewalt scheint geringer zu sein als diejenige der Landtromben, und nur selten werden Schiffe durch sie ernstlich gefährdet.

Einen deutlichen Fingerzeig zur Erklärung der Wettersäulen geben uns die durch große Feuersbrünste veranlaßten Wirbelwinde. Aus Nordamerika sind eine Reihe von Fällen bekannt, wo durch Verbrennen großer Massen von Holz bei der Klärung der Urwälder heftige Wirbelwinde erzeugt wurden. So erzählt Dr. Cowles aus Massachusetts, daß, als er an einem windstillen Sommertag des Jahres 1824 auf der abgeholzten Fläche eines Fichtenwaldes das nutzlose Reisigholz verbrennen ließ, Rauch und Flammen sich zu einer großen, wirbelnden Säule mitten über dem Felde vereinigten, welche in Kegelform bis zu großer Höhe emporstieg. Das

Brausen des entstandenen Wirbelwindes war auf bedeutende Entfernung hörbar und seine Gewalt so groß, daß er starke Bündel Reisig selbst von Stellen, wo das Feuer nicht brannte, aufhob, hoch in der Luft fortführte und außerhalb der Grenzen des brennenden Waldgrundes wieder fallen ließ. Olmsted sah über einem niedergeschnittenen und dann in Brand gesteckten Rohrgebüsch zahlreiche Wirbelwinde von großer Mannigfaltigkeit in Form und Größe sich bilden. Auch über noch heißen Lavaströmen hat man ähnliche Wirbelwinde beobachtet.

Die Entstehung dieser durch Feuer erzeugten Wirbelwinde ist nicht schwer zu erklären. Indem die erwärmte und dadurch leichter gewordene Luft emporsteigt, strömt die benachbarte Luft von allen Seiten herbei und wird mit der ursprünglich erwärmten Luft emporgerissen. Ist der Zufluß nicht von allen Seiten gleich, was durch geringfügige Ursachen, z. B. Ungleichheiten in der Verteilung des Brennmaterials auf der Brandstätte, bewirkt werden kann, so entsteht leicht eine schwache schraubenförmige Bewegung in der aufsteigenden Luft, welcher die nachfolgenden Luftmengen folgen, weil sie in dieser Richtung den geringsten Widerstand finden. Indem das Aufsteigen der Luft über der Brandstätte fortdauert wird die seitlich zuströmende Luft beschleunigt und damit die Geschwindigkeit der kreisenden Bewegung verstärkt, so daß die Anzahl der Schraubenwindungen und die Schwungkraft der rotirenden Luftmassen wächst.

Indem solche durch Feuer entstandene Wirbelwinde die zur Brandstätte allseitig herbeiströmende Luft der untern an Wasserdampf reichen Schichten rasch in große Höhen emporführen, können sie Anlaß zu Wolkenbildung und Regenfällen geben. Makay erzählt, wie er, mit der Vermessung der Küste von Florida beschäftigt, die Neger seiner Begleitung in abergläubisches Erstaunen versetzte, als er durch Anzünden

Fig. 37. Wasserhosen.

eines Schilfgras-Weihers mitten in der trockenen Jahreszeit „Regen machte". Die Indianer scheinen die Prairien anzuzünden mit der bewußten Absicht, Regen zu erzeugen.

Auch die natürlichen Wettersäulen sind nichts anderes als vertikale Luftströme, gleichsam Kanäle, welche die warme und feuchte Luft von der Erdoberfläche strudelnd emporführen oder auch kalte Luft von oben zu ihr herabbringen. Sie entstehen, nach Reye*), wenn die Atmosphäre sich in dem eigentümlichen Zustande eines schwankenden Gleichgewichtes befindet. Wenn nämlich die Temperatur der Luft für eine senkrechte Erhebung von 100m um mehr als einen Grad abnimmt, so wird eine Luftmenge, welche aus ihrer Gleichgewichtslage etwas in die Höhe rückt, mit beschleunigter Bewegung emporsteigen, indem sie trotz der bei ihrer Ausdehnung erlittenen Abkühlung stets wärmer bleibt als die umgebenden Luftschichten; wird die betrachtete Luftmenge aber aus ihrer Gleichgewichtslage nur um weniges nach abwärts entfernt, so sinkt sie mit beschleunigter Bewegung herab, weil sie bei dem vorausgesetzten Temperaturzustand stets kälter bleibt als die ihr benachbarten Schichten. Bei mit Wasserdampf gesättigter Luft tritt der Zustand des schwankenden Gleichgewichts schon ein, wenn die Temperaturabnahme für 100m Erhebung nur $^1/_3{}^0$ beträgt. Feuchte Luft steigt daher viel leichter empor als trockene; denn die bei Verdichtung des Wasserdampfs frei werdende Wärme dehnt die Luft aus und vermehrt ihren Auftrieb. In der Gegenwart des Wasserdampfs ist daher auch der Grund dafür zu suchen, daß aufsteigende Luftströme viel häufiger und heftiger auftreten als niedersinkende; in letzteren nämlich bleibt der Wasserdampf gasförmig und trägt zur Beschleunigung der eingeleiteten Bewegung nichts bei.

---

*) Reye, die Wirbelstürme; Hannover 1872.

Hat sich nun, was gewöhnlich nur in der heißen Jahreszeit eintritt, ein solcher Zustand schwankenden Gleichgewichts ausgebildet, so genügt die geringste Ursache, etwa der Rauch eines Kamines oder der Flug eines Vogels, um an irgend einer Stelle oder an mehreren zugleich einen aufsteigenden Luftstrom hervorzurufen. So erklärt sich das plötzliche Auftreten der Wettersäulen selbst nach vorausgegangener länger dauernder Windstille. Indem die Luft emporsteigt, gewinnt sie an Auftrieb und Geschwindigkeit. Nach dem luftverdünnten Raum, der sich am Fuße des aufsteigenden Luftstroms notwendig bildet, strömen von allen Seiten her die benachbarten Luftmassen in zentraler Richtung mit wachsender Geschwindigkeit herbei, und werden, noch ehe sie die windstill bleibende Mitte erreicht haben, mit heulendem Geräusche nach aufwärts fortgerissen. Wie bei den durch Feuer erzeugten Luftwirbeln, reichen geringfügige Ursachen, z. B. Unebenheiten oder ungleiche Erwärmung des Bodens, hin, um das zentrale Herbeiströmen in ein exzentrisches, das senkrechte Emporsteigen in eine schraubenförmige Drehbewegung zu verwandeln, welche Staub, Blätter oder das zu Schaum und Dunst gepeitschte Wasser zu einer sichtbaren, nach oben zugespitzten, schlauchförmigen Säule emporwirbelt. Der in der seitlich zufließenden und dann aufwärts strömenden Luft enthaltene Wasserdampf wird weiter oben zu Nebel verdichtet; dadurch bildet sich ein zweiter Schlauch, der aus einer rasch anwachsenden Wolke sich trichterförmig gegen die Spitze der Säule herabsenkt und sich endlich mit ihr vereinigt; so ist die vom Boden bis in die Wolken reichende, in ihrer ganzen Höhe sichtbare Wettersäule fertig.

Tornados.

Die Tornados der Vereinigten Staaten von Nordamerika sind als Wettersäulen zu betrachten, welche die europäischen Tromben durch ihre Größe, die Länge des durchlaufenen Weges und ihre verheerende Wirkung weit übertreffen. Der Durchmesser dieser sich schlauchartig oder trichterförmig nach oben erweiternden Sturmsäulen beträgt an ihrem Fuße bis zu 700^{m}; der Weg, den sie, gewöhnlich von West nach Ost (mit geringer Abweichung nach Norden) fortschreitend, zurücklegen, hat eine Länge bis zu 1200^{km}. Im Widerspruch zu ihrem Namen „Drehsturm" zeigen sie häufig keine drehende, stets aber eine nach ihrer Mitte und dann aufwärts gerichtete Bewegung der Luft. Die Tornados entstehen in der Regel während der warmen Jahreszeit und in den heißen Nachmittagsstunden, in „schwüler" Atmosphäre. Sie sind regelmäßig von Gewitterregen und häufig von Hagelfall begleitet. Ihr luftdünnes Zentrum übt eine Art Saugkraft aus, und bringt an den Orten, über welche es hinwegschreitet, ein starkes Sinken des Barometers hervor. Von ihrem Verlauf und ihren Wirkungen bekommen wir am besten einen Begriff, wenn wir, den Berichten von Augenzeugen folgend, ein derartiges Phänomen zu schildern unternehmen.

Am 19. Juni 1835 wurde die Stadt New Brunswick von einem Tornado heimgesucht. Professor Beck sah von einem Dampfer des Raritonflusses aus, wie dieser Tornado sich bildete. Eine sehr dichte und niedrige Wolke breitete sich in einiger Entfernung wie ein dunkler Vorhang aus, senkte sich in der Mitte in Form eines Trichters oder umgekehrten Kegels gegen die Erde und vereinigte sich allmählich mit einem andern Kegel, dessen Basis anscheinend auf dem Boden ruhte. In wenigen Minuten aber änderte sich dieser deutlich erkennbare Doppelkegel, und eine Säule erhob sich, an ihrem oberen Ende sich ausbreitend und einer vulkanischen Eruption gleichend. Diese Säulen- und Kegelformen wechselten mehrmals mit einander ab. Wiederholt konnte an dem emporgerissenen Staub, Holzwerk und anderen Trümmern eine Wirbelbewegung mit der Sonne deutlich wahrgenommen werden. Über die mechanischen Wirkungen dieses Tornados während seines 82^{km} langen Weges erzählt Hare Folgendes:

„Der Tornado warf jeden beweglichen Körper innerhalb seiner Bahn, welche 200 bis 400 Yards breit war, zu Boden oder trug ihn fort. Die Bäume, welche er nach einander innerhalb seiner Achse erfaßte, wurden in seiner Bahnrichtung niedergestreckt, wogegen diejenigen zu beiden Seiten allemal nach irgend einem Punkte zeigten, welcher unter der Achse gewesen war. Häuser wurden abgedeckt und mehrmals wurden in ihnen die Fußböden aufgebrochen; bei andern wurden die Mauern wie durch eine Explosion nach auswärts umgeworfen.

Zwei Thatsachen hat Herr Espy festgestellt und Professor Bache bestätigt, welche die Existenz einer Saugkraft beweisen. In einem Hause, welches der vertikalen Einwirkung des Tornados ausgesetzt war, wurde ein Tuch von einem Bette fort und in einen an der südlichen Wand entstandenen Spalt hineingerissen, der sich nachher schloß und es festhielt. Das Gleiche wurde von einem Handtuche beobachtet, welches ähnlich in einem Spalte der nördlichen Wand festsaß. In einigen Fällen wurden Blockhäuser ganz von ihren Fundamenten gehoben. Balken und Sparren wurden von einem Hause gerissen und etwa 400 Yards weit fortgeschleudert und zwar in einer entgegengesetzten Richtung wie die, nach welcher die nicht emporgehobenen Bäume niedergestreckt waren. Leichtere Gegenstände, wie Schindeln, Hüte, Bücher und Papier, Zweige und Laub, wurden natürlich noch viel weiter getragen. Es regnete nicht allgemein, aber Hagel und Regen begleitete den Fall der andern Körper. Der Tornado dauerte an jeder Stelle nur wenige Sekunden; bei einer Farm war der ganze Schaden angerichtet worden, nach Aussage des Farmers, während dieser von der Vorder- zur Rückseite seiner Behausung ging, so daß vollständige Windstille herrschte, als er die Hinterthüre erreichte. Inzwischen war ihm Haus und Scheuer abgedeckt und die benachbarten Bäume niedergeworfen. Das Getöse, welches das Naturereignis begleitete, wurde von jedem Zeugen als fürchterlich geschildert; am besten läßt es sich mit dem Gerumpel einer sehr großen Anzahl schwerer Fuhrwerke vergleichen. Jeder Gegenstand auf seiner Bahn war an der Seite, von wo es herkam, mit Schlamm bespritzt; Häuser sahen aus wie mit Mörtel beworfen, und Menschen wären bis zur Unkenntlichkeit mit Schmutz bedeckt.

Etwas Donner und Blitz begleitete den Tornado. Einige Bäume, die dem ersten Anprall widerstanden, gaben später nach und waren deshalb über den früher gefallenen gelagert. Die schwächeren Bäume lagen zu unterst und zeigten nach der Richtung, von welcher der Tornado herkam, während die stärkeren oben lagen und nach der Richtung zeigten, wohin er sich fortbewegte. Vier verschiedene Plätze wurden bemerkt, wo alle Bäume mit ihren Gipfeln nach einem gemeinschaftlichen Zentrum hingerichtet lagen. . . Aus dem Augenschein folgert Espy, daß die sichtbare Höhe des Tornados etwa eine englische Meile betrug. . . Nach seinem Dafürhalten stimmen die Erscheinungen alle darin überein, daß sie eine nach innen gerichtete Bewegung von allen Seiten gegen das Zentrum des Tornados und eine Aufwärtsbewegung in der Mitte beweisen."

Zur Klasse der Tornados müssen noch gerechnet werden die in Indien vorkommenden Staubstürme und die See-Tornados, welche besonders häufig die Westküste Afrikas in der heißen Zone heimsuchen und einen Durchmesser bis zu 120^{km} erreichen. Ein altes Manuskript aus dem 17. Jahrhundert*) gibt folgende anschauliche Schilderung der See-Tornados:

„Die Tornados sind veränderliche Winde. Sie werden im Portugiesischen Travados genannt, aber am treffendsten von den Griechen Eknephias (aus den Wolken heraus); denn ihr sicherstes Vorzeichen ist eine dicke Wolke, die plötzlich über dem Horizont aufsteigt und leicht in jenen Gegenden, wo die Luft allgemein klar und heiter ist, sichtbar wird.

Die Wolke wird wegen ihrer Kleinheit zuerst Olho de Boy, das Ochsenauge, genannt; doch nach so unmerklichem Beginn dehnt sie sich allmählich aus, und zuletzt, das ganze Angesicht des Himmels mit einem Vorhang von Dunkelheit bedeckend, verursacht sie schreckliche Stürme, Donner und Blitz und schwellt die tobende See empor zu den Wolken, welche sie in Fluten Regens mit Gewalt niederdrücken. Der Regen fällt eher in großen Kaskaden und eimerweise als in Tropfen, manchmal zugleich mit Hagelsteinen von erstaunlichem Umfang. So veränderlich und unstät sind die Tornado-Winde, so wenig gehorchen sie einer bestimmten Regel, daß sie gewöhnlich im Verlauf einer Stunde nach allen Strichen des Kompaß umspringen, indem sie in solch plötzlichen und ungestümen Stößen blasen, daß ein Schiff, welches gerade an einer Seite umschlagen wollte, nicht weniger gefährlich an der anderen gefaßt wird. Manchmal springen sie ohne Unterlaß um, und manchmal wieder blasen sie ruckweise, so daß Ihr nach jedem Stoße eine vollkommene Windstille habt. Laßt eine Flotte von Schiffen so nahe segeln wie möglich, ohne daß sie auf einander stoßen, so werden sie verschiedene und entgegengesetzte Winde haben.

*) Aeolian Researches of the 17. Century. Nr. 12; Nautical Magazine for 1841.

Besonders an den Küsten von Afrika kann man an einem und demselben Tage von vielen derselben beunruhigt werden, je eine halbe oder dreiviertel Stunden lang; und wären sie eben so anhaltend wie ungestüm, so würden wenige durch das Guineagold dahin gelockt werden, oder für das reichste Handelsgut des Ostens wagen, die Linie zu kreuzen.

Unsere Seeleute begegnen den Tornados gewöhnlich vom 10. und 12. Grade Nordbreite an, ebenso am Wendekreis des Steinbocks nahe dem Vorgebirge der guten Hoffnung. Dort erhebt sich die verhängnißvolle Wolke nur wie ein kleiner Fleck in der Luft, und verschiebt sich dann selbst, gleich einem Teppich über dem Gipfel des Berges sich ausbreitend; und sie erspähend ziehen die Seeleute selbst im ruhigsten Wetter sogleich ihre Segel ein und treffen Vorsorge für den nachfolgenden Sturm, welcher nicht lange nachher im Blitz und Winde niedersteigt und um so gefährlicher ist, weil er gleich mit äußerster Wut beginnt und plötzlich in einem Augenblick umspringt. Ihr habt eine verräterische Windstille, einen fürchterlichen Sturm und im Verlauf einer Stunde wieder klaren Himmel und die See spiegelglatt. Die Portugiesen verloren bei ihren Entdeckungen Ostindiens von zwölf Schiffen neun, welche durch das ungeheure Ungestüm dieser plötzlichen Stöße kenterten. . . .

Diese Eknephias kommen nicht nur an den Küsten von Malaguta und Guinea vor, sondern reichen bis Terra de Natal; und am Kap Gardafui, nahe der Mündung des arabischen Golfs, beunruhigten sie jene Gegenden im Mai. . . . Im Meere, gegen das Königreich Loango hin, in jenem Teile des äthiopischen Ozeans, sind die Tornados am häufigsten im Januar, Februar und März. . . An den Küsten Guineas herrschen sie im April, Mai und Juni." — Sie kündigen sich oft 2 bis 3 Stunden im voraus an und dauern etwa eine, höchstens zwei Stunden. Nie kommen sie in den Wintermonaten vor. Sie sind „am heftigsten, wenn die Sonne dort dem Zenith nahe ist und in der dortigen Regenzeit, wenn die Luft feucht ist und größere Mengen blähender Dünste liefert".

Cyklonen.

Die See-Tornados bilden den Übergang von den Wettersäulen und gewöhnlichen Tornados zu den furchtbaren Wirbelstürmen der west- und ostindischen Meere, welche von Piddington „Cyklonen" genannt worden sind. Im westatlantischen Ozean führen sie den Namen „Hurrikane" (Orkan), in den chinesischen Meeren heißen sie „Teifun". Manch stolzes Schiff, manche blühende Stadt, reiche Besitztümer und zahlreiche Menschenleben sind der vernichtenden Gewalt dieser schrecklichen Orkane schon zum Opfer gefallen. Gegen diese unheilvollen Naturereignisse besitzen wir nur eine Schutzwehr, die Kenntnis ihrer Gesetze; durch deren Entdeckung haben sich der Deutsche Dove, der Amerikaner Redfield und der Engländer Reid einen wohlverdienten Platz unter den Wohlthätern der Menschheit errungen.

Bevor wir jedoch die Gesetze der Wirbelstürme kennen lernen, möge durch Schilderung einzelner derartiger Ereignisse ein Bild von ihrem Verlaufe und ihrer Wirkung entworfen werden.

Über den Orkan, welcher am 10. und 11. August 1831 auf Barbados wütete, wurde von einem Augenzeugen ein Bericht geliefert, welcher (in Dove's Übersetzung) hier folgt:

„Um 7 Uhr abends war der Himmel heiter und die Luft ruhig; diese Ruhe dauerte bis etwas nach 9 Uhr, wo der Wind aus Norden zu wehen anfing. Um halb 11 Uhr sah man ferne Blitze aus NNO. und NW. — Windstöße und

Regenschauer von NNO., getrennt durch Windstillen, folgten dann bis Mitternacht, das Thermometer fiel während derselben auf 83° F (28,3° C) und stieg während den Windstillen auf 86° F (30° C). Nach Mitternacht wurde das ununterbrochene Flammen der Blitze schrecklich und großartig, und der Sturm brauste wütend von N. nach NO. her. Aber um 1 Uhr am 11. wuchs die rasende Wut des Windes, der Orkan wandte sich plötzlich von NO. nach NW. und den dazwischen liegenden Strichen des Kompaß. Die oberen Regionen der Atmosphäre waren während dessen von ununterbrochenen Blitzen erleuchtet; aber diese lebhaften Blitze wurden an Glanz von den Strahlen elektrischen Feuers, welche nach allen Richtungen hin explodierten, übertroffen. Etwas nach 2 Uhr ward das Heulen des Orkans, der von NNW. und NW. hereinbrach, so, daß keine Sprache es zu beschreiben vermag. Lieutenant-Colonel Nickle, Befehlshaber des 36. Regiments, hatte unter einem Fensterbogen des unteren Stockwerks nach der Straße hin Schutz gesucht, und hörte wegen des Sturmes nicht das Einstürzen des Daches und oberen Stockwerks. Um 3 Uhr nahm der Wind ab, aber wütende Stöße kamen abwechselnd aus SW., W. und WNW.

Einige Augenblicke hörten auch die Blitze auf, und die Dunkelheit, welche nun die Stadt einhüllte, war unbeschreiblich schrecklich. Feurige Meteore fielen nun vom Himmel, eines besonders von Kugelform und tiefroter Farbe, senkrecht aus einer bedeutenden Höhe. Diese Feuerkugel fiel ganz entschieden durch ihre eigene Schwere, nicht getrieben durch eine äußere Kraft. Als sie mit beschleunigter Geschwindigkeit sich der Erde näherte, wurde sie blendend weiß und von länglicher Gestalt. Als sie in Beckwirth-Square den Boden berührte, spritzte sie rings umher wie schmelzendes Metall und verlöschte augenblicklich. Ihre Gestalt und Größe war die einer Lampenglocke, und das Herumspritzen bei dem Aufstoßen gab ihr das Ansehen einer Quecksilberkugel gleicher Größe. Einige Minuten nach dieser Erscheinung sank das dumpfe Geräusch des Windes zu einem majestätischen Gemurmel herab und die Blitze, welche seit Mitternacht im Zickzack geleuchtet hatten, erschienen nun eine halbe Stunde lang mit neuer und erstaunlicher Thätigkeit zwischen den Wolken und der Erde. Die große Dunstmasse schien die Häuser zu berühren und sendete Flammen niederwärts, die schnell wieder aufwärts von der Erde zurückschlugen.

Augenblicklich nachher brach der Orkan von Westen wieder herein mit unbeschreiblicher Gewalt, tausend Trümmer als Wurfgeschosse vor sich hertreibend. Die festesten Gebäude erbebten in ihren Grundmauern, ja die Erde selbst zitterte, als der Zerstörer über sie hinwegschritt. Kein Donner war zu hören, denn das gräßliche Geheul des Windes, das Brausen des Ozeans, dessen mächtige Wellen alles zu zerstören drohten, was die andern Elemente etwa verschonen möchten, das Gerassel der Ziegel, das Zusammenstürzen der Dächer und Mauern, und die Vereinigung von tausend anderen Tönen bildete ein Entsetzen erregendes Geräusch. Wer fern war von dieser Schreckensscene kann keine Vorstellung haben von den Empfindungen, die sie erregte.

Nach 5 Uhr ließ der Sturm einige Augenblicke nach, und da hörte man deutlich das Fallen der Ziegel und Bausteine, welche durch den letzten Windstoß wahrscheinlich bis zu bedeutenden Höhen waren fortgerissen worden. Um 6 Uhr war der Wind Süd, um 7 Uhr Südost, um 9 Uhr schönes Wetter.

Sobald die Dämmerung die Gegenstände sichtbar machte, ging der Berichterstatter auf den Quai. Der Regen schlug so heftig herab, daß er die Haut verletzte, und so dicht, daß man nur bis zur Spitze des Dammes sehen konnte. Der

Anblick war über alle Beschreibung erhaben. Die Wogen rollten so gigantisch herbei, als böten sie jeder Zerstörung trotz; so wie sie aber am Quai sich brachen, verloren sie sich unter den Trümmern jeglicher Art. Balken, Schiffstaue, Tonnen, Kaufmannsgüter bildeten eine zusammenhängende, wogende Masse. Nur zwei Schiffe waren aufrecht, viele umgekehrt, oder lagen auf der Leeseite in seichtem Wasser.

Vom Turme der Kathedrale zeigte sich ein Bild allgemeiner Zerstörung; der Anblick der Gegend war der einer Wüste, nirgends eine Spur von Vegetation, einige Flecken welken Grüns ausgenommen. Der Boden sah aus, als wenn Feuer durch das Land gegangen wäre, welches alles versengt und verbrannt hätte. Einige wenige stehen gebliebene Bäume, ihrer Blätter und Zweige beraubt, gewährten einen kalten winterlichen Anblick, und die zahlreichen Landsitze in der Umgebung von Bridgetown, früher von Gebüschen umschattet, lagen nun frei in Trümmern. Aus der Richtung, in welcher die Kokosnußbäume umgestürzt lagen, erkannte man, daß die ersten durch einen Nordnordost, die größere Anzahl durch einen Nordwest entwurzelt worden waren."

Die Antillen, zu denen Barbados gehört, sind ein bevorzugter Tummelplatz verheerender Wirbelstürme. Im südlichen indischen Ozean ist besonders die Insel Mauritius von Wirbelstürmen heimgesucht, weit mehr als die benachbarten Inseln Bourbon und Rodriguez. Durch ihre verheerende Gewalt sind diese Cyklonen der südlichen Halbkugel nicht minder furchtbar als die der nördlichen. Ein Wirbelorkan, der am 15. April 1872 Stadt und Insel Zanzibar an der Ostküste Afrikas überfiel, zerstörte über 150 Fahrzeuge verschiedener Art im Hafen, mehrere Häuser in der Stadt, alle Zucker- und Gewürznelken-Plantagen und eine Menge Kokosnuß-Pflanzungen und raubte 220 Eingebornen das Leben. Der Sturm begann morgens 6 Uhr aus Südsüdwest, erreichte seine höchste Wut gegen Mittag, wo er aus Süden blies, ging um halb zwei Uhr eine Stunde lang in völlige Windstille über, und hub dann auf neue zu toben an und zwar aus Nord und dann aus West, bis er gegen Abend in eine mäßige Brise überging. Der Sultan von Zanzibar verlor seine halbe Kriegsflotte, worunter das ehemalige amerikanische südstaatliche Panzerschiff Shenandoah, sowie eine Segelfregatte, eine Korvette und zwei Dampfschiffe. Auch verschiedene europäische Kauffahrer gingen zu Grunde: die „Abydos“, das Dampfschiff, welches die britische Expedition zur Auffuchung Livingstones nach Zanzibar gebracht hatte, entging dem Stranden nur dadurch, daß es mit vollem Dampf gerade gegen den Sturm hielt, um den Druck des Orkans auf seine Ankerkabel aufzuheben. Unser Bild (Fig. 38), nach einer Skizze des Lieutenants Hean vom „Abydos“, gibt eine lebhafte Vorstellung von dem Aussehen des Hafens und des Strandes am Abend nach dem Orkan. Verschiedene steinerne Häuser am Strande waren halb eingestürzt, die Hütten der Eingeborenen waren beinahe zerstört, die Bäume zerrissen, umgestürzt, entwurzelt, der Strand mit Schiffstrümmern und beschädigten Waren bestreut, die Straßen mit Trümmern aller Art bedeckt und die Mehrzahl der steinernen Häuser mit flachen Dächern und Zinnen, wie sie in Zanzibar üblich sind, mehr oder weniger beschädigt. Der Wohlstand der Stadt und Insel hat hiedurch und namentlich auch durch die Verheerung der Anpflanzungen einen harten Stoß erlitten.

Aus den zahlreichen Berichten, welche wir über ähnliche Orkane besitzen, wollen wir nur noch einige Thatsachen hervorheben, welche Zeugnis geben von der unwiderstehlichen Gewalt dieser Stürme. In St. Thomas wurden am 2. August 1837 durch einen Orkan einige Häuser regelrecht

Fig. 38. Verheerungen durch einen Wirbelsturm.

umgedreht, das Unterste zu oberst. Ein großes gutgebautes Haus war durch die Stärke des Windes von seinen Fundamenten weggerissen und stand aufrecht in der Mitte der Straße. Das Fort am Eingang des Hafens war bis aufs Fundament geschleift und die 24=Pfünder waren heruntergeschleudert. Auf Guadaloupe stürzte am 25. Juli 1825 ein Wirbelsturm viele festgebaute Häuser um, und Dachziegel wurden mit solcher Gewalt fortgeschleudert, daß mehrere derselben durch dicke Thüren in die Magazine einbrachen. Ein tannenes Brett, 1 m lang, $2^1/_2$ dm breit und 23 mm dick, wurde mit solcher Wucht gegen einen 45 cm dicken Palmstamm geschleudert, daß es durch denselben hindurchschnitt, und ein anderes Stück Holz von 20 cm im Quadrat und 4 bis 5 m lang wurde in einen gestampften Schienenweg nahezu einen Meter tief vom Winde hineingetrieben. Ein schönes Eisengitter vor der Wohnung des Kommandanten wurde gänzlich zerbrochen und sogar drei 24 = pfündige Kanonen wurden bis an die Brustwehr des Walles fortgeschoben.

Das Meer gerät durch die Wirbelstürme in furchtbaren Aufruhr; die von den einzelnen verschieden gerichteten Windstößen erzeugten Wogen laufen wirr durcheinander und durchkreuzen sich vielfältig; überall, wo zwei Wellenkämme sich treffen, schießen pyramidale, turmartige Wellenberge zu erstaunlicher Höhe empor, dichter Schaum spritzt bis zu den Mastspitzen hinauf. Die See hebt und senkt sich wie ein siedender Kessel; der Wogengang gleicht der schwersten Brandung. Die besten Schiffe geraten in dem tobenden Kampfe der unregelmäßig durcheinander laufenden Wellenzüge in große Gefahr, ihre Masten zu verlieren. In unserer Fig. 39 hat der Stift des Zeichners den Aufruhr der Elemente während eines Wirbelsturms auf hoher See zu schildern versucht.

Die von dem Orkan erzeugte Wellenbewegung läuft auf offenem Meere nach beiden Seiten weit über die Sturmbahn hinaus. Die Brandung, welche sich schneller fortpflanzt als die Cyklone fortschreitet, eilt ihr häufig weit voraus, manchmal um 24 Stunden. Reid hörte sogar drei volle Tage, bevor der Orkan vom September 1839 die Bermudas-Inseln erreichte, die Wogen laut an den südlichen Ufern sich brechen.

Gesetze der Cyklonen.

In den Cyklonen bewegt sich die Luft mit sturmartiger Geschwindigkeit kreisförmig um einen Mittelpunkt, welcher selbst fortschreitet. Die Bewegung erfolgt jedoch nicht genau in Kreislinien, sondern ist merklich gegen das Zentrum hin gerichtet, so daß die Luft eigentlich spiralförmig nach innen läuft und sich allmählich der Mitte des Wirbelsturmes nähert.

Auf der nördlichen Halbkugel erfolgt die kreisende Bewegung von Süd über Ost nach Nord und West, also in entgegengesetztem Sinne wie diejenige des Zeigers einer Uhr; auf der südlichen dagegen von Süd über West nach Nord und Ost, d. i. in gleichem Sinne wie die des Uhrzeigers. Auf beiden Erdhälften geht sonach die Wirbelbewegung gegen die Sonne vor sich.

Aus dieser Art der Bewegung folgt von selbst die Buys-Ballotsche Regel, daß, wenn man in einer Cyklone dem Winde den Rücken zukehrt, das Zentrum sich zur Linken in der nördlichen und zur Rechten in der südlichen Halbkugel befindet, und zwar in beiden Fällen ein wenig nach vorne.

Die Heftigkeit des Windes innerhalb einer Cyklone wächst von außen nach innen. In der Mitte selbst aber

Fig. 39. Wirbelsturm zur See.

herrscht entweder völlige Windstille, oder es wehen nur schwächere und unregelmäßige Winde.

Im Zentrum ist die Luft verdünnt; das Barometer steht dort ungewöhnlich tief, und es sinkt um so tiefer, je näher man der Mitte des Wirbels kommt. Das Herannahen eines Wirbelsturms wird daher durch ein rasches Fallen des Barometers im voraus angekündigt.

Über der Cyklone lagert eine dichte Wolkenschicht, welcher unter Donner und Blitz heftige Regengüsse entströmen. Dieselbe erstreckt sich nach allen Seiten hunderte von Meilen weit über den Wirbel hinaus; ihr Auftauchen am Horizont als dunkle Wolkenbank wird bis in eine Entfernung von 200 bis 300 Seemeilen wahrgenommen und dient dem Seefahrer als Warnungszeichen. Unter dieser weithin gebreiteten Wolkendecke, über dem Wirbel selbst, jagen die vielfach zerrissenen Sturmwolken hin; während aber unten der Wind spiralförmig dem Zentrum zuströmt, werden die fliegenden Sturmwolken oben in Spiralwindungen nach außen geführt.

Der luftdünne Mittelpunkt eines Wirbelsturms schreitet mit veränderlicher Geschwindigkeit fort. Für die westindischen Orkane beträgt die Geschwindigkeit 25 bis 35^{km} in der Stunde, in höheren Breiten dagegen 45 bis 55, ja sogar manchmal 80^{km}. Im indischen Ozean scheinen sich die Wirbelstürme viel langsamer fortzubewegen, mit 5 bis 20^{km} Geschwindigkeit, ja man hat daselbst sogar stillstehende Cyklonen beobachtet.

Im atlantischen Ozean, nördlich vom Äquator, ist die Bahn des Wirbelzentrums, so lange es sich in der heißen Zone befindet, nach Nordwesten gerichtet; in der Gegend des 20. bis 30. Breitegrades aber, also an der Nordgrenze des Nordostpassats, biegt sie in parabelförmiger Krümmung um, verläuft von nun an in der gemäßigten Zone in nordöstlicher

Richtung, wie auf dem Kärtchen Fig. 41 zu sehen ist. Im südlichen indischen Ozean haben die Sturmbahnen, so weit sie in der heißen Zone verlaufen, südwestliche, in der gemäßigten Zone dagegen südöstliche Richtung. Die Cyklonen der südlichen Halbkugel können daher, sowohl was ihre Drehungsrichtung als ihre fortschreitende Bewegung anlangt, gleichsam als Spiegelbilder (vgl. Fig. 40) derjenigen der nördlichen Halbkugel betrachtet werden.

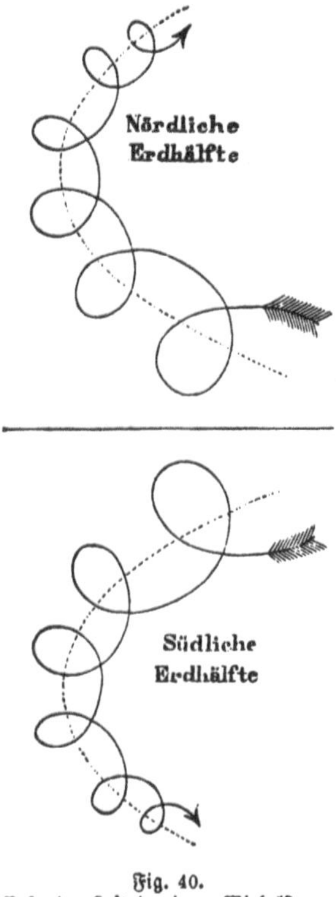

Fig. 40.
Bahn der Luft in einem Wirbelsturm.

Da sonach die Luft in einem Wirbelsturm gleichzeitig eine spiralförmig nach innen laufende und eine fortschreitende Bewegung besitzt, so beschreibt sie eigentlich eine Art von Radlinie (Fig. 40), welche auf der nördlichen Halbkugel links, auf der südlichen rechts gewunden ist. Ein Schiff, das in einer Cyklone sich der Willkür des Windes überläßt, durchläuft eine solche gewundene Bahn und nähert sich, wie eine Motte um ein fortgetragenes Licht kreisend, immer mehr dem Verderben bringenden Zentrum.

Der Wirbel erweitert sich, während er seiner Bahn entlang fortschreitet. In der heißen Zone beträgt der Durchmesser des Wirbels 100 bis 500 km, wächst aber in höheren Breiten auf 2000 bis 2500 km

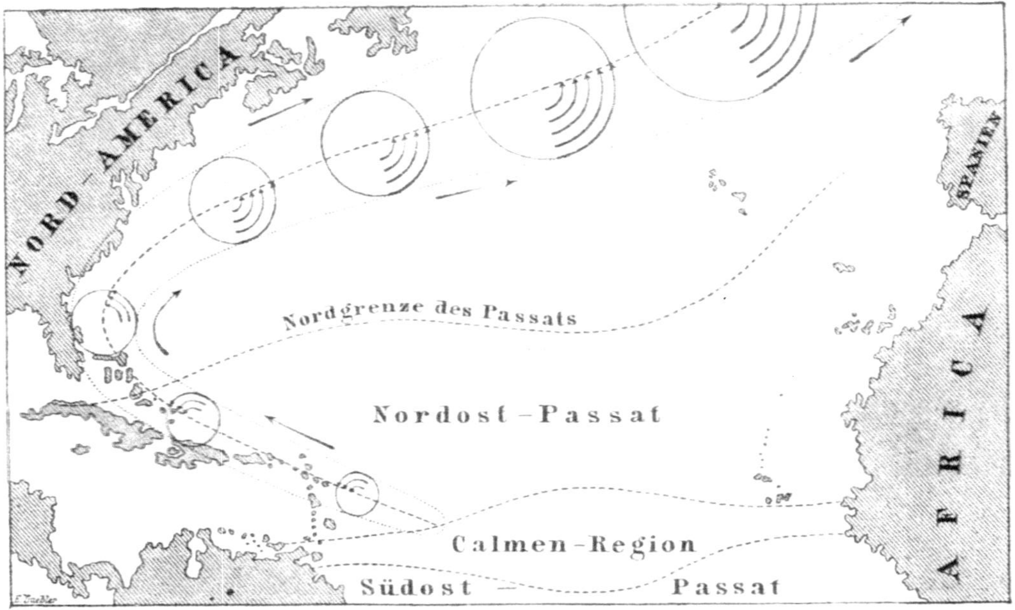

Fig. 41. Bahn eines Wirbelsturms.

(vgl. Fig. 41). In dem Maße, als der Wirbel sich erweitert, nimmt seine Heftigkeit ab.

Die innere concave (auf der nördlichen Erdhälfte die rechte, auf der südlichen die linke) Seite der Sturmbahn wird von den Seeleuten als besonders gefährlich gefürchtet. Die dort herrschende Richtung des Windes würde nämlich ein demselben sich überlassendes Fahrzeug gerade vor das vorwärts schreitende Zentrum und somit in den rasendsten Teil des Orkanes bringen. Man nennt daher den vorn nach innen (auf der nördlichen Halbkugel rechts) gelegenen Teil des Wirbelsturms das „gefährliche Viertel“; auf dem Kärtchen Fig. 41 sind die gefährlichen Viertel der einzelnen Sturmkreise durch Schraffierung kenntlich gemacht.

Die Bildungsstätte der Cyklonen ist die heiße Zone. Die Wirbelstürme, welche häufig genug vom atlantischen Meere her über Europa hereinbrechen, scheinen bloße Fortsetzungen der westindischen zu sein. Das luftdünne Zentrum schreitet gewöhnlich nach Osten oder Ostsüdosten fort, manchmal aber erleidet seine Bahn eine plötzliche Umbiegung. Auf dem Kärtchen Fig. 43 ist der Weg eines europäischen Wirbelsturms durch eine punktierte Linie angegeben; um einen Überblick zu gewinnen über die Verhältnisse des Luftdrucks während dieses Wirbelsturms, sind alle Orte, welche am Morgen des 18. November 1864 gleichen Barometerstand zeigten, durch krumme Linien (sogen. isobarometrische Kurven oder Isobaren) mit einander verbunden; jede dieser Linien ist mit einer Zahl bezeichnet, welche in Millimetern Quecksilber den entsprechenden Luftdruck angibt. Man ersieht aus diesen Kurven nicht nur die rasche Verminderung des Luftdrucks bei Annäherung an das im Nordwesten Englands gelegene Zentrum, sondern sie geben auch ein ungefähres Bild von der Gestalt und Ausdehnung des Wirbels. Die eingezeichneten Pfeile geben die Windrichtungen an, welche an den vielen verschiedenen Orten, deren Beobachtungen zur Herstellung des Kärtchens notwendig waren, gleichzeitig herrschten; sie dienen ihrer großen Mehrzahl nach zur Bestätigung der Regel, daß das Zentrum sich zur Linken der Windrichtung und etwas nach vorne befindet.

Zwischen zwei Orten, welche auf der nämlichen Isobare liegen, herrscht kein Unterschied des Luftdrucks; der größte Druckunterschied für die gleiche horizontale Erstreckung, das barometrische Gefälle (Gradient), findet statt in der zur Isobare senkrechten Richtung. In dieser Richtung würde die Luft mit einer dem Gefälle proportionalen Geschwindigkeit der Stelle des kleinsten Luftdrucks (dem Zentrum des Wirbels) zuströmen, wenn nicht die Umdrehung der Erde (siehe oben

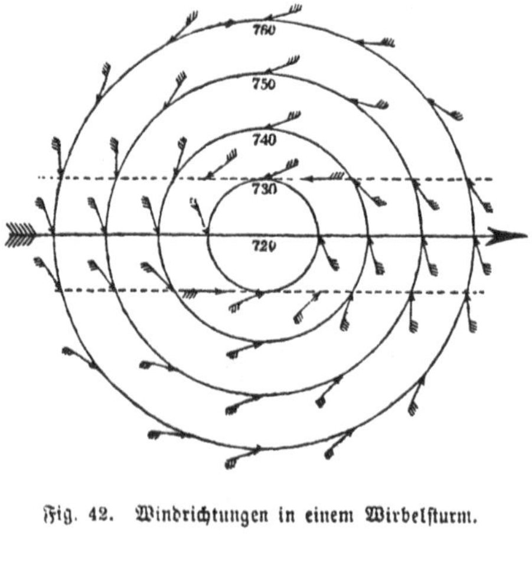

Fig. 42. Windrichtungen in einem Wirbelsturm.

S. 123) für unsere Halbkugel eine Ablenkung nach rechts bewirkte: In Fig. 42 sind unter der Annahme, daß die

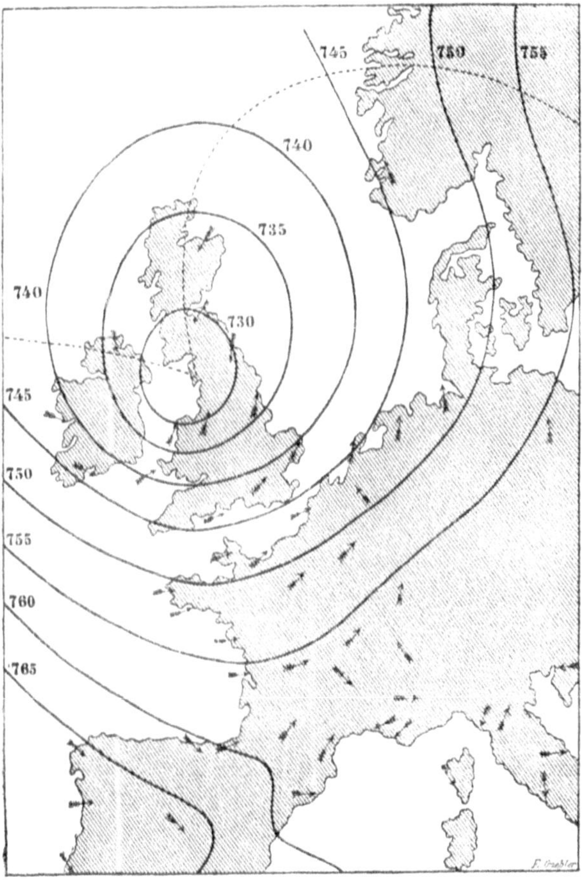

Fig. 43. Wirbelsturm am 18. November 1864.

Isobaren konzentrische Kreise darstellen, die Windrichtungen in einem europäischen Wirbelsturm, dessen Zentrum in der Richtung des großen Pfeils nach Osten fortschreitet, durch kleine Pfeile angegeben. Aus dieser Zeichnung läßt sich auch entnehmen, wie die Windrichtung wechselt an einem Orte, über welchen ein Wirbelsturm wegschreitet. Liegt der Ort in der Bahn des Zentrums, so wütet der erste Teil des Sturms unausgesetzt aus Südost; den heftigsten Stößen folgt, während das Zentrum passiert, eine unheimliche Totenstille; nachher weht der Orkan mit erneuter Wut aus Nordwest, also aus gerade entgegengesetzter Richtung. Liegt der Ort außerhalb der Bahn des Zentrums auf deren rechter Seite, so geht die Windrichtung aus Südost durch Süd, Südwest, West in Nordwest über, ohne dazwischen liegende Windstille; für einen Ort auf der linken Seite der Sturmbahn folgen sich die Windrichtungen in der Ordnung: Südost, Ost, Nordost, Nord, Nordwest. An ähnlichen Figuren, die man ohne Mühe selbst entwerfen kann, überzeugt man sich leicht von der Richtigkeit folgender für beide Halbkugeln giltigen Regel: Die Windfahne dreht sich in demselben Sinne wie ein Uhrzeiger, wenn die rechte Seite, und im entgegengesetzten Sinne, wenn die linke Seite eines Wirbelsturms über sie hinwegschreitet.

Für den Seefahrer ist die Kenntnis der Gesetze der Wirbelstürme von der allergrößten Wichtigkeit, weil er durch Beachtung derselben in den Stand gesetzt wird, sein Schiff, das in eine Cyklone geraten ist, derselben ohne großen Schaden zu entziehen. Vor allem muß er die Lage des gefahrbringenden Zentrums kennen; die Buys-Ballotsche Regel gibt darüber Aufschluß, während die Richtung, in welcher der Wind sich dreht, die Frage entscheidet, ob das Schiff in der rechten oder in der linken Orkanhälfte sich befindet. Die

Nähe des Zentrums verrät sich durch die wachsende Heftigkeit des Sturmes und das rasche Sinken des Barometers. Um aus der Cyklone herauszusegeln, muß das Schiff in nördlichen Breiten seine rechte Seite (Steuerbord), in südlichen Breiten seine linke Seite (Backbord) dem Sturmwind zuwenden, wobei aber Sorge getragen werden muß, daß es nicht in das „gefährliche Viertel" des Orkans gerät. Läßt sich aber das sturmfreie Zentrum nicht vermeiden, so muß das Schiff jedenfalls so gedreht werden, daß es den nachfolgenden Teil des Orkans nicht plötzlich von vorn bekommt; das ist nämlich in jedem Sturm höchst gefährlich.

Ein geschickter Seeman, der mit den Gesetzen der Cyklonen vertraut ist, weiß nicht nur den Gefahren derselben erfolgreich die Spitze zu bieten, sondern er kann sogar unter Umständen von ihnen Nutzen ziehen. Nach Piddington müßte jeder tüchtige Seeman auch im „Cyklonensegeln" geübt sein; er sagt: „Im südlichen indischen Ozean sind die Wirbelstürme jetzt manchen Kapitänen wohlbekannt und dieselben machen kapitale Fahrten nach Indien und Australien, indem sie nach ihnen aussehen; finden sie einen solchen geeignet, um zur Nordseite seiner Bahn hinüber zu gehen, so halten sie sich auf dieser Seite, welche ihnen einen stetigen und steifen westlichen Wind gibt, jedoch in solcher Entfernung vom Zentrum, daß sie sicher vor dem Winde laufen können. Das nennt man dann einen Cyklonenritt."

Entstehung der Cyklonen.

Die Cyklonen, welche sich durch die Übergangsform der Seetornados an die eigentlichen Tornados Nordamerikas und an die Wettersäulen anschließen, zeichnen sich vor diesen aus durch ihren ungeheuern auf hunderte und tausende von Kilometern sich erstreckenden Durchmesser sowie durch ihre entsprechend lange Dauer. Wenn auch die wirbelnde Luftmasse, wie aus der Weithinsichtbarkeit der sie überdeckenden Wolkenschicht geschlossen werden muß, eine Höhe von 20 bis 25 km erreicht, so ist diese Höhe doch im Vergleich zu dem Durchmesser zu gering, um die Cyklone als eine „Säule“ zu bezeichnen; sie müßte vielmehr ihrer Form nach mit einer sich drehenden ziemlich flachen „Scheibe“ verglichen werden.

Ungeachtet dieses Unterschieds in der äußeren Form besteht zwischen jenen kleineren Luftwirbeln und diesen gewaltigen Wirbelstürmen eine unverkennbare Verwandtschaft, welche darauf hinweist, daß hier wie dort die gleiche Ursache, nämlich das beschleunigte Emporsteigen erwärmter Luft, der Erscheinung zu Grunde liegt. Über dem warmen Meere der Tropenzone, der Brutstätte der Cyklonen, kann sich auf weitem Gebiete leicht ein Zustand im Gleichgewicht der Atmosphäre ausbilden, in welchem eine geringfügige Störung genügt, um die warme dampfreiche Luft zu massenhaftem Aufsteigen zu veranlassen. Die mit empor geführten Dämpfe geben, indem sie sich in der Höhe zu einer Wolkenschicht verdichten, ihre gebundene Wärme an die Luft ab und vermehren dadurch den Trieb nach aufwärts. Unter den aufsteigenden Luftmassen wird notwendig der Luftdruck sich vermindern, so entsteht das luftdünne Zentrum der Cyklone.

Nach dem Verdünnungsraum stürzt die benachbarte Luft von allen Seiten herbei, um das gestörte Gleichgewicht wieder herzustellen. Hat derselbe, wie bei den Tornados und den Wettersäulen, nur eine geringe Ausdehnung, so wird die Ausgleichung nach kurzer Zeit wirklich erfolgen und der ganzen Erscheinung hiemit ein Ziel gesetzt sein. Erstreckt sich aber die Luftverdünnung auf ein weites Gebiet, so wird, infolge der Achsendrehung der Erde, die herbeiströmende Luft, statt direkt nach dem Zentrum zu strömen, genötigt um dasselbe in Spirallinien zu kreisen, welche auf der nördlichen

Erdhälfte von Nord über West nach Süd und Ost, d. i. entgegengesetzt der Bewegung des Uhrzeigers, sich winden (Fig. 44). Auf der südlichen Erdhälfte, wo jeder bewegte Körper nach dem Foucaultschen Gesetze eine Ablenkung nach links erleidet, muß die Drehung aus denselben Gründen im Sinne des Uhrzeigers vor sich gehen.

Durch die Zentrifugalkraft, welche als notwendige Folge der kreisenden Bewegung auftritt, wird die herbeigeströmte

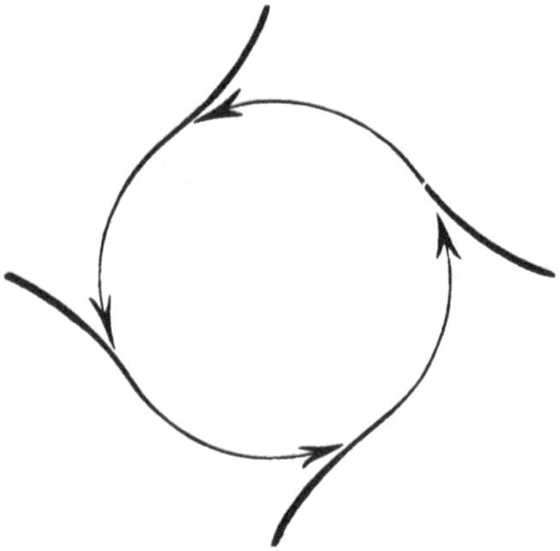

Fig. 44. Entstehung des Wirbels.

Luft verhindert, sich dem luftdünnen Zentrum zu nähern und dasselbe auszufüllen; sie steigt vielmehr, noch ehe sie dasselbe erreicht hat, in Schraubenwindungen empor, wobei sich wie es scheint ihre Drehgeschwindigkeit und damit auch ihre Zentrifugalkraft dermaßen vergrößert, daß in der Höhe die kreisende Luft sich von der Achse des Wirbels entfernt und die fliegenden Sturmwolken nach auswärts führt. Die einmal entstandene Drehung wirkt also darauf hin, der zentralen Luftverdünnung nicht nur längere (oft wochenlange) Dauer zu sichern, sondern sogar sie noch zu erhöhen.

So erklärt sich die Thatsache, daß am Äquator selbst Cyklonen gar nicht vorkommen. Weil nämlich dort sowohl die von Norden als die von Süden zuströmende Luft in gleicher Weise hinter der Verdünnungsstelle nach Westen zurückbleibt, kann sich eine rotierende Bewegung nicht ausbilden; auch in der Nähe des Äquators, zwischen 5° nördlicher und südlicher Breite, ist das Zurückbleiben des einen und das Voraneilen des anderen Luftstroms noch so unbedeutend, daß der Antrieb zur Drehung nicht kräftig genug wird. In diesen Breiten kann daher emporsteigende Luft nur Wasserhosen und höchstens kurz dauernde Tornados erzeugen. Die eigentlichen Cyklonen treten erst in den Passatregionen auf.

Denken wir uns nun einen solchen Wirbel in Gebiet des Nordostpassats entstanden, so rotiert derselbe in der Richtung von Nord über West nach Süd und Ost. Ein Blick auf Fig. 44 zeigt, daß in dem südöstlichen Punkte des Wirbels der Nordostpassat der kreisenden Bewegung der Luft entgegenwirkt und sie verlangsamt, in dem nordwestlichen Punkte dagegen sie unterstützt und daher beschleunigt. Die Luft des Wirbels erfährt daher in dessen Südostpunkt eine Stauung, sie wird dort verdichtet; im Nordwestpunkt aber wird sie verdünnt. In Fig. 45 ist diese Wirkung des Passats durch Zeichnung versinnlicht; die durch Striche senkrecht zum Kreisumfang dargestellten Luftschichten erscheinen im Nordwesten weiter aus einander, im Südosten dichter zusammengerückt, und erzeugen dadurch eine Schraffierung, welche von dem Dichtigkeitszustande längs eines Wirbelkreises eine ungefähre Vorstellung geben soll.

Da sonach im Nordwesten des Wirbels die Luft durch Einwirkung des Passats dünner ist als in irgend einem

Punkte seines Umfangs, so muß die in seinem Innern befindliche Stelle größter Luftverdünnung, welche anfangs den Mittelpunkt des kreisförmigen Wirbels einnahm, notwendig nach Nordwesten vorrücken. Der Ort des kleinsten Luftdrucks bleibt aber immer, gleichviel ob er still steht oder fortschreitet, der Anziehungspunkt für die seitlich beiströmenden Luftmassen, um welchen sie zu kreisen gezwungen werden. In der nördlichen Passatregion bildet sich so zu sagen das luftdünne Zentrum der Wirbelstürme von Augenblick zu Augenblick neu, immer an einer weiter nach Nordwest gelegenen Stelle. — In der Region des Südostpassats wird aus denselben Gründen

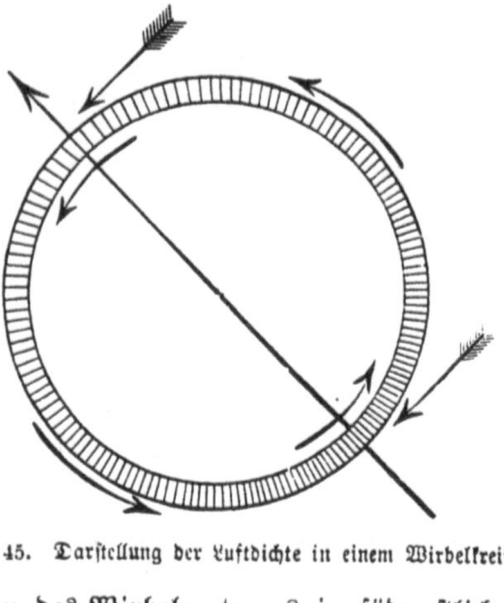

Fig. 45. Darstellung der Luftdichte in einem Wirbelkreise.

ein Fortrücken des Wirbelzentrums in südwestlicher Richtung stattfinden müssen.

Indem der Wirbel die Nordgrenze des Nordostpassats überschreitet, betritt er das Gebiet unstäter und veränderlicher Winde. Das Fortrücken nach Nordwesten, welches durch den Passat verursacht war, hört jetzt natürlich auf. Auch andere Bedingungen erscheinen wie mit einem Schlage geändert. Die herbeigesogene Luft, welche den Wirbel während seines Verweilens in der Passatregion speiste, war, gleichviel ob sie von Norden oder von Süden zufloß, aus der heißen Zone geschöpft; von welcher Seite sie auch kommen mochte, war ihre Temperatur und ihr Dampfgehalt ungefähr der nämliche. Anders in der gemäßigten Zone. Hier ist die aus Süden herbeiströmende Luft warm und reich an Wasserdampf, die aus Norden kommende dagegen kühl und dampfärmer. Jene südliche Luft, welche in den Strudel an dessen südöstlichem Punkte (siehe Fig. 44) eintritt und zunächst dessen östliche Hälfte durchläuft, hat aber schon wegen ihrer höheren Temperatur, besonders aber wegen ihres bedeutenden Dampfgehaltes ein größeres Bestreben emporzusteigen als die nördliche, welche im Nordwesten einmündet und die südwestliche Hälfte durchläuft. Ein lebhafteres Aufsteigen und sonach eine beträchtlichere Luftverdünnung wird daher im Nordostpunkte des Wirbels eintreten; die im Innern des Wirbels vorhandene Stelle kleinsten Luftdrucks wird dadurch notwendig nach Nordost hin verschoben und es muß demnach das Fortschreiten des Wirbelzentrums nach dieser Richtung erfolgen. Es versteht sich von selbst, daß ein auf weitausgedehntem Gebiete herrschender Wind, wenn ein Wirbelsturm in denselben einbricht, auf ihn eine ähnliche Wirkung ausübt, wie wir sie beim Passat kennen gelernt haben. Dringt z. B. der Wirbel in einen Südwestwind ein, wie er so häufig ganz Europa anhaltend überflutet, so erleidet seine Bahn eine Ablenkung aus ihrer nordöstlichen Richtung nach Osten oder sogar nach Ostsüdost hin; und in der That schlagen die meisten europäischen Wirbelstürme diese Richtung ein. Aus denselben Gründen erklärt es sich, daß die Bahnen europäischer Wirbelstürme manchmal plötzliche Umbiegungen erleiden (vgl. das Kärtchen Fig. 43, wo die Bahn des Wirbelzentrums punktiert eingezeichnet ist). Herrscht nämlich etwa an den Westküsten Europas der Äquatorialstrom, in Mitteleuropa dagegen der Polarstrom, so wird ein vom atlantischen Meer her kommender Wirbel durch den Südwest zuerst nach Osten hin abgelenkt und in dieser Richtung fortschreitend in den aus Nordost wehenden Polarstrom einbrechen. Wenn dieser allein auf den Wirbel wirkte, würde er ihn, gerade wie der Passat, nach Nordwesten zu gehen zwingen. Da aber gleichzeitig die Ursache, welche ihn nach Nordosten treibt (nämlich der Gegensatz zwischen den Eigenschaften der aus Süden und Norden kommenden Luft) fortbesteht, so wird er einen nach Norden gerichteten Weg einschlagen*).

Es leuchtet ein, daß die nämliche Betrachtungsweise, auf die Wirbelstürme der südlichen Hemisphäre angewandt, zur Erklärung der dort vorkommenden Sturmbahnen führt.

In jedem Falle also schreitet das Wirbelzentrum nach jener Seite hin fort, auf welcher die dasselbe umkreisende Luft die bedeutendste Auflockerung erfährt, d. h. die am meisten verdünnte Stelle im Umfang eines Wirbelkreises ist bei seinem Fortrücken stets die vorderste (vgl. Fig. 45).

---

*) Der Unterschied der nördlichen und südlichen Luftströme wurde in obiger Weise bereits von Mohn (Atlas des Tempêtes de l'Institut méteorologique de Norvège, Christiania 1870) als Ursache des Fortschreitens der europäischen Wirbelstürme geltend gemacht. Die Cyklonenbahnen in ihrem ganzen Verlauf erklären sich aber erst dann vollständig, wenn man den Einfluß des Passats und anderer herrschender Winde mit in Betracht zieht, was hier wie es scheint zum ersten Male geschehen ist. Daß der Golfstrom das Umbiegen der Sturmbahn beim Eintritt in die gemäßigte Zone veranlassen könne, halten wir nicht für wahrscheinlich, da ja auf der südlichen Halbkugel, wo ein gleich großartiger Meeresstrom nicht vorhanden ist, das Umbiegen an der Passatgrenze in ganz ähnlicher Weise erfolgt. Im übrigen schließt sich die obige Darstellung der Cyklonentheorie derjenigen von Reye in seinem schon öfter citierten Werke an.

Betrachten wir nun die Bewegung der Luft längs eines solchen Wirbelkreises, so erkennen wir leicht, daß sie (nördlich vom Äquator) auf der rechten Seite mit zunehmender Geschwindigkeit nach vorn, auf der linken Seite mit abnehmender Geschwindigkeit nach hinten strömt. Die rechte Seite des Wirbelsturms ist daher nicht bloß darum die gefährlichere, weil sie ein platt vor dem Winde laufendes Fahrzeug vor das Verderben drohende Zentrum führt, sondern auch deshalb, weil das Schiff in einen an Wut zunehmenden Orkan gerät, während für ein der linken Wirbelseite sich überlassendes Schiff die Heftigkeit des Orkans im Abnehmen begriffen ist. — Auf der südlichen Halbkugel wird eben so die linke Seite der Sturmbahn die gefährlichere sein.

An der Vorderseite eines Wirbelsturms, wo dessen Drehbewegung am rascheſten und die Luftverdünnung am größten ist, muß auch der Antrieb zum Aufsteigen am stärksten sich äußern. An der Vorderseite wird sich daher aus den mitgeführten Dämpfen eine dichtere Wolkendecke bilden und der Regen massenhafter niederstürzen als an der Hinterseite. In der That berichtet Redfield von den Küstenstürmen der Vereinigten Staaten: „Regen oder der Niederschlag von Dampf in irgend einer Form scheint sich ganz auf die nordöstliche oder vorrückende Hälfte der rotierenden Masse zu beschränken, obwohl ihre äußeren oder Grenzpartien oft wolkenfrei sind; hingegen zeigt die südwestliche Hälfte meist klares Wetter.“

Die plötzlichen Windstöße oder „Böen“, welche in den Wirbelorkanen so häufig vorkommen und von den Seeleuten ganz besonders gefürchtet werden, haben nach Reye ihre Ursache in dem heftigen Regen, welcher wie in Kaskaden niederstürzend eine Menge Luft mit herabreißt, welche dann vor dem Schauer her heftig nach außen strömt, und nach der einen Seite den Sturm zu einem gewaltigen Stoße verstärkt, auf der entgegengesetzten Seite aber bis zur Windstille ermäßigt.

Die furchtbaren elektrischen Entladungen, welche die Regengüsse begleiten, bedürfen keiner besondern Erklärung; denn sie treten überall auf wo eine rasche und massenhafte Wolkenbildung stattfindet.

Die Erweiterung des Wirbels erklärt sich teils durch die Zentrifugalkraft, teils durch das Foucaultsche Gesetz, wonach jeder Luftstrom in Folge der Achsendrehung der Erde auf der nördlichen Halbkugel nach rechts, auf der südlichen nach links aus seiner Bahn abgelenkt wird. Auch die im Kreise wirbelnde Luft muß diese Wirkung der Erdrotation erfahren, und zwar wird die ablenkende Kraft sowohl für die Wirbelstürme der nördlichen als der südlichen Hemisphäre vom Zentrum weg nach außen hin gerichtet und daher den Wirbel zu erweitern bestrebt sein. Ein einmal entstandener über mehrere Grade sich erstreckender Wirbel muß sich daher bei längerem Bestehen unter dem Einfluß der Erddrehung erweitern, gleichviel ob er fortschreitet oder stille steht.

Indem der Wirbel sich erweitert, zieht er immer größere Luftmengen in seinen Bereich; die bereits in Rotation befindliche Luftmasse gibt dabei einen Teil ihrer Geschwindigkeit ab, um neue Luftmengen in Bewegung zu setzen; ihre eigene Bewegung wird daher langsamer und die Heftigkeit des Wirbels vermindert sich. Derselbe würde bald ganz aufhören, wenn nicht durch fortdauerndes Aufsteigen von Luft die Verdünnung in seinem Innern und damit der Antrieb zur Wirbelbewegung unterhalten würde.

Es können sonach die wichtigsten Erscheinungen, welche die Cyklonen darbieten, die Windstille im Innern, die kreisende Bewegung selbst und ihre Richtung, die Richtung des Fortschreitens, das Umbiegen der Bahn und die Erweiterung des Wirbels befriedigend erklärt werden aus derselben Grundursache, welche auch die Wettersäulen und Tornados erzeugt, nämlich aus dem Aufsteigen warmer dampfreicher Luft. Der Unterschied zwischen diesen kleineren Wirbeln und den Cyklonen besteht in der That nur in der Größe des Verdünnungsgebietes; erst wenn dieses sich allseitig sehr weit erstreckt, etwa auf mehrere Grade in Länge und Breite, kann die Achsendrehung der Erde oder eine weitverbreitete Luftströmung ihren Einfluß üben und den Wirbel zu einer Cyklone mit allen ihren eigentümlichen Merkmalen umgestalten.

Die Stürme Europas.

Daß unser Weltteil häufig von Wirbelstürmen heimgesucht wird, welche vom atlantischen Ozean herkommen, ist oben schon erwähnt worden. Aber nicht alle Stürme, welche unsere Küsten mit Sturmfluten bedrohen, zahlreiche Schiffbrüche verursachen und selbst im Binnenland schwere Verheerungen anrichten, gehören dieser Klasse an. Im Konflikt der beiden Hauptluftströmungen kann jede derselben unter besonderen Umständen zu einer solchen Stärke anwachsen, daß sie mit dem Namen „Sturm" bezeichnet werden muß.

Dove unterscheidet neben den Wirbelstürmen, welche nach unserer oben dargelegten Anschauung eine von jenen Hauptströmungen unabhängige für sich bestehende Erscheinung sind, noch folgende drei Arten von Stürmen.

Erstlich kann der von der äußeren Grenze des Passats herabkommende Äquatorialstrom bei seinem Vordringen in höhere Breiten eine sturmartige Schnelligkeit gewinnen. Zu diesen Äquatorialstürmen gehört der Scirocco, welcher, nachdem er seinen Wasserdampf am Südabhange der Alpen in mächtigen Niederschlägen abgesetzt, an der Nordseite der Alpen als Föhn auftritt.

Hat ein Sturm dieser Art über Europa geherrscht und eine durch rasches Sinken des Barometers sich aussprechende Luftverdünnung erzeugt, so bricht häufig rechtwinklig in den Südweststrom ein kälterer Polarstrom, der vorher an dessen westlichen Ufern hinfloß, als Nordweststurm ein, der auf einem breiten Streifen Wintergewitter erzeugt, aber dann häufig dem Südwest unterliegt, welcher neue Wärme herbeiführt. Dove nennt diese Stürme, welche für die deutsche Nordseeküste so verderblich sind und durch die Wassermassen, welche sie durch das Kattegat in die Ostsee treiben, auch deren Ufer manchmal mit furchtbaren Überschwemmungen heimsuchen, Stromstürme.

Eine dritte Klasse bezeichnet Dove als Staustürme. Diese treten dann ein, wenn dem mit stürmischer Eile nach Nordost vordringenden Äquatorialstrom ein Polarstrom gerade entgegenweht. Durch den andringenden Äquatorialstrom wird der Polarstrom gleichsam aufgestaut, was sich an der Berührungsstelle durch ungewöhnliches Steigen des Barometers bemerkbar macht. Es liegen dann, durch eine von West nach Ost laufende Grenzlinie getrennt, zwei Gebiete neben einander, nördlich ein kälteres mit hohem Luftdruck, südlich ein wärmeres mit niedrigem Luftdruck. Dichter Nebel bezeichnet, namentlich im Winter, die Grenze beider Gebiete. Weicht der Polarstrom zurück, so folgt in dem nördlichen Gebiete im Winter auf harten Frost plötzliches Tauwetter; der zurückweichende Polarstrom gewinnt aber durch Verdichtung an Kraft, er dringt in den Äquatorialstrom ein, dessen erstarrte Wasserdämpfe in heftigem Schneegestöber niederfallen. Das Hin- und Herwogen des Kampfes spricht sich aus in dem Auf- und Abschwanken des Barometers, so wie in den plötzlichen Übergängen heftigen Schneetreibens und lebhaften Tauwetters. Eine immer weiter nach Süden vorrückende Schneedecke bezeichnet den Weg des schließlich den Sieg erringenden Polarstroms.

Diese „Staustürme" treten besonders großartig auf im östlichen Europa; die meisten Schneestürme des europäischen Rußlands reihen sich in diese Klasse. Auch im schwarzen und mitteländischen Meere wüten sie zur Winterszeit und bringen oft empfindliche Kälte in diese südlichen Gebiete.

Sturmwarnungen.

Während ein Sturm, in breiter Bahn vorwärts dringend, in weitem Umkreis die Atmosphäre aufwühlt, empfängt jeder einzelne Ort nur die Wirkungen derjenigen seiner Teile, welche nach der Reihe über ihn wegschreiten. Aus den an einer einzigen Station gemachten Beobachtungen kann daher die Natur des Sturms so wie sein mutmaßlicher weiterer Verlauf nur unvollkommen oder gar nicht erkannt werden. Ein Überblick über das Ganze der Erscheinung ergibt sich erst durch Zusammenfassen der Witterungsbeobachtungen von vielen über ein weites Gebiet geeignet verteilten Stationen. Werden die an allen diesen Orten gleichzeitig beobachteten Windrichtungen und Barometerstände so, wie es in Fig. 43 geschehen ist, in ein Kärtchen eingetragen, so gibt dieses eine deutliche Vorstellung von dem gerade stattfindenden Zustand der Atmosphäre und gewährt die Möglichkeit, an der Hand der bekannten Sturmgesetze den ferneren Verlauf des Sturmes voraus zu bestimmen. Wenn daher diese Witterungsberichte an einer Hauptstation, welche mit deren Zusammenstellung betraut ist, durch Vermittelung des elektrischen Telegraphen rasch genug eintreffen, so kann von hier aus durch dasselbe Verkehrsmittel nach allen Richtungen hin noch rechtzeitig Warnung erteilt und namentlich die Schiffahrt vor empfindlichen Verlusten an Gut und Menschenleben bewahrt werden.

Ein derartiger meteorologischer Telegraphendienst wurde zuerst von Le Verrier organisiert. Jeden Morgen liefen auf der Pariser Sternwarte von 21 französischen und 42 auswärtigen über fast ganz Europa verteilten Stationen telegraphische Witterungsberichte ein, welche die im Sommer um 7 und im Winter um 8 Uhr früh angestellten Beobachtungen, nämlich Luftdruck, Temperatur, Richtung und Stärke des Windes, Zustand des Himmels und den Zustand des Meeres an den Küsten umfaßten. Diese Nachrichten wurden sodann, besonders im Interesse der Schiffahrt, an 15 verschiedene Stationen telegraphisch mitgeteilt. Außerdem wurden noch sämtliche in Paris eingelaufenen Berichte in dem täglich durch die Post versendeten Bulletin international de l'Observatoire de Paris zusammengestellt, und demselben eine Karte von Europa mit den Linien gleichen Luftdrucks beigegeben. Das Kärtchen Fig. 43 ist diesem Bulletin entnommen. Ähnliche Bulletins werden von dem physikalischen Zentralobservatorium zu Petersburg und von der deutschen Seewarte in Hamburg täglich ausgegeben.

Damit aber die in der Nähe der Küste befindlichen Schiffe, so wie die in See gegangenen Fischerboote von dem Herannahen eines Sturmes Kenntnis erhalten, müssen an hervorragenden Punkten des Ufers weithin sichtbare Warnungszeichen aufgestellt werden. In England bestehen die Alarmsignale aus einem Kegel und einem Cylinder von mit Segeltuch überzogenem Weidengeflecht, 3 Fuß im Durchmesser und 3 Fuß hoch (Fig. 46) und werden auf den Masten der Leuchttürme aufgepflanzt. Der Kegel mit der Spitze nach oben zeigt einen von Norden hereinbrechenden Sturm an; weist seine Spitze nach unten, so kommt der Sturm aus Süden. Der Cylinder ist das Zeichen für einen Wirbelsturm. Droht der Orkan aus Norden, so wird der Kegel mit der Spitze nach oben über den Cylinder gestellt; er befindet sich da-

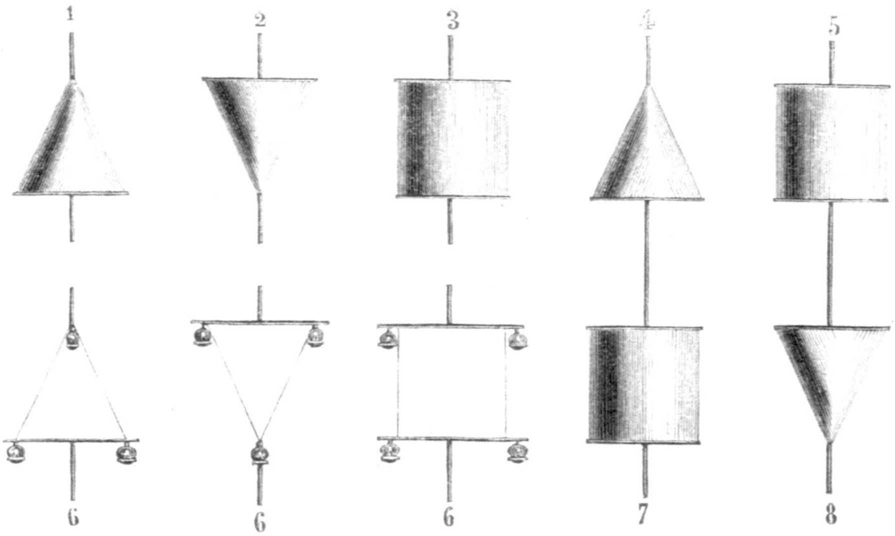

Fig. 46. Sturmsignale.

gegen mit erdwärts gekehrter Spitze unter dem Cylinder, wenn der Orkan aus Süden kommt. Während der Nacht ersetzen Laternen (vgl. die Figur), welche so angebracht sind, daß sie die Kegel oder den Cylinder vorstellen, jene Tagsignale. Diese Warnungszeichen, einfach und leicht zu handhaben, sind auch in anderen Ländern eingeführt worden.

An den italienischen Küsten werden die Seeleute gewarnt durch rote Flaggen, welche auf den Leuchttürmen der hauptsächlichsten Hafenorte aufgehißt werden, sobald das Herannahen eines Sturmes telegraphisch gemeldet ist.

Da die meisten Stürme von dem atlantischen Ozean her über Europa hereinbrechen, so wäre es von dem größten Nutzen für die Schiffahrt, wenn man von einer weit in den Ozean vorgeschobenen Station telegraphische Witterungsberichte erhielte. Die azorischen Inseln würden sich, nach einem Vorschlag Buys-Ballots, hiezu vortrefflich eignen. Durch unterseeische Kabel mit Europa und Nordamerika in Verbindung gesetzt, könnte eine solche meerumflossene Beobachtungsstation nicht nur über den Zustand des Ozeans nach den Hafenorten berichten, sondern auch die an jenen Küsten herrschende Witterung vorbeisegelnden Schiffen signalisieren.

III. Meeresströme.

Es schäumt das Meer in breiten Flüssen
Am tiefen Grund der Felsen auf.

Kreislauf des Ozeans.

In der leichtbeweglichen Lufthülle unserer Erde wird, wie im vorhergehenden Abschnitt gezeigt worden ist, durch den Einfluß der Sonnenwärme ein großartiger Kreislauf unterhalten, welcher unaufhörlich die warme Luft des Äquators nach den Polen und von hier die kältere Luft nach dem Äquator führt. Ein ähnlicher Austausch findet im Meere statt zwischen dem warmen Wasser der Tropenzone und den eisigen Fluten der Polarregion. Gewaltige Meeresströme, welche zwischen flüssigen Ufern in bestimmten Betten oft mit beträchtlicher Geschwindigkeit dahinströmen, vermitteln diesen Austausch. Das Kärtchen Fig. 47 gewährt einen Überblick über die bekannteren dieser Meeresströme und zwar sind die Ströme wärmeren Wassers durch ausgezogene, die kalten Polarströmungen durch gestrichelte Linien schraffiert. Auf dem Kärtchen sind natürlich nur die Ströme an der Oberfläche des Meeres angegeben; außer ihnen gibt es aber jedenfalls auch Strömungen in der Tiefe, deren Existenz zwar in einigen Fällen durch unwidersprechliche Thatsachen dargethan ist, welche aber im einzelnen wegen ihres geringen

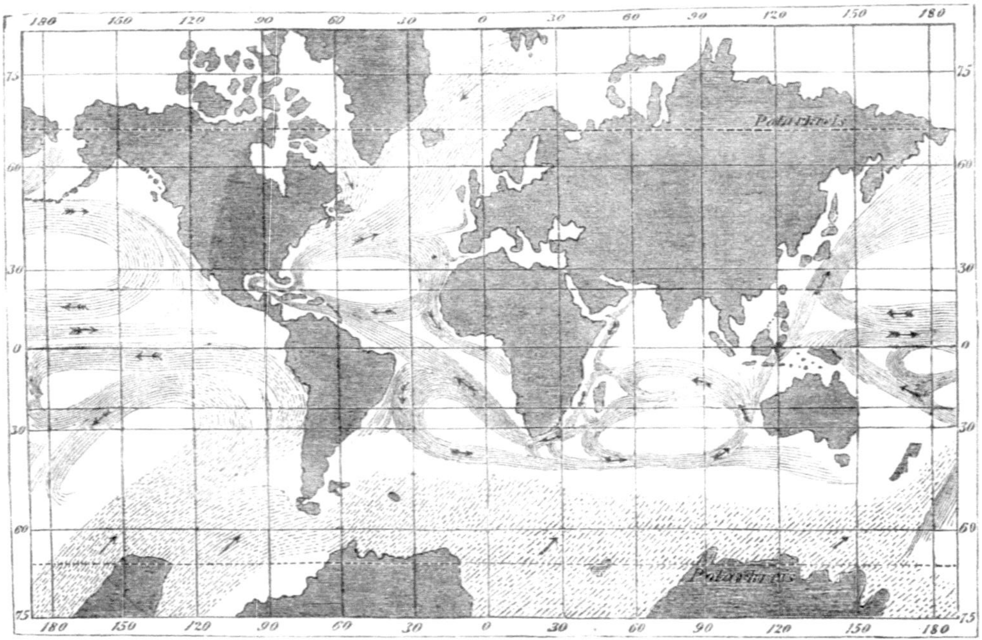

Fig. 47. Meeresströme.

Interesses für die Schiffahrt begreiflicherweise nur wenig bekannt sind. In der Davisstraße z. B., aus welcher ein kalter eisführender Oberflächenstrom, südwärts gerichtet, herauskommt, hat man gewaltige Eisberge, der oberflächlichen Strömung entgegen, nach Norden ziehen sehen, eine Thatsache, welche sich nur dadurch erklären läßt, daß der bis 200 m Tiefe untergetauchte Teil des Eisbergs in eine nordwärts fließende unterseeische Strömung hinabreicht.

Werfen wir einen Blick auf das Kärtchen, so gewahren wir, daß im atlantischen Ozean nördlich vom Äquator die Meeresströme sich zu einem ungeheueren Wirbel zusammenschließen, der die nämlichen Gewässer in der Richtung des Uhrzeigers im Kreise herum großenteils wieder zu den Punkten zurückführt, welche sie früher schon passiert haben. Der südliche Teil des Wirbels wird gebildet durch die von Ost nach West fließende Äquatorialströmung, auf der West- und Nordseite fließt der Golfstrom, im Osten der afrikanische Küstenstrom, welcher sich vom Golfstrom südwärts abzweigt, während des letzteren Hauptstamm, in nordöstlicher Richtung sich fortsetzend, seine Wasser in breitem Schwalle gegen die europäischen Küsten bis in die arktischen Regionen hinauf ergießt. Inmitten dieses Wirbels, zwischen 17 und 38° nördlicher Breite, befindet sich eine weite Fläche ruhigen Wassers, welche von schwimmenden Seepflanzen (Tange, Sargasso) oft so dicht bedeckt ist, daß der Lauf der Schiffe dadurch verzögert wird. Man nennt diese Meergegend, deren Vegetation nicht etwa anderwärts ausgerissen und hier zusammengeschwemmt ist, sondern an Ort und Stelle schwimmend keimt und wächst, das „Sargassomeer“. Als die Schiffe des Columbus in diese mit zahlreichen Seetieren bevölkerten Tangwiesen gerieten, glaubten sie an der Grenze der schiffbaren Meere angelangt zu sein. Seit Columbus Zeiten hat sich der Ort des Sargassomeeres nicht geändert.

Im nördlichen Teil des stillen Ozeans wiederholen sich diese Verhältnisse in räumlich größerem Maßstabe: ein ungeheuerer im Sinne des Uhrzeigers kreisender Wirbel, dessen Westseite von dem japanischen Kuro-Siwo gebildet wird, schließt ein weites, stromfreies „Sagassomeer“ ein, das, wegen seiner zahllosen Weichtiere, welche dem Walfisch zur Nahrung dienen, von den Walfischfängern mit Vorliebe aufgesucht wird. Auch südlich vom Äquator begegnen wir im stillen und atlantischen, sowie im indischen Ozean dergleichen aus Meeresströmen gebildeten Wirbeln, mit ruhigen Sargassomeeren in der Mitte, deren Gewässer aber in einer dem Uhrzeiger entgegengesetzten Richtung kreisen.

Der Golfstrom.

Unter den namhaft gemachten Meereswirbeln ist derjenige des nordatlantischen Ozeans der bemerkenswerteste und für uns der weitaus wichtigste.

Die Äquatorialströmung, welche ihn südlich begrenzt, geht aus von der Westküste Afrikas, da wo der Nordost-Passat zu wehen beginnt; sie bewegt sich anfänglich von Nordnordost nach Südsüdwest, biegt sich aber, je weiter sie fortschreitet, immer mehr nach Westen um. Bevor sie die afrikanische Küste verläßt, entsendet sie einen Zweig in südlicher Richtung in den Meerbusen von Guinea. Der Hauptstrom aber wendet sich, der Küste von Guyana folgend, ein wenig nach Norden, und ergießt sich, nachdem er die Gewässer des Orenoko und Amazonas in sich aufgenommen, in das Meer der Antillen; ein Teil desselben geht im Norden dieser Inseln vorüber, ein andrer dringt südlich in den Golf von Mexiko ein, indem er den Küsten desselben nachfolgt.

Auf diesem langen Wege, den fast scheitelrechten Strahlen der Tropensonne ausgesetzt, gelangt das Wasser stark erwärmt in den mexikanischen Meerbusen, welcher in der That die höchste Temperatur des ganzen atlantischen Ozeans besitzt (bis 30°). Zugleich wird durch die lebhafte Verdampfung, welcher weder die tropischen Regengüsse noch die einmündenden Süßwasserströme vollständig das Gleichgewicht zu halten vermögen, der Salzgehalt des Wassers beträchtlich erhöht.

Diese heiße im mexikanischen Bassin sich sammelnde Salzflut entweicht nun in nordöstlicher Richtung durch die Enge zwischen Kuba und Florida und bildet einen majestätischen Strom, den Golfstrom, der rascher dahinfließt als der Mississippi und Amazonas und diese wohl tausendmal an Wassermasse übertrifft. Zuerst folgt er in einiger Entfernung der nordamerikanischen Küste in nordöstlicher Richtung bis Long-Island, und wendet sich dann gerade nach Osten; in der Gegend der Azoren spaltet er sich in zwei Teile: der eine lenkt südwärts nach der afrikanischen Westküste zu und schließt den Wirbel um das Sargassomeer, indem er in die dort entspringende Äquatorialströmung einmündet; der Hauptstrom aber setzt seinen Weg nordöstlich fort nach den Westküsten Europas, bespült Irland, England und Norwegen und sendet seine Ausläufer bis in die Polarmeere. Sein Bett ändert sich ein wenig mit den Jahreszeiten, indem er im Winter weiter nach Süden zurückweicht.

Die Breite des Golfstroms ist zwischen den Bahamabänken und Florida nur gering, etwa 50^{km}; östlich von Kap Hatteras beträgt sie 120, wächst aber dann rasch bis über 1000^{km}. In den Engen von Bemini strömt er mit einer Geschwindigkeit von 7, bei Kap Hatteras von 5^{km} per Stunde, welche aber in offener See bei sehr erweitertem Bett auf 3 — 2 — 1^{km} abnimmt. An seiner engsten Stelle ist die Tiefe des strömenden Wassers etwa 360, bei Kap Hatteras noch 200^{m}.

Die klaren Gewässer des Golfstroms zeichnen sich aus durch ihre tiefblaue Farbe; längs der Küste von Karolina hebt er sich dadurch so scharf von dem helleren Wasser des Meeres ab, daß man deutlich sehen kann, wie sich die eine Hälfte eines Schiffes im Golfstrom, die andere im stromfreien Meere befindet. Diese dunkelblaue Farbe, welche der Golfstrom mit den Meeren der Passatregion und mit dem indischen Ozean gemein hat, scheint von seinem hohen Salzgehalt herzurühren. In der That wird in den Salinen der Konzentrationsgrad der Sole nach dem Grade der bläulichen Färbung beurteilt welche sie bei steigendem Salzgehalte annimmt. Nach Wild soll jedoch auch wärmeres Wasser eine mehr bläuliche Farbe haben als kälteres. Vielleicht wirken beide Ursachen zusammen um das Golfstromwasser so tief gefärbt erscheinen zu lassen.

Nicht minder scharf als durch seine Farbe unterscheidet sich der Golfstrom durch seine hohe Temperatur von dem umgebenden Meere. Bei seinem Austritt aus dem Busen von Mexiko hat er eine Temperatur bis zu 30°, welche diejenige des Ozeans in gleicher geographischer Breite um 5° übertrifft. In der Nähe des Kap Hatteras besitzt er noch 26 bis 27° Wärme und bis zur Neufundlandbank ist sein Wasser selbst im Winter 10 bis 15° wärmer als das stromfreie Meer. Vermöge seiner geringeren Dichte erhält sich das warme Wasser des Stroms auf der Oberfläche und erhebt sich sogar flach dachförmig über das Niveau des angrenzenden Meeres. Ein Boot treibt von der Mitte des Stroms stets östlich oder westlich, je nachdem es sich auf der östlichen oder westlichen Abdachung befindet.

Für unsern Weltteil hat der Golfstrom die Bedeutung einer großartigen Wasserheizung; das milde Klima Europas ist wohl zum größten Teile seiner erwärmenden Wirkung zuzuschreiben. Die Gestade der „Smaragdinsel“

Irland und die englischen Ufer prangen in immer grünem Schmuck, während unter gleicher Breite die Küste von Labrador in starrendes Eis gehüllt ist. Am meisten ist Norwegen, auf gleicher Breite wie Grönland, durch die Golfstromheizung begünstigt. Die Birke kommt noch fort bis zur Nordgrenze des Landes, die Tanne noch jenseits des Polarkreises, Kartoffeln gedeihen mit Ausnahme des äußersten Nordens überall, und die Inseln der Lofoden (unter 68° Nordbreite) haben sogar Kartoffeln und Gerste zur Ausfuhr übrig. Drei Meilen nördlich von Drontheim kommen noch die Kirschen zur Reife, und in Drontheim selbst zieht man feinere Sorten von Äpfeln und Birnen. Bis zum Nordkap hinauf sind an der norwegischen Küste die Häfen und das Meer im Winter von Eis frei, während die Häfen von Hamburg und Bremen nicht selten zufrieren. Von dem Altenfjord unter 70° Nordbreite sagt Leopold von Buch: „Wie viel Orte können den ihrigen mit Altens Sommer vergleichen! Und welcher Kontrast, wenn wir ihn in gleichen Breitengraden über die Erdkugel verfolgen! An Nowaja Semljas südlicher Spitze, an den Ausflüssen des Jenisey und der Kolyma wächst kein Baum mehr; auch Birken nicht! — Und Nadelhölzer sind schon im 67° Breite verschwunden. Selbst auch im Innern von Amerika sah Mackenzie die letzten Fichten schon im 69.° Breite und ehe er das Ufer des Meeres erreichte. — Und in Alten stehen doch nicht selten im Thale Fichten von 60 Fuß Höhe.“ — Und an einer anderen Stelle: „Ist es doch wenn man durch den Wald vom Strande des Altenfjords herankommt, als wäre man bei Berlin in den Tiergarten versetzt; und dann wieder, wenn sich die Perspektiven den Fjord herunter eröffnen, als sähe man italienische Fernen oder einen See in der Schweiz.“

Die amerikanische Ostküste hat sich, obgleich der Golfstrom in so großer Nähe an ihr vorbeizieht, ähnlicher Vorteile nicht zu erfreuen. Der Golfstrom berührt nämlich dort die Küste nirgends, sondern zwischen ihn und sie zwängt sich, von Norden kommend, der arktische Eisstrom ein, der auf das Klima der östlichen Staaten der Union einen abkühlenden Einfluß ausübt. So erklärt sich, warum an der amerikanischen Küste das Treibeis bis zum 41. Breitegrad herabkommt, während es an der vom Golfstrom bespülten Küste Finnmarkens, jenseits des 71. Grades, zu den Seltenheiten gehört.

Bis in diese hohen Breiten führt der Golfstrom als greifbare Beweise seines tropischen Ursprungs Erzeugnisse der heißen Zone mit sich fort. Allerhand Sämereien, namentlich von Mimosen, die an den Flußufern Jamaikas wachsen, die sogenannten „Molukkabohnen", werden an den Küsten Schottlands, der Hebriden und Norwegens angeschwemmt. Sogar an der Nordküste von Spitzbergen wurde durch die Torellsche Expedition im Jahre 1861 eine westindische Hülsenfrucht (Entada gigalobium) aufgefunden. Unter den Treibhölzern, welche sich an den vom Golfstrom bespülten nordischen Gestaden ablagern, begegnet man auch dem Brasilien- und Fernambukholz; das Treibholz dagegen, welches an der Nordküste Islands oft mehrere Ellen hoch aufgeschichtet liegt, besteht zum größten Teil aus Nadelhölzern, welche durch die polare Gegenströmung von den Küsten Nordasiens hergeschwemmt werden. Sabine berichtet, daß 1823 bei Hammerfest in Finnmarken einige Fässer Palmöl aufgefangen wurden, welche einem im Jahre vorher an der afrikanischen Küste bei Kap Lopez gestrandeten Schiffe angehörten und sonach fast den ganzen Kreislauf der atlantischen Gewässer mitgemacht hatten.

Durch solche Beispiele belehrt, hat man zur Erforschung des Laufes der Meeresströme Flaschen ins Meer geworfen, welche auf einem Zettel die Angabe des Tages und des

Ortes, wo man sie über Bord warf, enthielten. Wenn so jedes Schiff jedesmal wenn es seinen Ort bestimmt hat eine Flasche auswürfe und außerdem alle Flaschen, denen es begegnet auffinge, um von ihrem Inhalt Notiz zu nehmen und die Stunde und den Ort der Begegnung beizufügen, so würde unsere Kenntnis der Meeresströme gewiß eine vollständigere sein; aber diese Maßregel wird leider noch selten angewendet.

Andere Meeresströme.

Der Kuro=Siwo, der Golfstrom des stillen Ozeans, bildet die Fortsetzung der Südsee=Äquatorialströmung; für ihn scheint das von den großen Sundainseln und der Philippinengruppe ummauerte chinesische Meer eine ähnliche Bedeutung zu haben, wie der mexikanische Meerbusen für den Golfstrom. Der Kuro=Siwo wird zuerst zwischen den Philippinen und der Insel Formosa bemerkt, wo er mit großer Heftigkeit nordostwärts strömt; er bespült dann die Ostküste der japanischen Inseln, wo er im Süden der Bucht von Jeddo noch eine Geschwindigkeit von 5 bis 6 km per Stunde besitzt, und verläßt die japanische Küste in der Höhe der Sangarstraße. Den Japanesen ist dieser Strom wohlbekannt; sie nennen ihn Kuro=Siwo, den „dunkeln Strom“, wegen der tiefblauen Farbe seines Wassers. Durch seine hohe Temperatur, welche die des angrenzenden Meeres um 5 bis 10° übertrifft, mildert er das Klima der Ostküste der Insel Nipon, welches im schroffen Gegensatz steht zu dem rauhen Klima der Westküste. Die Westküste ist nämlich kalten polaren Strömungen ausgesetzt, welche die Insel Jeso umfließend sowohl direkt von Norden her als auch durch die Sangarstraße in das japanische Meer eindringen und sich dann weiter nach Süden durch den Kanal von Formosa in das chinesische Meer fortsetzen.

Nachdem er Japan verlassen, teilt sich der Kuro-Siwo in zwei Äste; der eine geht entlang der Küste Kamtschatkas, im Westen der aleutischen Inseln, nach Norden und dringt in die Behringsstraße ein. Die Bewohner der Aleuten, deren Land keine einzige Baumart hervorbringt, verfertigen ihre Kähne und Geräte nur aus dem Treibholz, welches das Meer an ihre Küsten wirft. Unter diesen Hölzern befinden sich Kampherbäume aus China und Japan. Der andere Zweig wendet sich, südlich an den Aleuten vorbeistreifend, ostwärts den amerikanischen Küsten zu; durch ihn wurden Wracks japanesischer Dschonken nach der Südspitze der Insel Kadiak, ja sogar bis Kap Flattery in Oregon fortgeführt. Hier schlägt er nun, parallel der Westküste Amerikas, eine südliche Richtung ein und lenkt allmählich in den Äquatorialstrom ein, da wo dieser seinen Ursprung nimmt. Holzarten aus dem Oregongebiet und rote kalifornische Zedern, welche auf den Johnstoninseln antrieben, geben Zeugnis für diesen Zusammenhang und somit für die Vollständigkeit des Kreislaufs im nördlichen Teil des stillen Ozeans.

Im mittleren Teil des südlichen stillen Ozeans wenden sich die warmen Gewässer des Äquatorialstroms teilweise dem Südpol zu; eine entgegengesetzte Bewegung führt die kalten und durch Eisschmelzen salzärmer gewordenen Polarwasser am östlichen Rand der Südsee wieder dem Äequator zu. In der Nähe der Südspitze Amerikas teilt sich dieser Polarstrom in zwei Stämme: der eine, unter dem Namen Humboldtstrom bekannt, folgt der amerikanischen Küste; der andere biegt um das Kap Horn, von dem er den Namen trägt.

Der Humboldtstrom zeigt an der peruanischen Küste nur eine Temperatur von 15,5°, während das offene Meer dort 28° warm ist; er übt daher auf die Klimate von Chili und Peru eine wohlthätig abkühlende Wirkung aus. Während

Brasilien, an dessen Gestaden ein südlicher Ausläufer der atlantischen Äquatorialströmung, der warme brasilische Küstenstrom, entlangt fließt, zu den heißesten Ländern der Erde zählt und dadurch genötigt ist, seine Plantagen von Negersklaven bestellen zu lassen, kann unter dem gemäßigten Himmel Perus, welches unter derselben geographischen Breite liegt wie Brasilien, die freie Arbeit weißer Männer gedeihen. So sehen wir die Meeresströme durch die Gegensätze ihrer Temperatur tiefgreifenden Einfluß üben auf die wirtschaftlichen und politischen Verhältnisse ausgedehnter Länder.

Da wo die Küste Südamerikas am weitesten nach Westen vorspringt, wendet sich der Humboldtstrom plötzlich ganz westlich, und vermischt seine Gewässer mit der allgemeinen Äquatorialströmung. Ein kleiner Teil des Stromes geht jedoch längs der Küste weiter und läßt sich verfolgen bis zur Isla del Rey im Golf von Panama.

Zwischen dem Humboldtstrom und dem oben erwähnten nach dem Südpol gerichteten Warmwasserstrom der Südsee befindet sich eine Region, wo jedes Zeichen des Lebens mangelt. Im südlichen stillen Ozean begleiten häufig Seevögel die Schiffe, sowohl während der Stürme als bei ruhigem Wetter. Der Albatros und die Kaptaube, welche im unwirtlichen Klima der antarktischen Gegenden zu Hause sind, folgen den Schiffen bis in den ewigen Frühling der Tropenzone. Sobald aber das Fahrzeug in jene leblose Region eindringt, verschwinden diese Vögel plötzlich. Auch im Wasser selbst erscheinen kaum noch Spuren von lebenden Wesen; weder der antarktische Wal noch der Kaschelot, welche mit dem Humboldtstrom weit nach Norden vordringen, zeigen sich dort.

Ein Teil der Äquatorialströmung der Südsee begibt sich durch den indischen Ozean zur Ostküste Afrikas, strömt zwischen dem Festland und der Insel Madagaskar als

Mozambiquestrom mit der beträchtlichen Geschwindigkeit von 9^{km} per Stunde gen Süden, und wendet sich, am Kap der guten Hoffnung durch die Nadelbank aufgestaut, als Agulhasstrom wieder ostwärts, um den Wirbel um das südindische Sargassomeer zu schließen.

Eine besondere Klasse von Meeresströmen bilden diejenigen, welche man an den Mündungen der Binnenmeere beobachtet. Indem der Spiegel des Mittelmeers durch lebhafte Verdampfung, welcher weder durch den Regen, noch durch einmündende Flüsse das Gleichgewicht gehalten wird, stets zu sinken bestrebt ist, muß das Wasser des atlantischen Ozeans durch die Straße von Gibraltar einströmen, um den Verlust zu decken (Gibraltarströmung). Da aber nur reines Wasser verdampft, das einströmende aber salziges Meerwasser ist, so werden die Gewässer des Mittelmeers einen höheren Salzgehalt besitzen als diejenigen des Ozeans, so daß sie ihrer höheren Temperatur ungeachtet, dennoch schwerer sind als diese. Das schwerere Wasser des Mittelmeers wird nun in der Tiefe gegen das leichtere des Ozeans hindrängen, und in der Gibraltarstraße einen der oberflächlichen Einströmung entgegengerichteten Unterstrom erzeugen. Das Vorhandensein dieser unteren Strömung wird dargethan durch folgende Thatsache. Im Jahre 1712 verfolgte der Marseiller Korsarenkapitän de l'Aigle in der Nähe von Ceuta ein holländisches Fahrzeug. Nachdem er es zwischen Tarifa und Tanger erreicht hatte, sandte er ihm eine Breitseite zu, welche es sofort in den Grund bohrte; die Mannschaft wurde gerettet. Wenige Tage nachher tauchte das gesunkene Schiff nahe dem Ufer von Tanger wieder empor, mindestens 16^{km} westlich von der Stelle wo es gesunken war. Die oberflächliche Strömung würde es im Gegenteil nach Osten geführt haben.

Das rote Meer, wo die Verdunstung äußerst lebhaft wirkt, wo es selten regnet und kein einziger Fluß einmündet, zeigt ähnliche Verhältnisse. Nach Johnston ist das Meeresniveau bei Suez vom Mai bis Oktober um 6^{dm} niedriger als in der Straße Bab-el-Mandeb. Ein Oberflächenstrom (die Bab-el-Mandeb-Strömung) führt aus dem indischen Ozean die zum Ersatz der Verdunstung nötige Wassermenge herbei; ein unterseeischer Strom gibt dem Ozean eine entsprechende Menge Salzlösung zurück.

Meeresströme und Schiffahrt.

Die Kenntnis der Beschaffenheit und des Laufes der Meeresströme ist für die Schiffahrt von der größten Wichtigkeit.

Der Golfstrom ist so regelmäßig und namentlich auf seinem linken Ufer so scharf begrenzt, daß man aus der Temperatur seiner Gewässer die Entfernung eines Schiffes von der amerikanischen Küste abschätzen kann. Franklin war der erste, welcher auf diese Anwendung des Thermometers zum Nutzen der Schiffahrt aufmerksam machte. In der That ist heutzutage dieses Instrument ein dem Seefahrer willkommenes Hilfsmittel in diesen Gegenden, wo besonders im Winter durch die dichten Nebel, welche das Meer bedecken, die Landung so schwierig gemacht wird.

Erstaunlich sind die Fortschritte, welche, vorzüglich durch die Verdienste Maurys, das Seewesen in neuerer Zeit gemacht hat durch die auf eine genauere Kenntnis der Meeresströmungen und vorherrschenden Winde gegründeten Verbesserungen der Schiffsrouten.

Maury beschäftigte sich zuerst mit der Route von den Vereinigten Staaten nach dem Äquator, welche allen Schiffen gemeinsam ist, die von hier die Südsee oder den indischen Ozean erreichen wollen. Die Fahrzeit, welche früher 41 Tage erforderte, wurde sofort auf 24, später auf 20 und endlich auf 18 Tage vermindert.

Die Fahrt von der Ostküste Nordamerikas um das Kap Horn nach Kalifornien erforderte früher 180 Tage; durch Maurys Vorschriften wurde diese Zeit zuerst auf 135, später durch weitere Verbesserungen auf 100 Tage zurückgeführt. Der Klipper Flying-Fish ging sogar am 92. Tag seiner Abfahrt von New-York in San Franzisko vor Anker.

Das bemerkenswerteste Beispiel aber liefert die Route von England nach Australien. Von Portsmouth nach Sydney brauchte ein die alten Instruktionen befolgendes Schiff noch vor kurzer Zeit nicht weniger als 125 Tage. Die Rückkehr erforderte einen nahezu gleichen Zeitraum, so daß die ganze Reise ungefähr 250 Tage dauerte. Maury aber zeigte, wie vorteilhaft es wäre, aus der Reise nach Australien eine wahre Weltumsegelung zu machen, d. h. auf der Hinreise das Kap der guten Hoffnung zu umsegeln, die Rückreise dagegen um das Kap Horn anzutreten. Ein von England nach Australien bestimmtes Schiff kann nämlich, wie uns ein Blick auf das Kärtchen Fig. 47 belehrt, von dem afrikanischen und brasilischen Küstenstrom und der Agulhasströmung Nutzen ziehen; und indem es auf der Rückfahrt sich mehr nach Süden hält, kommen ihm in der Südsee die antarktischen Kaltwasserströme, sowie die in höheren Breiten vorherrschenden Westwinde zu Hilfe. Diese ganze Weltumsegelung erfordert nur 130 Tage und selbst weniger, statt der 250 Tage, welche früher zur Hin- und Rückfahrt notwendig waren.

Ursachen der Meeresströme.

Wenn die Sonnenwärme auf das Wasser des Ozeans in gleicher Weise wirkte wie auf die Luft der Atmosphäre, so müßte ein Kreislauf der Meeresgewässer sich ausbilden, der als getreue Nachahmung des Luftkreislaufs erschiene. Längs der gesamten Oberfläche des Meeres würden die warmen Wasser der Tropenzone, durch die Achsendrehung der Erde nach Osten hin abgelenkt, dem Pole zuströmen, entsprechend dem atmosphärischen Äquatorialstrom; in der Tiefe dagegen müßte das kalte Wasser der Eismeere mit westlicher Ablenkung als Polarstrom zum Äquator zurückkehren.

Nichts von alledem bemerken wir, wenn wir die oben geschilderten Meeresströme überblicken. Was in der Tiefe vor sich geht, ist für uns großenteils in Dunkel gehüllt. Die Vorgänge an der Oberfläche aber stimmen durchaus nicht mit dem Bilde überein, welches ein dem atmosphärischen ähnlicher Kreislauf darbieten müßte. Statt einer über die ganze Meeresoberfläche verbreiteten vom Äquator gegen die Pole gerichteten uferlosen Strömung zeigen sich in Wirklichkeit scharf ausgeprägte Ströme, die am ruhigen Wasser wie an Ufern vorbeifließen, von denen einige warmes Wasser zum Pol hin, andere wieder kaltes Wasser vom Pol wegführen, und welche teilweise sich zu großen um stille Sargassomeere kreisende Wirbel zusammenschließen.

Der Grund, warum ein Kreislauf nach dem Vorbild des atmosphärischen im Ozean nicht zu Stande kommt, ist in dem Salzgehalt des Meerwassers zu suchen. Aus den warmen Tropenmeeren verdampft nämlich eine größere Menge Wasser als durch Regengüsse, so ergiebig diese auch sein mögen, ersetzt werden kann. Wie bei jeder Salzlösung, verdunstet aber nur reines Wasser, das Salz dagegen bleibt in der Lösung zurück, welche jetzt auf die gleiche Flüssigkeitsmenge mehr Salz enthält und folglich dichter geworden ist. Der ausdehnenden Wirkung der Wärme, welche die Dichte des Wassers zu verringern strebt, arbeitet also die Verdampfung entgegen, indem sie den Salzgehalt und damit auch die Dichte steigert. In den Polarmeeren aber wird die bei niedriger Temperatur geringfügige Verdunstung durch die atmosphärischen Niederschläge nicht nur ersetzt, sondern sogar überwogen; außerdem mischt sich fortwährend das salzlose

Schmelzwasser der Eisberge hinzu. So kommt es, daß das kalte aber salzarme Polarwasser nicht schwerer oder nur unbedeutend schwerer, ja sogar unter Umständen leichter ist, als das warme salzreiche Wasser der Tropenmeere. In der That, 1 cbm Wasser aus dem Polarmeere, welches 2,8 Prozent Salz enthält, hat bei 0 Grad ein Gewicht von 1019,7 kg; dagegen 1 cbm aus der heißen Zone von 4 Prozent Salzgehalt bei der dort herrschenden Meerestemperatur von 28° wiegt 1020,5 kg, also um 0,8 kg mehr.

Der Wärmeunterschied zwischen Pol und Äquator kann also, weil er keinen oder nur einen unbedeutenden Unterschied in der Schwere der Gewässer zur Folge hat, nicht die unmittelbare Ursache jener gewaltigen Meeresströme sein.

Sehen wir uns nach einer anderen Kraft um, welche das Meerwasser stromartig fortzubewegen vermag, so bietet sich uns bloß eine dar, nämlich die Wirkung der Winde.

Versuchen wir, die Strömungen des nordatlantischen Ozeans aus dieser Ursache zu erklären. Der leiseste Wind, der über eine ruhende Wasseroberfläche streicht, bedeckt dieselbe, indem er ihr Gleichgewicht stört, mit einem Netzwerk zierlicher Kräuselwellen; indem der Wind gegen die ihm zugekehrten Abhänge der kleinen Wellenberge drückt, erteilt er dem Wasser eine in seiner eigenen Richtung fortschreitende Bewegung, das Wasser beginnt mit dem Winde zu strömen. Wächst die Stärke des Windes, so wird die Wasserfläche bewegter und größere Wellenberge erheben sich, welche dem Winde breite Angriffsflächen darbieten; das Wasser erhält daher, unbeschadet seiner auf- und abschwankenden Wellenbewegung, einen immer stärkeren Antrieb zum Fortströmen in der Richtung des Windes. Diese Wirkung des Windes ist den Küstenbewohnern wohlbekannt: die Fluthöhe wird vergrößert oder vermindert, je nachdem der Wind gegen die Küste zu oder aus dem Innern des Landes bläst. Auf dem

Mittelmeer, wo die durch den Mond erregten Fluten unmerklich sind, werden zufällige Fluten durch Fortführung des Meerwassers mit dem Winde hervorgebracht. Ein bemerkenswertes Beispiel von der fortbewegenden Wirkung des Windes auf das Meerwasser wird von Maury erzählt. Das Schiff Ledbury Snow glaubte, während eines Sturmes im Golf von Mexiko, größere Sicherheit zu finden, wenn es vor Anker ginge; als der Wind nachließ, erkannte man, daß man ins Innere des Landes geraten und auf den Baumgipfeln von Elliotts Key Anker geworfen hatte. Das Wasser war durch die Wirkung des Windes mehr als 9 m über seinen gewöhnlichen Spiegel gestiegen.

Wenn die Winde unbeständig sind und ihre Richtung und Stärke häufig ändern, können die Bewegungen des Wassers, welche sie erzeugen, nicht zu einer regelmäßigen Strömung anwachsen. In den Passatregionen dagegen, wo eine und dieselbe Windrichtung unausgesetzt die Herrschaft führt, werden sich zunächst oberflächliche Strömungen, welche den Seefahrern unter dem Namen Passatdriften bekannt sind, ausbilden müssen. Je näher die Wellen des Driftstromes der Kalmenzone kommen, je länger sie also der unaufhörlichen Triebkraft des Passats ausgesetzt waren, desto mehr wird ihre Geschwindigkeit beschleunigt; je schneller aber das Wasser an der Oberfläche strömt, desto tiefer wird die Bewegung hinabgreifen, indem auch die tieferen Schichten durch Reibung mit fortgezogen werden. In der Kalmenzone selbst, wo die Kraft des Passates erlahmt, wird das von ihm fortbewegte Wasser nicht plötzlich stillstehen, sondern wird seine Bewegung mit der einmal erlangten Geschwindigkeit fortsetzen. So entsteht, indem die beiden Passatdriften aus nordöstlicher und südöstlicher Richtung in dem Kalmengürtel zusammentreffen, durch ihre Vereinigung ein mächtiger nach Westen fließender Meeresstrom, die Äquatorialströmung.

Im Westen stellt sich der atlantischen Äquatorialströmung die amerikanische Küste entgegen, und lenkt sie zunächst ein wenig nach Norden ab, ohne die ihr innewohnende Geschwindigkeit wesentlich zu vermindern. Ein Teil der Strömung, welcher im Norden der großen Antillen vorbeigeht, fällt sofort dem Einfluß des Foucaultschen Gesetzes anheim, nach welchem jeder an der Erdoberfläche sich bewegende Körper vermöge der Achsendrehung nördlich vom Äquator stets nach rechts hin abgelenkt wird, und zwar um so stärker, in je höhere geographische Breiten er gelangt. Jener nördliche Zweig der Äquatorialströmung wird daher in seinem Verlauf allmählich von Nord, Nordost, Ost, endlich nach Südost und Süd umbiegen und so, indem er an der Westküste Afrikas in die dort beginnende Äquatorialströmung einmündet, den großen in der Richtung des Uhrzeigers um das Sargassomeer kreisenden Wirbel schließen. Die Äquatorialströmung selbst bildet gleichsam das Herz dieses Kreislaufs, von wo aus die Strömung immer neue Impulse empfängt.

Der südliche Zweig der Äquatorialströmung dringt längs der Nordküste von Südamerika in das caraibische Meer ein, fließt südlich an den großen Antillen vorüber, und ergießt sich durch den Kanal von Yukatan in den Meerbusen von Mexiko. Aus diesem fast ringsum geschlossenen Becken bleibt der heißen Salzflut, welche hier ihre mitgebrachte Geschwindigkeit nur teilweise einbüßt, einzig der Ausweg nach Norden durch die Straße von Florida, aus welcher sie eng zusammengepreßt und dadurch zu rascherem Strömen gezwungen als Golfstrom entweicht. Im freien Meere können seine Wassermassen sich ungehindert ausbreiten, und erleiden gleichzeitig infolge der Erddrehung (nach dem Foucaultschen Gesetz) eine Ablenkung nach Osten hin, so daß sie, wie bereits erwähnt worden ist, die europäischen Westküsten bespülen und bis in die arktischen Meere vordringen. Diesen langen Weg legt der Golfstrom zwar zurück in der Region veränderlicher Winde; unter diesen aber herrscht der Südwestwind an Stärke und Häufigkeit wesentlich vor, und somit auch seine Einwirkung auf die Strömung des Wassers, welche durch ihn wenn nicht beschleunigt, so doch jedenfalls unterhalten wird.

Das warme Wasser des Golfstroms kann aber nicht fortwährend dem Pol zufließen, ohne daß zur Ausgleichung eben so große Mengen kalten Wassers vom Pol südwärts strömen. So entstehen die arktischen Eisströme, welche aus der Davisstraße und längs der Ostküste von Grönland herabkommend ihre kalten Fluten zwischen die amerikanische Küste und den Golfstrom zwängen. Das kalte, eisführende Wasser dieser Ströme ist bei seinem schwankenden Salzgehalt bald leichter, bald schwerer als das warme aber stärker gesalzene Wasser des Golfstroms; daher kommt es, daß das wärmere Wasser bald an der Oberfläche strömt, bald in die Tiefe hinabtaucht. Der Unterstrom der Davisstraße, welcher bereits erwähnt wurde, scheint ein unterseeischer Ausläufer des Golfstroms zu sein. Bei den Neufundland- und Nantucketbänken aber fließt der Eisstrom unter dem Golfstrom südwärts weiter, was man an den Eisbergen erkennt, welche mit ihrem Fuß in den kalten Unterstrom tauchend quer durch den Golfstrom, manchmal sogar der Richtung desselben entgegen, nach Süden ziehen.

IV. Klima.

— Was in schwankender Erscheinung schwebt,
Befestiget mit dauernden Gedanken.

Klima.

In den vorausgehenden Abschnitten haben wir eine Reihe großartiger Bewegungserscheinungen kennen gelernt, welche sich, durch die Sonnenstrahlung mittelbar oder unmittelbar hervorgerufen und unterhalten, in der Luft- und in der Wasserhülle unseres Planeten rastlos und gesetzmäßig vollziehen; den durch Verdampfung und Niederschlag bedingten atmosphärischen Kreislauf des Wassers, ferner den Kreislauf der Luft selbst und seine Störungen durch auf- und absteigende Luftströme, endlich den durch die Meeresströme vermittelten Kreislauf des Ozeans. Durch diese gewaltigen Strömungen wird ein unaufhörlicher Wärmeaustausch zwischen den Äquatorgegenden, von wo sie ihren Antrieb erhalten, und den polaren Regionen hergestellt, und die Verteilung der Wärme über die Erdoberfläche, wie sie sich unter dem Einfluß der Sonnenwärme allein gestalten müßte, wesentlich abgeändert, indem jene vereinigte Dampf-, Luft- und Wasserheizung fortwährend bestrebt ist den Gegensatz zwischen der Gluthitze des Äquators und der eisigen Kälte der Pole abzustumpfen.

Um diese Vorgänge in ihrem Zusammenhange zu erfassen, mußte unser Blick den gesamten Erdball umspannen; ihre

Gesetze aus den Witterungserscheinungen eines einzigen Ortes oder selbst eines größeren Landes herauszulesen, wäre eine unmöglich zu lösende Aufgabe. Jeder einzelne Ort ist nicht nur diesen mächtigen, auf weite Gebiete sich erstreckenden Wirkungen unterworfen, sondern noch einer großen Anzahl von Einflüssen rein örtlicher Natur. Die Lage des Ortes in der Nähe der Küste oder im Innern der Kontinente, in der Tiefe eines Thaleinschnitts oder auf dem Rücken eines Bergzuges, in flacher Tiefebene oder auf weitgedehntem Hochplateau, seine Höhe über der Meeresfläche, die Nähe und die Richtung von Gebirgsketten u. s. w. sind sämtlich Momente, welche auf die Gestaltung der Witterungsvorgänge mitbestimmend einwirken. Wenn aber das Wetter das Ergebnis ist so vieler wechselnd eingreifenden Ursachen, so begreift man, wie schwierig, ja unmöglich es ist, im einzelnen Fall den Anteil eines jeden mitwirkenden Faktors gesondert zu erkennen; man begreift, daß das Wetter, eben wegen der Vielheit der dasselbe bedingenden Einflüsse, den Eindruck des Regellosen und Launenhaften machen muß.

Aber wie vielgestaltig und wechselvoll diese Einflüsse auch sein mögen, so verleihen sie doch in ihrer Gesamtwirkung einem jeden Ort einen bestimmten Witterungscharakter, welchen wir als dessen Klima bezeichnen. Wir können nämlich die Witterungsvorgänge auffassen als ein unaufhörliches Hin- und Herschwanken um einen mittleren Gleichgewichtszustand, welcher bald nach der einen, bald nach der anderen Seite hin überschritten, aber niemals dauernd erreicht wird. Das Wetter ist vergleichbar dem unaufhörlichen Wellenschlag des Ozeans: die spiegelglatte Oberfläche besteht nur in unserer Vorstellung, in Wirklichkeit ist sie niemals vorhanden; sie ist das ideale Niveau, über welches sich Wellenberge erheben, unter welches sich Wellenthäler hinabsenken.

Unter den Merkmalen, welche dem Klima eines Ortes sein Gepräge verleihen, spielen die Erwärmungsverhältnisse die wichtigste Rolle. Mit ihrer Betrachtung wollen wir uns hier hauptsächlich beschäftigen.

Lufttemperatur.

Der Erwärmungszustand eines Ortes wird beurteilt nach der Temperatur der untersten Luftschicht, welche der Schauplatz des tierischen und pflanzlichen Lebens ist.

Durch zweckmäßige Aufstellung des Thermometers muß dafür gesorgt sein, daß es die Temperatur der Luft, frei von fremdartigen Einflüssen, wirklich angebe. Dies wird erreicht durch die in Fig. 48 abgebildete Einrichtung. Das Thermometer hängt frei im Innern eines cylindrischen unten offenen Gehäuses von Zinkblech, auf welches ein kegelförmiges Dach so aufgesetzt ist, daß zwischen ihm und dem oberen Rand des Gehäuses noch ein freier Zwischenraum bleibt; die obere Öffnung des Daches ist in gleicher Weise durch ein kleineres kegelförmiges Dächlein beschützt. In der Wand des Gehäuses befinden sich vier große viereckige Öffnungen, von welchen die vordere, durch eine in der Zeichnung weggelassene Thür verschließbar, zur Beobachtung dient.

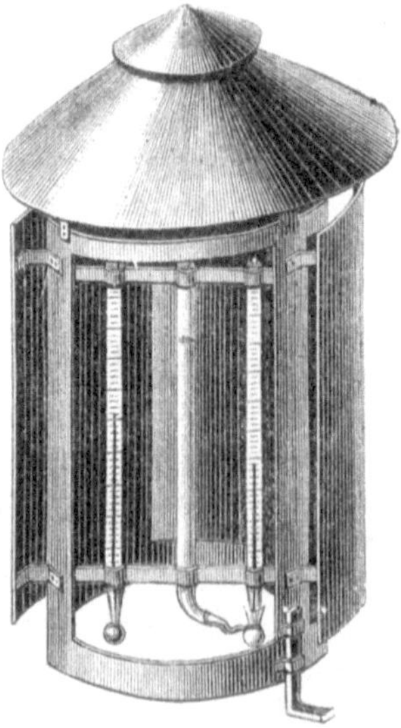

Fig. 48. Thermoteraufstellung.

Vor den übrigen Öffnungen sind Blechstücke angebracht, welche von der Gehäuswand um etwa 3 cm abstehen.

Vermöge dieser Einrichtung ist das Thermometer vor Regen und Schnee, sowie vor jeder unmittelbaren Wärme-Ein- und Ausstrahlung geschützt, während ein freier Luftzug um dasselbe nach allen Richtungen hin gesichert ist.

Das Gehäuse wird getragen von einer etwa 1 m langen horizontalen eisernen Stange, welche zur Seite eines womöglich nach Norden sehenden Fensters um ein Charnier drehbar angebracht ist, und wird nur behufs der Ablesung gegen das Fenster hereingedreht. Dadurch ist es der strahlenden Wirkung der Mauern des Gebäudes, in deren Nähe auch die Luft selbst eine etwas andere Temperatur hat als im Freien, möglichst entzogen.

Das Gehäuse darf mindestens während zwei Stunden vor jeder Beobachtung nicht direkt von den Sonnenstrahlen getroffen werden, weil es sonst, indem es sich stark erhitzt, selbst zur Wärmequelle wird und dem Thermometer Wärme zustrahlt. Aber selbst eine genau nach Norden gerichtete Wand wird im Sommer morgens und abends von der Sonne beschienen; man kann diesem Übelstande dadurch begegnen, daß man das Gehäuse durch leichte in einiger Entfernung angebrachte Bretterverschläge beschattet. Um die strahlende Wirkung des Bodens zu vermeiden, wähle man ein Fenster in einem höheren Stockwerk des Gebäudes.

In dem nämlichen Gehäuse kann auch das zur Bestimmung der Luftfeuchtigkeit dienende befeuchtete Thermometer (Psychrometer) aufgestellt werden (s. die Fig.).

Werden alle diese Vorsichtsmaßregeln beobachtet, so gibt das Thermometer stets die herrschende Lufttemperatur an. Thermometer aber, welche man einfach vor dem Fenster an die Wand hängt, sind der Ein- und Ausstrahlung, sowie der

15*

Wärmemitteilung zu sehr ausgesetzt, und zeigen eher die Temperatur der Wand als diejenige der Luft an.

Bringt man mehrere Thermometer verschiedener Konstruktion, welche bei richtiger Aufstellung übereinstimmend die nämliche Lufttemperatur angeben, in den direkten Sonnenschein, so zeigen sie ganz verschiedene Temperaturgrade. Sie erwärmen sich nämlich infolge ihrer Fähigkeit, die Sonnenstrahlen zu absorbieren; die Absorptionsfähigkeit der Körper ist aber, wie wir früher gesehen haben, abhängig von der Größe und Beschaffenheit ihrer Oberfläche. Ein Thermometer mit größerer Kugel wird höher erwärmt als eines mit kleinerer, weil jenes den Strahlen eine größere Fläche darbietet. Läßt man zwei ganz gleiche Thermometer, von denen die Kugel des einen mit Ruß geschwärzt, die des anderen blank gelassen ist, von der Sonne bescheinen, so wird das berußte, weil es die Sonnenstrahlen kräftiger absorbiert, eine weit höhere Temperatur erreichen als das blanke. Lamont hat beobachtet, daß ein kleines Thermometer mit auf das Rohr geätzter Skala, welches den Sonnenstrahlen zugänglich auf einem Grasplatz, entfernt von Gebäuden und Bäumen, an einem zwischen hohen Stangen ausgespannten Drahte frei aufgehängt war, eine Temperatur zeigte, welche sich nur wenig von der Lufttemperatur im Schatten unterschied: diese Thatsache erklärt sich leicht daraus, daß die kleine Kugel und die dünne Röhre, indem sie den Strahlen zu wenig Fläche boten, keine merkliche Absorption ausübten.

Wir ersehen hieraus, daß die Angaben, welche man so häufig machen hört über den Stand des Thermometers „in der Sonne", nicht den mindesten Wert haben, indem sie nicht allein durch die Stärke der Strahlung, sondern wesentlich durch die besondere Beschaffenheit des angewendeten Instruments bedingt sind.

Mittlere Temperatur.

Wird an einem Beobachtungsorte die Lufttemperatur von Stunde zu Stunde notiert, so gibt die Summe der 24 Ablesungen eines Tages mit der Zahl 24 dividiert die mittlere Temperatur dieses Tages. Obgleich solche stündliche Beobachtungen große Mühe und Aufopferung erheischen, so sind sie doch an vielen Orten jahrelang durchgeführt worden, weil nur durch derartige Beobachtungsreihen die sichere Grundlage für das Studium der Temperaturverhältnisse der untersten Luftschicht zu gewinnen war. Heutzutage machen die registrierenden Thermometer, welche von Viertelstunde zu Viertelstunde oder sogar alle 10 Minuten die Lufttemperatur selbstthätig aufzeichnen, eine so mühselige Arbeit überflüssig.

Man kann übrigens die mittlere Tagestemperatur auch ziemlich genau dadurch finden, daß man aus nur 3 an passenden Tagesstunden angestellten Beobachtungen das Mittel nimmt; zur richtigen Auswahl der Stunden findet man eben in jenen stündlichen Beobachtungen sichere Anhaltspunkte. Von dem preußischen meteorologischen Institut sind dafür die Stunden 6 Uhr morgens, 2 Uhr nachmittags und 10 Uhr abends vorgeschrieben worden. Nicht minder empfehlenswert sind die von der Mannheimer Societät vorgeschlagenen sogen. „Mannheimer Stunden", nämlich 7 Uhr morgens, 2 Uhr nachmittags und 9 Uhr abends, besonders wenn man bei der Summierung die letzte Beobachtung doppelt nimmt und die Summe durch 4 dividiert. Der Wiener meteorologische Kongreß (1873) hat außerdem noch die Stunden 7, 2, 10 und 7, 1, 9 als vorteilhaft empfohlen. Am bequemsten aber und ziemlich genau findet man das Tagesmittel aus der höchsten und tiefsten Temperatur des Tages, welche sich durch einmalige Ablesung des Maximum und Minimumthermometers ergeben.

Wird die Summe der Mitteltemperaturen aller Tage eines Jahres durch die Anzahl der Tage (365 oder 366) dividiert, so ergibt sich die mittlere Temperatur des Jahres. Man erhält dieselbe übrigens auch mit hinreichender Genauigkeit, wenn man aus den 12 Monatsmitteln wieder das Mittel nimmt. So findet man z. B. aus den zu Berlin in den Jahren 1829 bis 1834 angestellten Beobachtungen folgende Jahresmittel:

1829	1830	1831	1832	1833	1834
6,88	8,46	8,95	8,58	9,19	10,73

Man ersieht aus dieser Zahlenreihe, daß die mittlere Jahreswärme von einem Jahre zum andern beträchtlichen Schwankungen unterworfen ist. Der mittlere Wert, um welchen diese Zahlen schwanken, oder das allgemeine Jahresmittel, wird erhalten, wenn man diese Bestimmungen eine größere Reihe von Jahren hindurch fortsetzt und aus den für die einzelnen Jahre gefundenen Ergebnissen das Mittel zieht. So ergibt sich z. B. für Berlin aus 24 Beobachtungsjahren als allgemeines Mittel die Temperatur 8,98°. Über einen je längeren Zeitraum die Beobachtungen sich erstrecken, desto wahrscheinlicher ist es, daß die Schwankungen nach der einen und der anderen Seite sich gleich oft und in gleicher Größe wiederholen, und desto genauer berechnet sich das allgemeine Jahresmittel. Verfügt man über eine Beobachtungsreihe von mehr als 20 Jahren, so lassen sich die Mitteltemperaturen jedes Tages, jedes Monats und des ganzen Jahres schon sehr genau bestimmen. Diese Zahlen, welche man Normaltemperaturen nennt, kennzeichnen die Erwärmungsverhältnisse eines Ortes, wie dieselben sein würden, wenn die störenden Ursachen, welche thatsächlich unaufhörlich einwirken, nicht vorhanden wären.

Isothermen.

Wenn die Jahresmittel einer großen Anzahl über alle Gegenden des Erdballs zerstreuter Orte bekannt sind, so gewinnen wir aus ihnen die Kenntnis von der Verteilung der Wärme über die Erdoberfläche. Aber je reichhaltiger die Beobachtungen zu Gebote stehen, desto schwieriger wird es, sie zu überblicken und Folgerungen aus ihnen zu ziehen, weil auch noch so sorgfältig und zweckmäßig angelegte Zahlentabellen doch immer der unmittelbaren Anschaulichkeit entbehren. Alexander von Humboldt kam zuerst auf den Gedanken, auf der Erdkarte Linie zu ziehen, welche durch alle Punkte gehen, deren Mitteltemperatur die nämliche ist. Diese Arbeit, von Humboldt selbst für eine große Anzahl von Orten durchgeführt, wurde später von Dove und neuerdings von Buchan namentlich für die südliche Halbkugel fortgesetzt und vervollständigt. Diese Linien gleicher mittlerer Jahreswärme, welche man Isothermen nennt, sind auf dem Kärtchen Fig. 49 von 5 zu 5° C. dargestellt. Diejenigen Linien, welche Temperaturen unter Null entsprechen, sind punktiert gezeichnet. Um den Einfluß, welchen Gebirge und Hochebenen auf die Temperatur ausüben, zu beseitigen, wurden alle Beobachtungen so umgerechnet, als wären sie in dem Meeresniveau gemacht, und diese korrigierten Zahlen der Zeichnung zu Grunde gelegt.

Diese Isothermen weichen, wie man sieht, beträchtlich von den Parallelkreisen ab. Orte, welche unter gleicher geographischer Breite liegen, zeigen oft ganz verschiedene Temperaturen, z. B. Neapel, unter 40° 52′, besitzt eine mittlere Jahreswärme von 15,3°, New-York dagegen, unter 40° 43′ Br., nur 10,9°, eine Temperatur, welcher wir in Westeuropa erst viel weiter nördlich in Bristol, unter 51° 27′ nördl. Breite, wieder begegnen. Die Biegungen der Isothermen haben ihren

Grund in jenen allgemeinen Einflüssen (Verteilung von Festland und Wasser, Luft- und Meeresströmungen), welche wir in den vorausgehenden Abschnitten kennen gelernt haben und bringen die Macht dieser Einflüsse zu lebendiger Anschauung.

Auf dem Festland nimmt die Temperatur gegen den Pol hin viel rascher ab, als über dem Meere; wir sehen daher die Isothermen über den großen Kontinenten eng zusammengedrängt, auf dem Ozean dagegen weiter auseinandergerückt, und dadurch den mildernden Einfluß der Meere deutlich versinnlicht.

Wir sehen ferner in der Nähe des Äquators einen Gürtel, dessen mittlere Jahrestemperatur 25° übersteigt. Derselbe erstreckt sich aber nicht rings um die Erde, sondern zeigt im stillen Ozean westlich von Südamerika eine Unterbrechung an der Stelle, wo sich die kalten Wasser des Humboldtstromes in die Äquatorialströmung ergießen. Innerhalb jenes Gürtels gewahren wir zwei abgeschlossene Gebiete, deren Temperatur mehr als 30° beträgt, das eine im Innern von Afrika, das andere in der nordwestlichen Ecke Südamerikas; die beiden heißesten Stellen der Erdoberfläche fallen fast ganz auf die festlandreiche nördliche Halbkugel.

Im nördlichen atlantischen Ozean springen die Gipfel der stark gebogenen Isothermen weit nach Norden vor, wodurch sich die Einwirkung des Golfstroms deutlich zu erkennen gibt. Durch dessen warme Gewässer wird die kälteste Region der Erde vom Nordpol weg hinübergedrängt nach jenem Teil des Eismeers, welcher die nördliche Küste von Nordamerika bespült. Diese kälteste Region bildet einen zusammenhängenden von der Isotherme —20° umschlossenen Fleck, welcher von der Melvilleinsel im Norden von Amerika sich gegen Neusibirien hinüber erstreckt ohne letzteres zu erreichen. Innerhalb dieses Gebiets muß demnach der kälteste Punkt

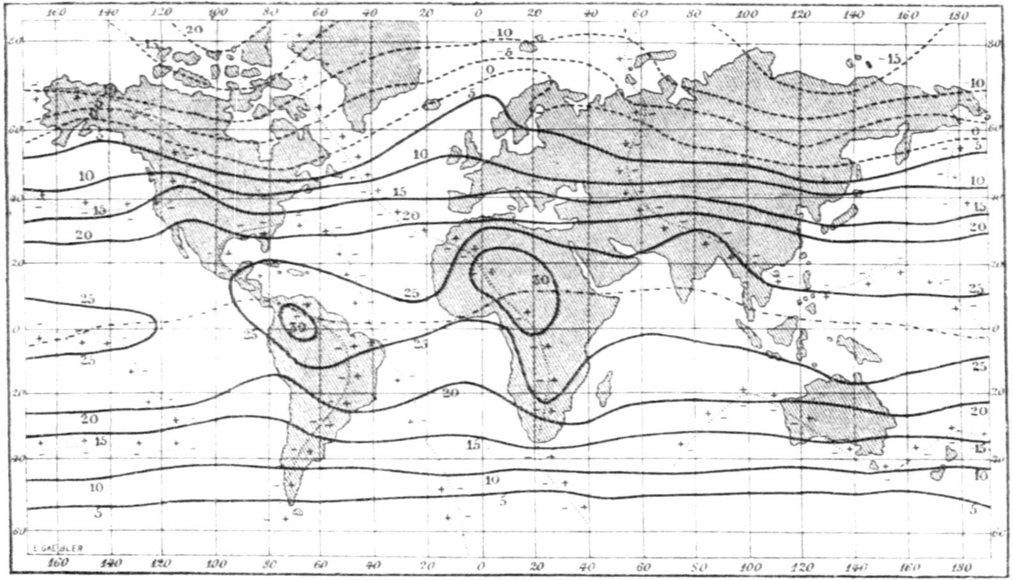

Fig. 49. Jahresisothermen.

der nördlichen Erdhälfte oder ihr Kältepol gesucht werden. Der geographische Nordpol wird durch die Isothermen von — 20° nicht berührt und müßte, dem Verlauf der Isothermen nach zu schließen, eine mittlere Jahrestemperatur von etwa — 18° besitzen.

Die polare Kälte dringt, wie ein Blick auf das Kärtchen lehrt, über den Kontinenten von Nordamerika und Asien am weitesten nach Süden vor. Die Nullisotherme, welche in Europa mit östlich überhängendem Scheitel das Nordkap unter 71° Nordbreite streift, senkt sich sowohl in Labrador als auch im östlichen Asien bis in die Breite des mittleren Deutschlands herab.

Als bemerkenswerte Thatsache ergibt sich ferner noch, daß in der nördlichen gemäßigten Zone die Westküsten der großen Kontinente wärmer sind als die Ostküsten, was sich dadurch ausspricht, daß die Isothermen an den Westküsten von Amerika und Europa (welches als nach Westen vorgestreckte Halbinsel des Kontinentes der alten Welt zu betrachten ist) gegen Norden gewölbt sind, an den Ostküsten von Amerika und Asien aber gegen Süden. Dieses Verhalten erklärt sich teils daraus, daß die Westküsten von warmen Meeresströmen, die Ostküsten dagegen von polaren Eisströmen bespült werden; teils aber aus dem Umstande, daß die Westküsten die äquatorialen, die Ostküsten aber die polaren Luftströme aus erster Hand erhalten. Als hervorragendes Beispiel für diese Bevorzugung der Westküsten haben wir das milde Klima Norwegens bereits kennen gelernt. Auch die Nordwestküste Amerikas erfreut sich ähnlicher Vorteile. Die Halbinsel Aljaska, welche sich 80 Meilen weit nach Westen vorstreckt und sich in der Inselkette der Aleuten fortsetzt, bildet mit diesen eine Scheidewand, welche das eiserfüllte Behringsmeer von der warmen Südsee abschließt. „Wohl nirgends auf der Erde,“ sagt v. Baer, „ist ein so bedeutender Unterschied der Klimate in so geringer Entfernung, als auf beiden Seiten von Aljaska." Der Höhenzug, welcher die Halbinsel entlang streicht, scheidet die nördlichen waldlosen Ufer von den südlichen bewaldeten, und bildet auch für die Tierwelt eine auffallende Grenzscheide. Während an der nördlichen Küste alljährlich im Winter sich Walrosse einfinden, schwärmen auf der Südseite im Sommer die Kolibris bis in die Bucht „Cooks Einfahrt".

Auf der südlichen Halbkugel erscheinen die Isothermen weit weniger gekrümmt als auf der nördlichen, was seinen Grund hat in der ausgleichenden Wirkung des Meeres, welches den größten Teil der südlichen Erdhälfte bedeckt. An der Westküste von Südamerika erkennen wir in der Wölbung der Isothermen gegen den Äquator hin den Einfluß des kalten Humboldtstroms; auch an der Westküste von Südafrika bringt eine polare Meeresströmung eine ähnliche Wirkung hervor.

Der oben schon erwähnte heißeste Erdgürtel, dessen Temperatur 25° übersteigt, liegt zum weitaus größeren Teil nördlich vom Äquator. Auch die ganz auf der südlichen Hemisphäre verlaufenden Isothermen führen, soweit sie bekannt sind, zu dem Ergebnis, daß der gleichen geographischen Breite auf der nördlichen Erdhälfte eine höhere Durchschnittstemperatur entspricht, als auf der südlichen. Man glaubte daraus den Schluß ziehen zu dürfen, daß die südliche Halbkugel, weil vorherrschend von Meer bedeckt, überhaupt kälter sei als die landreiche nördliche. Hann hat jedoch in neuerer Zeit auf Grund vollständigeren Beobachtungsmaterials nachgewiesen, daß zwar die südliche Halbkugel bis etwa 40° Breite eine geringere Temperatur hat als die nördliche, daß sie dagegen unter höheren Breiten wärmer ist als diese. Dieses Verhalten erklärt sich daraus, daß sowohl das Absorptions- als auch das Ausstrahlungsvermögen des Festlands größer ist als dasjenige des Wassers. Unter höheren Breiten, wo die Ausstrahlung überwiegt, wirkt das Meer, indem es seine Wärme schwieriger ausstrahlt als das Festland, temperaturerhöhend; unter niedrigeren Breiten aber, wo die Einstrahlung größer ist, wirkt das Meer abkühlend im Vergleich zum Festland, welches die Wärme ungleich kräftiger aufzusaugen vermag. Es müssen demnach in der Nähe des Äquators die Landflächen wärmer sein als die Meere; gegen die Pole hin aber kehrt sich das Verhältnis um, dort sind die Kontinente kälter als der Ozean. —

Auf dem Isothermenkärtchen bemerkt man in der Nähe des Äquators noch eine unterbrochen punktierte Linie, welche aber keine Isotherme ist; sie verbindet alle Punkte, wo die Temperatur eines jeden Meridians am größten ist. Man kann sie als Wärmeäquator bezeichnen. Diese Linie weicht beträchtlich ab vom geographischen Äquator, besonders über den beiden großen Kontinenten. Der Wärmeäquator verläuft fast in seiner ganzen Ausdehnung auf der nördlichen Halbkugel; sein Heraufsteigen nach Norden, welches man im Innern von Afrika und im indischen Ozean wahrnimmt, ist der erwärmenden Wirkung der Wüste Sahara, der arabischen Wüste und des südlichen Asiens zuzuschreiben. An der anderen nördlichen Ausbiegung, welche er gegen Mittelamerika und das Antillenmeer hin aufweist, ist wahrscheinlich nebst dem südamerikanischen Wärmezentrum auch die an jenen Küsten besonders warme äquatoriale Meeresströmung schuld.

Jährlicher Gang der Lufttemperatur.

Durch die mittlere Jahrestemperatur eines Ortes sind wir aber über dessen Erwärmungsverhältnisse keineswegs vollständig unterrichtet. Eine umfassendere Kenntnis hievon erlangen wir erst, wenn wir die Änderungen der Luftwärme im Laufe des Jahres Schritt für Schritt verfolgen.

Die Mitteltemperatur eines Monats wird erhalten, wenn man die Summe seiner Tagesmittel durch die Anzahl seiner Tage dividiert. Für den nämlichen Monat fallen aber die so berechneten Mittelzahlen in den einzelnen Jahren sehr verschieden aus. Aus den zu Berlin angestellten Beobachtungen ergeben sich z. B. für die mittlere Temperatur des Januar in den Jahren von 1829 bis 1834 folgende Werte:

1829	1830	1831	1832	1833	1834
— 5,8	— 7,6	— 4,6	— 1,4	— 3,4	+ 3,5.

Vermöge der Sonnenstrahlung allein, welche im Laufe der Jahre für denselben Monat immer die nämliche bleibt, müßte aber jedem Monat eine bestimmte mittlere Temperatur entsprechen. Die große Verschiedenheit jener Zahlen ist bedingt durch Einflüsse — namentlich durch die herrschenden Windrichtungen — welche sich nicht von Jahr zu Jahr regelmäßig wiederholen, sondern in dem einen Jahr die dem Monat zukommende Wärme zu erhöhen, in einem anderen Jahr herabzudrücken bestrebt sind. Man berechnet daher die Normaltemperatur eines jeden Monats oder das allgemeine Monatsmittel, welches von diesen an den regelmäßigen Lauf der Jahreszeiten nicht gebundenen Abweichungen befreit ist, indem man die Mitteltemperaturen eines jeden Monats, wie sie sich in den einzelnen Jahren ergeben haben, zusammenzählt und die erhaltene Summe durch die Zahl der Beobachtungsjahre dividiert. So findet sich aus einer Reihe von 24 Beobachtungsjahren für Berlin die Normaltemperatur des Januar = — 2,4°.

Aus den Zusammenstellungen der Monatsmittel erkennt man sofort, daß auf der nördlichen Halbkugel der Januar der kälteste, der Juli der wärmste Monat ist. Um die durchschnittlichen Zeitpunkte der größten Kälte und der höchsten Wärme, sowie überhaupt den jährlichen Gang der Temperatur genauer zu ermitteln, müßte man statt der Monatsmittel die mittleren Temperaturen kürzerer Zeitabschnitte berechnen; als besonders zweckentsprechend erweisen sich fünftägige Perioden, durch welche das Jahr in 75 gleiche Teile geteilt wird. Aus den fünftägigen Mitteln ergibt sich z. B., daß in Berlin die größte Kälte zwischen den 5. und 10. Januar, die größte Hitze aber zwischen den 24. und 29. Juli fällt. Das Maximum und Minimum der Wärme treffen also nicht mit dem höchsten und tiefsten Sonnenstand (21. Juni und 21. Dezember) zusammen, sondern treten beträchtlich später ein. Die Sommerwärme muß nämlich nach dem Solstitium noch so lange steigen, als die tägliche Einstrahlung die Ausstrahlung übertrifft; und ebenso wird nach dem Wintersolstitium die Temperatur fortfahren zu sinken, so lange noch die Ausstrahlung größer bleibt als die Einstrahlung. Diese Verzögerung der Winterkälte findet in der volkstümlichen Witterungsregel:

„Wenn der Tag beginnt zu langen,
Kommt die Kälte erst gegangen"

ihren richtigen Ausdruck.

Um den jährlichen Gang der Temperatur im allgemeinen zu verfolgen, sind jedoch die Monatsmittel völlig ausreichend. Der Überblick über eine solche Zahlenreihe wird ungemein erleichtert, wenn man dieselbe durch eine geeignete Zeichnung versinnlicht. In Fig. 50 entsprechen den verschiedenen Monaten vertikale Linien, deren jede der Reihenfolge nach unten mit dem Anfangsbuchstaben des zugehörigen Monatnamens bezeichnet ist. Der Monat Dezember, mit welchem der Winter beginnt, findet sich sowohl rechts als auch links angegeben, um dadurch 12 monatliche Zeitabschnitte abzugrenzen. Von einer mit M bezeichneten horizontalen Linie aus, welche der mittleren Temperatur des Jahres entspricht, sind nach aufwärts oder nach abwärts Längen aufgetragen, welche die Anzahl Grade vorstellen, um welche jedes Monatsmittel

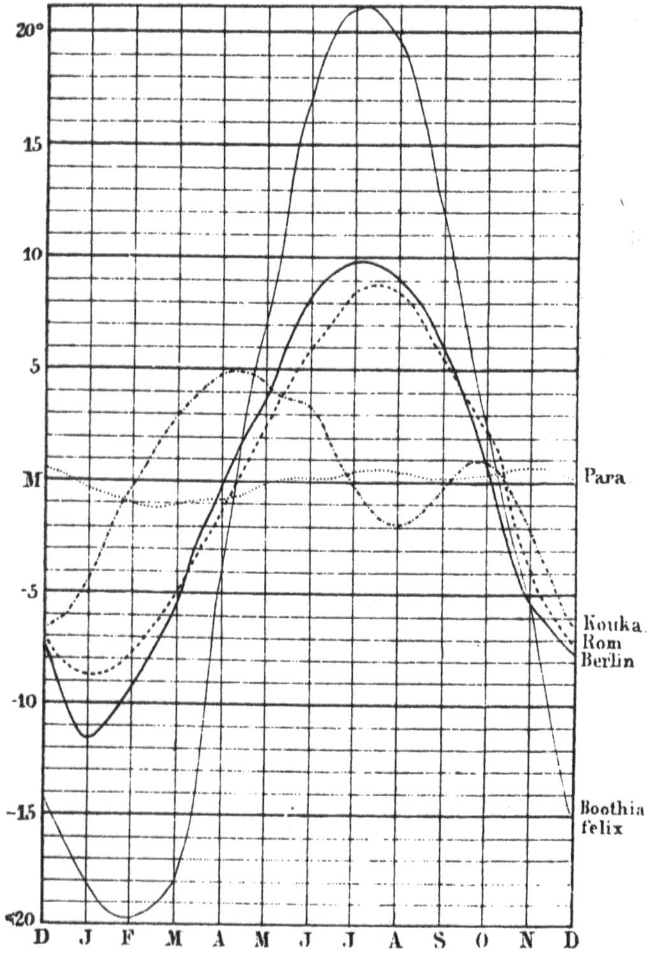

Fig. 50. Jährlicher Gang der Temperatur unter verschiedenen Breiten.

das Jahresmittel übersteigt oder hinter ihm zurückbleibt. Durch die Endpunkte dieser Längen ist eine stetige krumme Linie (Kurve) gezogen, deren Steigen und Fallen nicht nur im allgemeinen den Gang der jährlichen Temperatur zu beurteilen, sondern auch den Betrag der Schwankungen abzulesen erlaubt. Die Figur enthält nämlich zu diesem Zweck noch eine Reihe horizontaler Linien, deren Abstand einem Temperaturunterschied von je 1° C. entspricht und welche von 5 zu 5° zur Seite beziffert sind.

So können wir z. B. der für Berlin gezeichneten krummen Linie entnehmen, daß daselbst der Unterschied der Temperaturen des kältesten und wärmsten Monats (Januar und Juli) oder die mittlere jährliche Schwankung sich auf 21,2° beläuft. Außer für Berlin sind noch für vier andere Orte, welche unter verschiedenen geographischen Breiten liegen, die Jahreskurven gezeichnet.

Ein Blick auf die Figur belehrt uns sofort, daß die jährlichen Schwankungen um so beträchtlicher werden, je weiter man sich vom Äquator entfernt.

In der Nähe des Äquators, wo sich um Mittag die Sonne nie weit vom Scheitelpunkt entfernt und die Tage das ganze Jahr über fast gleich lang sind, sind die Temperaturveränderungen im Laufe eines Jahres nur wenig ausgesprochen; die Jahreszeiten unterscheiden sich mehr durch die Regenmengen als durch die Luftwärme. In höheren Breiten dagegen, wo die Sonne im Winter sehr tief steht und die Tageslängen im Sommer und Winter äußerst verschieden sind, muß sich der Gegensatz der Jahreszeiten in einem beträchtlichen Unterschied des höchsten und des tiefsten Monatsmittels entschieden ausprägen. Jenseits des Polarkreises, wo die Sonne tagelang oder monatelang gar nicht untergeht, dafür aber auch im Winter eben so lang gar nicht aufgeht, erreicht dieser Gegensatz seine äußerste Schärfe.

Betrachten wir die Kurven unserer Fig. 50 im einzelnen etwas näher, so finden wir, daß Para in Brasilien, nahezu unter dem Äquator gelegen, bei einer mittleren Jahrestemperatur von 27,0° nur eine jährliche Schwankung von 1,5° aufzuweisen hat. Von Jahreszeiten in unserem Sinne kann dort keine Rede sein. In Kouka in Innerafrika (unter 13° 10′ Nordbreite, Jahresmittel 28,6°) beläuft sich die Differenz zwischen dem heißesten und kältesten Monat schon auf 9,3°; in der tiefen Einsenkung, welche die Temperaturkurve in den Sommermonaten zeigt, ist der Einfluß der Regenzeit zu erkennen. Rom unter 41° 54′ Breite, ist bei einem Jahresmittel von 15,9° einer Schwankung von 17,1°, Berlin (52° 30′ Breite, Jahresmittel 7,2°) einer solchen von 21,2° unterworfen. In Boothia felix endlich, im arktischen Nordamerika, unter 69° 59′ nördlicher Breite, wo die Monate lange Winternacht, nur durch zweifelhaften Dämmerungsschein und den phosphoreszierenden Schimmer des Nordlichts spärlich erhellt, einen unaufhörlichen Wärmeverlust durch Ausstrahlung ohne jeglichen Ersatz zuläßt, während im Sommer die geringe Wärmekraft der tiefstehenden Sonne zum Teil wenigstens durch ihre fortwährende Gegenwart ersetzt wird, sehen wir, bei einer mittleren Jahrestemperatur von — 15,8, die jährliche Schwankung den Betrag von nicht weniger als 40,6° erreichen.

In dem Verlaufe der Temperaturkurve für Boothia felix ist noch der Umstand bemerkenswert, daß die größte Winterkälte nicht auf den Januar, sondern auf den Februar trifft. Eine ähnliche Verzögerung der Winterkälte tritt überall im arktischen Amerika ein. Die Ursache davon ist teils darin zu suchen, daß erst nach Beendigung der langen Winternacht unter den Strahlen der allmählich sich hebenden Sonne die Temperatur wieder anfangen kann zu steigen; namentlich aber auch darin, daß die schneebedeckte Eiskruste, welche das Meer gefesselt hält, dessen temperaturmildernden Einfluß aufhebt, indem sie dasselbe gleichsam zu Festland macht. Diese Wirkung der Eisflächen wird in Nordamerika bis zum 40. Breitegrade herab wahrgenommen. In Kingston und Toronto in Canada ist der Februar ebenfalls der kälteste Monat. —

Konstruiert man die Kurve des jährlichen Temperaturgangs nach fünftägigen Mitteln, so zeigt dieselbe, selbst wenn sie aus einer langen Reihe von Jahren berechnet ist, kein gleichmäßiges Ansteigen von der tiefsten Januar- bis zur höchsten Juliwärme, und kein stetes Herabsinken in der zweiten Hälfte des Jahres, sondern sie verfolgt, häufig in kleineren Biegungen steigend und sinkend, eine Zickzackbahn, und läßt dadurch erkennen, daß der Gang der jährlichen Temperatur von Rückfällen der Kälte und Wärme begleitet ist, welche innerhalb eines Monats an bestimmte Tagesgruppen geknüpft zu sein scheinen. Fast in jedem Monat lassen sich solche Rückfälle erkennen, besonders berüchtigt aber ist der Rückfall der Kälte in der ersten Hälfte des Mai. Um diese Zeit nämlich, wo die Lufttemperatur bei Tage noch keinen hohen Grad erreicht, können die zarten, safterfüllten Triebe der Pflanzen in klarer Nacht durch Ausstrahlung bis unter den Gefrierpunkt erkalten und erfrieren, selbst wenn die umgebende Luft noch einige Grade über Null erwärmt bleibt. In Süddeutschland werden der 12., 13. und 14. Mai besonders gefürchtet, und die Heiligen Pankratius, Servatius und Bonifazius, mit deren Namen im Kalender jene Tage bezeichnet sind, heißen volkstümlich „die drei Eismänner". Nicht minder als die von diesen „gestrengen Herren" gebrachten Maifröste fürchten die Gärtner das Stierneu, d. h. die Zeit, in welcher der Neumond im Zeichen des Stiers eintritt, was Ende April und in der ersten Hälfte des Mai vorkommen kann.

Land- und Seeklima.

Der mildernde Einfluß des Meeres auf die mittlere Jahrestemperatur ist, wie oben schon bemerkt wurde, in dem Verlauf der Isothermen deutlich zu erkennen; noch viel auffallender tritt derselbe hervor, wenn wir an der Hand der Monatsmittel den jährlichen Gang der Temperatur verfolgen.

Vermöge seiner geringen Absorptionsfähigkeit und seiner großen Wärmekapazität erwärmt sich das Wasser viel langsamer und weniger hoch als das Festland; aus denselben Gründen erkaltet es aber auch weniger tief und weniger rasch. Außerdem mäßigt die an den Küsten häufigere Bewölkung die Wärmewirkung der Sonne im Sommer und vermindert die Ausstrahlung während des Winters. Das Meer wirkt sonach abstumpfend auf die im Laufe der Jahreszeiten auftretenden Gegensätze von Hitze und Kälte; in seiner mäßigenden Nähe treffen wir daher allmählich in einander übergehend milde Winter und kühle Sommer, während entfernt von den Küsten im Innern des Festlandes sengende Sommerhitze in raschem Übergang von erstarrender Winterkälte abgelöst wird.

Dieser Gegensatz von Land- und Seeklima (Kontinental- und Küstenklima) wird besonders augenfällig, wenn wir mit Hilfe einer Zeichnung (Fig. 51), welche nach denselben Grundsätzen angefertigt ist wie Fig. 50, den jährlichen Gang der Temperatur zweier Orte vergleichen, welche die nämliche mittlere Jahreswärme besitzen, von denen aber der eine an der Meeresküste, der andere tief im Innern des Landes liegt. Die gewählten Beispiele sind Dublin und Astrachan; beide Orte haben die gleiche mittlere Jahrestemperatur von 9,5°; aber dort an der irischen Küste ist die Temperatur des kältesten Monats nur 12,4° unter derjenigen des heißesten; hier am Strande des Kaspisees beträgt dieser

Unterschied nicht weniger als 32,6°. In Astrachan, wo der Winter so hart ist wie am Nordkap, zeitigt der Sommer

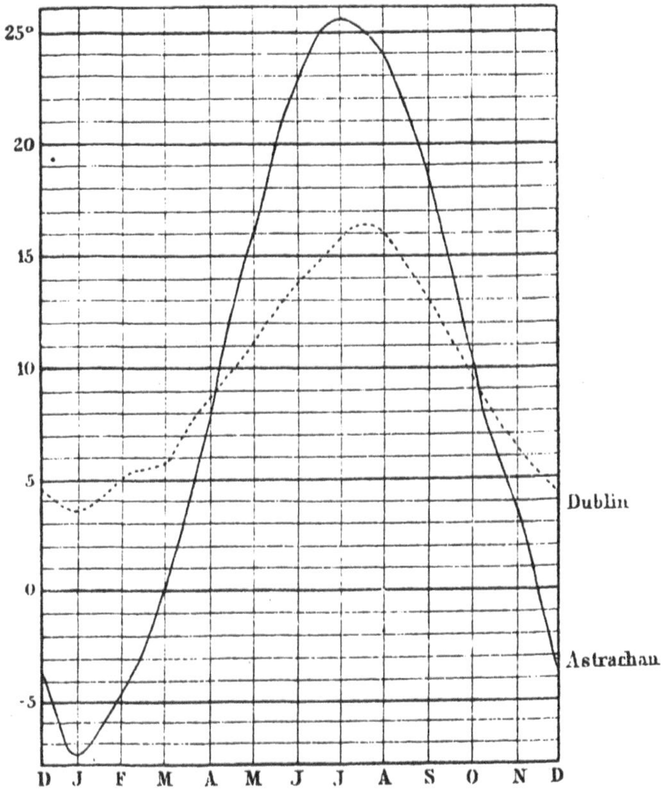

Fig. 51. Land= und Seeklima.

köstliche Trauben; in Irland dagegen, wo der Winter nur selten Eis bringt, gedeiht die Weinrebe nicht. Der Weinstock nämlich vermag wohl eine ziemlich starke Winterkälte zu er=

tragen, bedarf aber eines heißen Sommers um seine Früchte zu reifen.

Ein wahrhaft entsetzliches Beispiel kontinentalen Klimas bietet Jakutzk in Ostsibirien. Bei einer mittleren Jahrestemperatur von — 10,3° sinkt die mittlere Temperatur des Januar auf — 43,0°, während die des Juli auf 20,4° steigt; die mittlere jährliche Schwankung beträgt also nicht weniger als 63,4°! Die Winterkälte ist dort so grimmig, daß die Sperlinge und Elstern erfroren aus der Luft fallen. „Es ist eine den Kindern von Jakutzk bekannte Sache," erzählt Gmelin, „daß in einem Jahre eine solche Kälte gewesen sei, daß einem Woiwoden, als er aus seinem Haus bis in die Kanzlei gegangen, ungeachtet er in einen großen langen Pelz eingewickelt und mit einer Pelzkappe, die den Kopf völlig bedeckte, versehen gewesen, dennoch Hände, Füße und Nase erfroren waren, daß man ihn kaum wieder hatte zurecht bringen können. Die Entfernung aber von seinem Haus in die Kanzlei mag nicht über 25 Klafter gewesen sein." — Die obigen Temperaturangaben sind Mittelzahlen: die wirklich vorkommenden Kältegrade liegen noch viel tiefer, können aber, da das Quecksilber bei — 40,5° erstarrt, an Quecksilberthermometern nicht mehr beobachtet werden. Neweroff sah in Jakutzk Weingeistthermometer am 21. Jan. 1838 bis auf — 60° sinken, die tiefste Lufttemperatur, welche überhaupt bis jetzt beobachtet worden. Und doch hat Jakutzk 3000 Einwohner und eine mannigfaltige Vegetation, die sich, nachdem mit Anfang Juni der Schnee geschmolzen ist, so wunderbar schnell entwickelt, daß Gmelin in die Worte ausbricht: „wenn jemand jemals hat Gras wachsen sehen, so ist es vermutlich hier gewesen!" Während des kurzen aber heißen Sommers wird in dieser Gegend Ostsibiriens Weizen und Roggen geerntet auf einem Boden, der in 1 m Tiefe fortwährend gefroren bleibt; auf der Insel Island dagegen, wo die mittlere Jahrestemperatur viel höher und die Winterkälte nur unbedeutend ist, ist der Getreidebau unmöglich, weil die geringe Sommerwärme nicht hinreicht, die Körner zu reifen.

Monatsisothermen.

Da bei gleichem Jahresmittel die Verteilung der Wärme auf die Jahreszeiten so bedeutende und namentlich in die Vegetationsverhältnisse tief eingreifende Unterschiede zeigt, so reichen die Isothermen nicht aus zur Darstellung der Klimate. Humboldt fügte ihnen daher noch die Linien gleicher mittlerer Winter- und gleicher mittlerer Sommertemperatur hinzu. Noch deutlicher aber wird die Vorstellung von den Wärmeverhältnissen der Erdoberfläche, wenn man, wie Dove gethan hat, die Isothermen für alle einzelnen Monate bestimmt und auf der Erdkarte verzeichnet.

Die Kärtchen Fig. 52 und 53 geben die Isothermen des Januar und des Juli.

Im Januar finden wir die Eigentümlichkeiten, welche wir an den Jahresisothermen der nördlichen gemäßigten Zone hervorhoben, noch schärfer ausgeprägt; über den beiden großen Kontinenten rücken sie noch enger zusammen und veranschaulichen durch ihre nach Süden gewölbte Biegung den strengen Winter des Festlandklimas. Sowohl im Norden von Amerika als im nordöstlichen Sibirien gewahren wir rings geschlossene Gebiete, deren Januarmittel unter —40° sinkt. Über den beiden Ozeanen dagegen biegen sich die Isothermen, die milden Winter des Seeklimas anzeigend, weit nach Norden hinauf; im nordatlantischen Meer namentlich lassen ihre weit vorspringenden und jenseits des Nordkaps sogar nach Osten hin überhängenden Scheitel die wärmende Einwirkung des Golfstroms deutlich erkennen. Durch diese Biegung wird der Verlauf der Januarisothermen im nördlichen und mittleren Europa in auffallendster Weise beeinflußt; sie laufen nämlich hier fast genau in der Richtung der Meridiane und zeigen, daß in unserem Winter der sonst im allgemeinen geltende Temperaturgegensatz zwischen Süden und Norden sich in einen Gegensatz zwischen Westen und Osten verwandelt.

Wenn man z. B. von Straßburg aus im Januar nach Norden fortgeht, so nimmt die Kälte nicht zu; beim Fortgehen nach Osten aber gelangt man in immer kältere, nach Westen in immer wärmere Gegenden. Auf einer Reise von Finnland nach Lappland würde man sogar, wegen des Überhängens der Isothermengipfel, allmählich in immer wärmere Gebiete kommen.

Im Juli (Fig. 53) ist in Europa dieser Kontrast zwischen Ost und West völlig verschwunden und die Gipfel der Isothermen an der skandinavischen Küste sind weit weniger steil. Dagegen steigen die Juliisothermen im Innern der Kontinente von Asien und Amerika weit nach Norden hinauf, infolge der kontinentalen Sommerhitze. Eine 30° übersteigende Julihitze finden wir auf drei geschlossenen Gebieten, von welchen die zwei kleineren auf Mexiko und das äquatoriale Südamerika fallen, das größere aber sich von Nordafrika über Arabien nach Vorderindien hinübererstreckt. Ja, in der Sahara, in Nubien, Nordarabien, Persien und Afghanistan treffen wir eine mittlere Julitemperatur von über 35°! Die Sommerhitze von Pondichery in Vorderindien schildert Le Gentil mit den Worten: „man wage die Nase nicht der freien Luft auszusetzen, denn man glaube sich vor der Öffnung eines Flammofens zu befinden; — ein frisches, in einem gut schließenden Schrank aufbewahrtes Hemd erzeugt auf dem Körper die Empfindung, als ob es am Feuer gewärmt wäre." Die Araber sagen, „daß die Erde von Feuer und der Wind eine Flamme sei", und der Afghane von Ghizne: „Guter Gott, warum hast du die Hölle geschaffen, da doch Ghizne schon da war!"

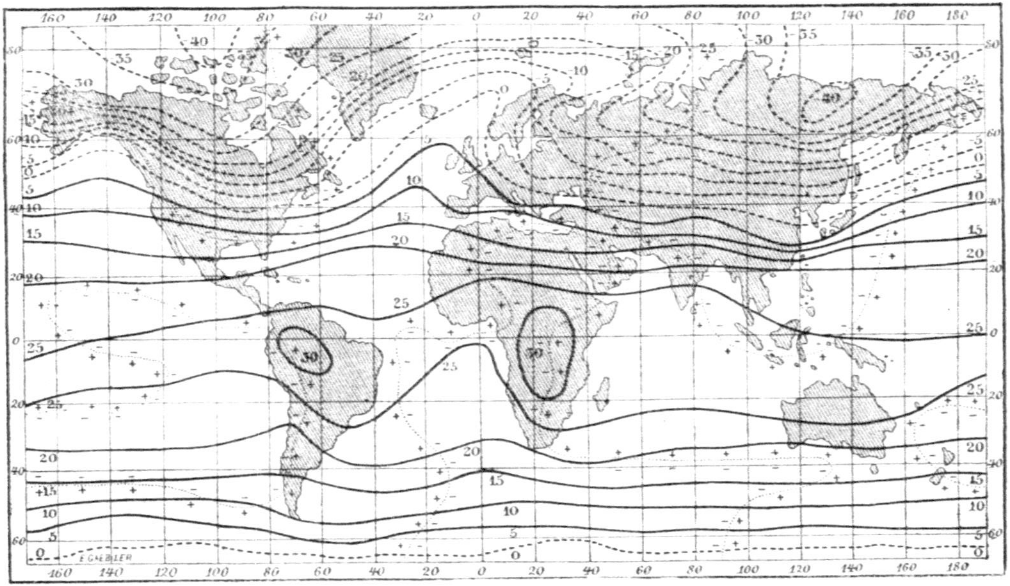

Fig. 52. Isothermen des Januar.

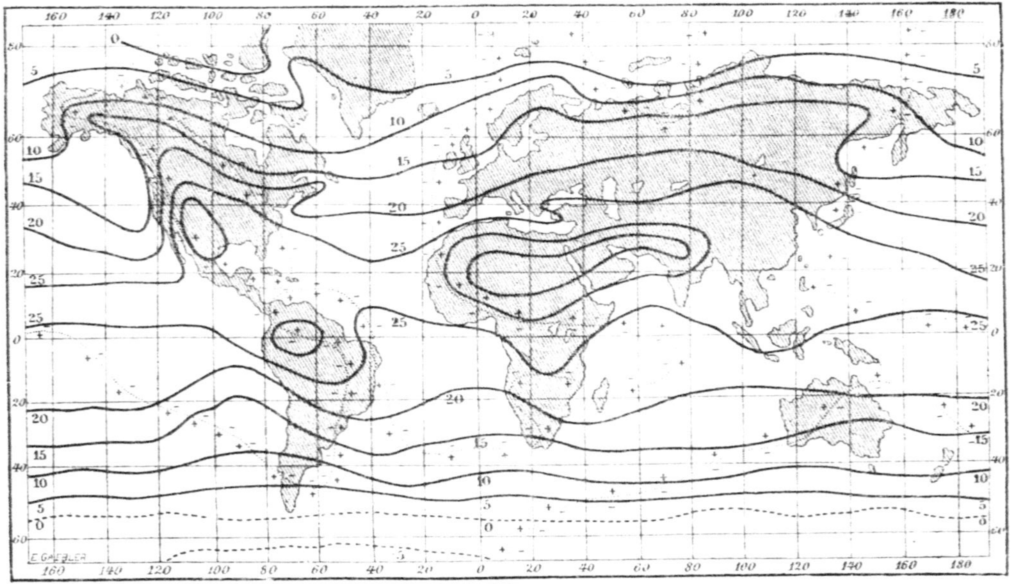

Fig. 53. Isothermen des Juli.

Wärmeabweichung.

In dem Verlaufe der Isothermen sehen wir veranschaulicht, wie beträchtlich im allgemeinen die Jahres- und Monatsmittel eines Ortes von derjenigen Temperatur abweichen, welche man vermöge seiner geographischen Lage erwarten sollte. Um für den Betrag dieser Abweichung ein bestimmtes Maß zu erhalten, berechnete Dove die mittlere oder normale Temperatur eines jeden Parallelkreises, indem er von 10 zu 10 Längengraden 36 Punkte auf demselben annahm, die Temperatur eines jeden Punktes aus den Isothermenkarten entnahm und aus diesen 36 Zahlen das Mittel zog. Nun kann man bestimmen um wieviel die Monats- und das Jahresmittel eines Ortes die normale Temperatur seines Parallelkreises übertrifft oder hinter ihr zurückbleibt; die Zahl, welche in jedem Fall angibt, um wieviel der Ort wärmer oder kälter ist als er nach seiner geographischen Lage sein sollte, wird die Wärmeabweichung (thermische Anomalie) des Ortes genannt. Durch Linien, welche auf der Karte die Orte gleicher Wärmeabweichung verbinden (sie werden thermische Isanomalen genannt) wird der Überblick über diese Zahlen ungemein erleichtert und das Bild der Wärmeverteilung über die Erdoberfläche wesentlich vervollständigt. Unter diesen Linien gibt es solche, längs welchen keine Wärmeabweichung stattfindet und somit die normale Temperatur herrscht; sie werden thermische Normalen genannt und bilden die Grenzlinien zwischen den Gebieten, welche zu warm und jenen, welche zu kalt sind. Auf den Kärtchen Fig. 49, 52 und 53 sind für das ganze Jahr, für den Januar und für den Juli diese Linien ohne Wärmeabweichung fein punktiert eingetragen, und auf der Seite der wärmeren Region mit +, auf der Seite der kälteren mit — bezeichnet.

Durch aufmerksame Betrachtung dieser Linien gewinnen wir eine noch genauere Vorstellung von der Beschaffenheit und Verteilung der Klimate als auf dem bisherigen Weg möglich war.

Wir sehen z. B., daß Nordasien im Januar zu kalt, im Juli zu warm, im ganzen Jahresdurchschnitt zu kalt ist; es besitzt, ebenso wie das nordamerikanische Binnenland, ein ausgeprägtes Kontinentalklima. An der Westküste von Nordamerika sind die Winter zu warm, die Sommer zu kühl, das Jahresmittel ist zu hoch; hier herrscht also ein mildes Küstenklima.

Die Ostküste der Vereinigten Staaten dagegen zeigt höchst ungünstige Wärmeverhältnisse; strenge Winter wechseln mit kühlen Sommern, und die Temperatur bleibt das ganze Jahr über zu kalt.

Das Innere von Afrika liefert ein Beispiel für die Gestaltung des Festlandklimas unter den Tropen; im Juli zu heiß, im Januar zu kühl, ist es im Jahresdurchschnitt zu warm.

Aber kein Teil der Erde erfreut sich so günstiger Wärmeverhältnisse wie Europa; über diesen Weltteil hat die Natur mit freigebiger Hand die Fülle ihrer Schätze ergossen und hier der menschlichen Gesittung die wohnlichste Stätte bereitet. Wir sehen nämlich, indem wir die drei Kärtchen vergleichen, daß in Europa milde Winter mit warmen Sommern abwechseln, und daß auch das ganze Jahr über die Temperatur höher ist als nach der geographischen Lage zu erwarten wäre. Europa genießt sonach die Vorteile eines gemäßigten ozeanischen Klimas, ohne (wie z. B. die Westküste Nordamerikas) dessen Nachteile, kühlen Sommer mit getrübter nebeliger Atmosphäre, mit in den Kauf nehmen zu müssen.

Ungewöhnliche Abweichungen.

Unsern bisherigen Betrachtungen über die Klimate haben wir die aus einer langen Reihe von Jahren berechneten Mitteltemperaturen des Jahres, der Monate, oder der einzelnen Tage zu Grunde gelegt. Fassen wir dagegen die Temperatur- und überhaupt die Witterungsverhältnisse einzelner Jahrgänge ins Auge, so begegnen wir beträchtlichen Abweichungen von dem durch die Mittelzahlen dargestellten normalen Gang der Temperatur. Ob aber an einem Ort der gemäßigten Zone ein Monat oder eine Jahreszeit oder auch ein ganzes Jahr im Vergleich mit dem vieljährigen Mittel zu kalt oder zu warm ist, hängt ganz davon ab, welche Windrichtung während dieser Zeit die vorherrschende ist. So wird z. B. unser Winter durch ungewöhnliche Kälte sich auszeichnen, wenn während desselben Europa in das Bett des kalten Polarstroms aufgenommen bleibt; er wird dagegen sehr mild sein, wenn der warme Südwest zu hartnäckiger Herrschaft gelangt ist.

Ein solches Vorherrschen einer der Hauptwindrichtungen und die dadurch bedingten Abweichungen vom normalen Gang der Temperatur treten aber, nach Doves Untersuchungen, niemals lokal auf, sondern sind stets über größere Gebiete gleichzeitig verbreitet. Sie erstrecken sich aber nie über die ganze Erdoberfläche; sondern eine in irgend einer Gegend eingetretene zu große Kälte wird stets durch eine in einer anderen Gegend herrschende zu große Wärme ausgeglichen. Wenn z. B. Europa sich eines ungewöhnlich milden Winters erfreut, leidet häufig Nordamerika und Sibirien unter strenger Kälte, und umgekehrt. Es scheint demnach, daß stets die nämliche Wärmemenge über die Erdoberfläche verbreitet, aber je nach den Betten, welche sich die

Hauptluftströme jeweils gewählt haben, verschieden verteilt ist.

Einige Beispiele mögen dazu dienen, das oben Gesagte zu erläutern. Der Winter 1821/1822 war in Deutschland so auffallend warm, daß kein Eis zum Aufbewahren eingesammelt werden konnte, und im darauffolgenden heißen Sommer in Berlin kein Gefrorenes zu haben war; gleichzeitig war in Amerika und Asien die Temperatur sehr niedrig. Im Dezember 1829 sank zu Berlin die Temperatur um 9,1° unter das Mittel dieses Monats, Irkutzk dagegen hatte mildes Wetter und Amerika erfreute sich einer ungewöhnlichen Wärme. Dezember 1872 und Januar 1873, in Europa außerordentlich mild, brachten in Amerika bittere Kälte; das Geschäft hörte auf, die Häfen waren zugefroren, und viele Leute tötete der Frost. Während in Europa manche Bierbrauereien wegen Eismangel ihren Betrieb einstellen mußten, hinderte die Kälte im Staate New-York die Feuerwehr in ihren Leistungen, indem sie Wassermangel verursachte.

Solche ungewöhnliche Wärmeverhältnisse dauern oft längere Zeit an. So finden wir zu Paris das Jahr 1829 durchgängig zu kalt. Vom Juli 1815 bis Dezember 1816 herrschte über Westeuropa eine fortwährende Temperaturniedrigung, welche den traurigen Mißwachs von 1815 zur Folge hatte; in Osteuropa dagegen brachte die gleichzeitige milde Witterung reiche Ernte, welcher Odessa sein Aufblühen als Getreidemarkt verdankt. Das kühle Wetter der Jahre 1837 und 1838 war von nicht geringem Einfluß auf die Lebhaftigkeit, mit welcher die Kornfrage in England betrieben wurde.

Zu den eben genannten Jahrgängen stehen die Jahre 1811, 1822 und besonders 1834 in erfreulichem Gegensatz; sie waren in Europa durchgängig zu warm, und zeichneten sich bekanntlich durch ihren vortrefflichen Wein aus.

Die sehr verbreitete Ansicht, daß auf einen kalten Winter ein heißer Sommer folge, und daß nach mildem Winter ein kühler Sommer zu befürchten sei, ist ganz irrig. Ganz im Gegenteil geht einem guten Weinjahr gewöhnlich ein milder Winter oder Frühling voraus. So war es namentlich in den Jahren 1811, 1819, 1822 und 1834; der kühle Sommer von 1829 dagegen folgte auf einen kalten Winter und ging einem noch strengeren voran.

Überhaupt zeigt die Witterung, nach den Untersuchungen von W. Koeppen, eine entschiedene Tendenz zur Erhaltung ihres jeweiligen Charakters, und zwar wächst das Erhaltungsbestreben mit der Länge der schon verstrichenen Zeit, während welcher der betreffende Witterungscharakter herrschte. Nach einem milden Winter ist daher mit größerer Wahrscheinlichkeit auf einen warmen als auf einen kühlen Sommer zu rechnen. Diese Regel gilt sowohl für längere als für kürzere Zeiträume und ist daher für die Voraussage des Wetters von großer Wichtigkeit.

Nach mehrtägigem schlechten Wetter pflegt man sich damit zu trösten, daß dasselbe, je länger es bereits gedauert, um so bälder aufhören müsse. Dieser Trost gründet sich auf die unrichtige Annahme, daß die Witterungserscheinungen rein zufälliger Natur seien, daß z. B. auf einen Regentag eben so gut ein heiterer als ein neuer Regentag folgen könne, und hat daher nur eine teilweise Berechtigung. In Wirklichkeit aber wächst, bis zu einer gewissen Grenze, mit jedem weiteren Regentag die Wahrscheinlichkeit, daß auch der folgende ein Regentag sein werde. Aus den von Koeppen berechneten Zahlenwerten ergibt sich z. B., daß in Brüssel nach 9 oder 10 Tagen Regen oder Regenlosigkeit unter 10 Fällen in 8 dieselbe Witterung andauert und nur in 2 Fällen umschlägt.

Täglicher Gang der Temperatur.

Die Änderungen der Temperatur während der kurzen Periode eines Tages zeigen einen ähnlich gesetzmäßigen Gang wie im Laufe des Jahres. Diese Regelmäßigkeit würde aber wenig hervortreten, wenn man bloß einzelne Tage, die häufig ziemlich regellosen und wechselnden Temperaturänderungen unterworfen sind, ins Auge fassen wollte; zur Ermittelung des normalen Gangs der täglichen Temperatur sind länger fortgesetzte stündliche Beobachtungen erforderlich, aus denen für jede Stunde das Mittel gezogen wird. Die älteste derartige Beobachtungsreihe wurde von Chiminello zu Padua während eines Zeitraums von 16 Monaten durchgeführt. Später wurden, auf Brewsters Veranlassung, stündliche Beobachtungen von den Offizieren des Forts Leith bei Edinburgh angestellt, und bald war man im Besitz solcher Beobachtungen von mehr als fünfzig verschiedenen Stationen. Heutzutage ist die mühselige und zeitraubende Arbeit stündlicher Beobachtungen, welche ohne das Zusammenwirken mehrerer Personen überhaupt nicht durchführbar ist, durch Aufstellung selbstregistrierender Instrumente an den Hauptstationen überflüssig geworden.

Alle Beobachtungen zeigen, daß die tiefste Temperatur im Laufe des Tages durchschnittlich eine halbe Stunde vor Sonnenaufgang stattfindet, im Winter etwas früher, im Sommer ein wenig später. Die höchste Temperatur tritt ein gegen 2 Uhr nachmittags, und zwar ebenfalls im Winter etwas vorher, im Sommer etwas nachher. Das Maximum der Temperatur erfolgt also nicht um Mittag, zur Zeit des höchsten Sonnenstandes, sondern merklich später. Eine ähnliche Verzögerung der Sommerhitze haben wir bei der Betrachtung des jährlichen Ganges der Temperatur kennen gelernt. Die Ursachen dieser Erscheinung sind hier die nämlichen wie dort. Um Mittag übertrifft die Sonnenstrahlung den Wärmeverlust, und die Temperatur fährt fort zu steigen. Erst wenn bei abnehmender Wärmezufuhr und zunehmender Ausstrahlung Gewinn und Verlust einander gleich geworden sind, erreicht die Temperatur ihren höchsten Wert.

In Fig. 54 und 55 sind einige Beispiele des täglichen Ganges der Temperatur in bekannter Weise durch Kurven dargestellt. Sie beziehen sich auf die extremen Monate

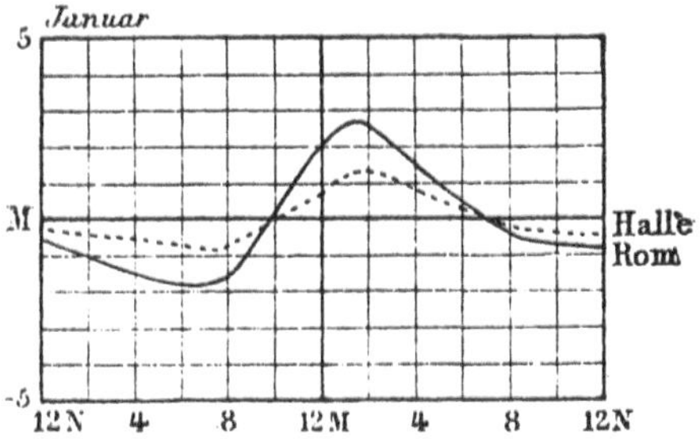

Fig. 54. Täglicher Gang der Temperatur im Januar.

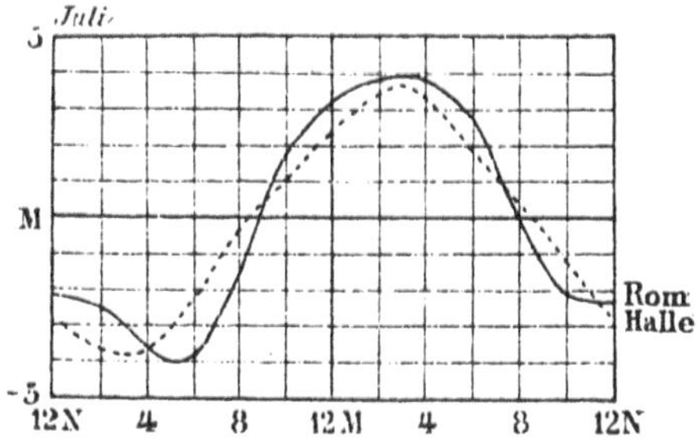

Fig. 55. Täglicher Gang der Temperatur im Juli.

Januar und Juli. Die Stunde der höchsten Temperatur ist in diesen Beispielen, wie zu erwarten ist, nahezu die nämliche; die Stunde der tiefsten Temperatur dagegen ist an die Zeit des Sonnenaufgangs gebunden. Man bemerkt ferner, daß der Betrag der täglichen Schwankung in den warmen Ländern (Rom) größer ist als in kälteren Gegenden (Halle). Die Entfernung vom Äquator hat also auf die tägliche Schwankung gerade die entgegengesetzte Wirkung wie auf die jährliche. Die jährliche Schwankung nimmt nämlich zu, wenn man sich dem Pol nähert, wegen der Länge der Winternächte und der Sommertage. Die tägliche Schwankung aber nimmt zu gegen den Äquator hin, wo unter Tags die hochsteigende Sonne mächtig heizt, bei Nacht aber die wunderbare Klarheit des Himmels die Abkühlung durch Strahlung begünstigt. So kommt es, daß in der Tropenzone der Wärmegegensatz zwischen Tag und Nacht größer ist als zwischen Sommer und Winter.

V. Die elektrischen Erscheinungen der Atmosphäre.

Da flammt ein blitzendes Verheeren
Dem Pfade vor des Donnerschlags.

Verbreitung der Gewitter.

Die furchtbare Majestät der Naturkräfte offenbart sich in keiner Naturerscheinung mit so unmittelbar ergreifender Gewalt wie im Gewitter. Wenn grelle Blitze das dunkle Gewölk durchzucken und rings das Firmament von Donnerschlägen erdröhnt, fühlen wir uns alle überwältigt von der Großartigkeit des Schauspiels, und selbst der Mutigste erbebt in dem Gefühl, unerbittlichen Naturmächten schutzlos gegenüber zu stehen.

So wuchtig aber auch Donner und Blitz in die Sinne fallen, so können sie doch auf den Rang einer selbständigen Witterungserscheinung keinen Anspruch erheben. Als elektrische Entladungen im großartigsten Maßstabe treten sie auf als Begleiter rasch und massenhaft erfolgender Niederschläge (Regen, Schnee, Hagel) und verleihen denselben ihre Eigenschaft als „Gewitter".

Wir finden daher die größte Häufigkeit der Gewitter in jenen Gegenden, welche von heftigen Regengüssen am meisten heimgesucht sind. In der Kalmenzone regnet es fast nur aus elektrischen Wolken, und die Gewitter gehören daselbst zu den beinahe täglichen Erscheinungen. Im äquatorialen Südamerika würde, wie Boussingault sich ausdrückt, ein mit sehr feinen Sinnen begabter Beobachter das Rollen des Donners ununterbrochen vernehmen. Nach d'Abbadie treffen in Hochabessinien auf ein Jahr durchschnittlich 411 Gewitter!

Die geographische Verbreitung der Gewitter steht sonach in enger Beziehung mit der Verteilung des Regens über die Erdoberfläche, und die Regenkarte Fig. 23 kann uns mit einer gewissen Einschränkung auch als Gewitterkarte dienen. Die Regenkarte gibt uns nämlich nur Aufschluß über eine Menge, nicht aber über die Heftigkeit des Regens, welche letztere für das Auftreten starker elektrischer Entladungen eine wesentliche Bedingung bildet. Da massenhafte Regengüsse um so seltener werden, je mehr man vom Äquator aus dem Pole sich nähert, so wird auch im allgemeinen die jährliche Zahl der Gewitter mit wachsender geographischer Breite abnehmen. So gibt es auf der Insel Java 159, in Calcutta 60, in Berlin 18, in Stockholm 9 und in Bergen nur 6 Gewitter im Jahr. Über die gemäßigte Zone hinaus werden die Gewitter immer seltener, aber sie fehlen auch im äußersten Norden der Kontinente nicht ganz, und selbst auf Nowaja-Semlja wurden Gewitter beobachtet. Vier Russen, welche sechs Jahre und drei Monate auf einer Insel ostwärts von Spitzbergen leben mußten, hörten noch den Donner, aber nur ein einziges Mal.

In den regenlosen Gebieten gibt es auch keine Gewitter. Den Bewohnern von Lima sind Donner und Blitz unbekannte Dinge, und in Ägypten gehört ein Gewitter zu den größten Seltenheiten.

An jedem Orte fallen die meisten Gewitter in diejenige Jahreszeit, welche durch die reichlichsten Niederschläge ausgezeichnet ist. In Calcutta zählt man per Jahr 60 Gewitter, unter welchen 45 auf die Monate vom April bis September, d. i. auf die Herrschaft des regenreichen Südwestmonsun, treffen. Im November bis Januar, während des Nordostmonsun, fehlt Regen und Gewitter. In Deutschland herrschen die Sommergewitter vor, und im Osten Europas gibt es gar keine Wintergewitter. An der Westküste Skandinaviens erzeugt der dampfende Golfstrom im Winter reichliche Niederschläge: dort fallen daher die meisten Gewitter auf den Winter; ebenso an der Westküste von Nordamerika. Auch das adriatische Meer, besonders dessen Ostküste, ist vorzugsweise im Winter von Gewittern heimgesucht.

In Gebirgsgegenden sind die Gewitter häufiger als im Flachland, weil die Berge die Wolkenbildung begünstigen. Ebenso entstehen über Inseln, infolge des aufsteigenden Luftstroms, leichter Gewitter als über dem freien Ozean (vgl. S. 70). So erzählt v. Kessel: „Nachdem wir Java schon eine Tagereise hinter uns hatten, erblickte ich abends und ebenso die folgende Nacht starkes Wetterleuchten über den Gipfeln der höchsten Berge des Landes; dasselbe Schauspiel gewährten die Berge der Calimatainseln, als wir uns näherten, und der bugische*) Steuermann erzählte mir, daß dies immer so zu sehen sei, und daß sie immer einige Tage vorher, ehe sie Java zu Gesicht bekämen, an diesen Blitzen die Richtung seiner höchsten Punkte erkennen könnten."

Daß die Gestaltung des Bodens auf die Entstehung von Gewittern von Einfluß ist, kann hienach als erwiesen betrachtet werden. Mehrere Beobachtungen scheinen darauf hinzudeuten, daß auch seine Beschaffenheit dazu beitragen kann. „Im Mayennedepartement," berichtet Herr Blavier, ein Bergbaubeamter, „gibt es Massen von Grünstein, welche beträchtliche Mengen Eisen einschließen und auf die Magnet-

*) d. i. von der Insel Celebes.

nadel wirken. Es ist uns versichert worden, daß gewisse Gemeinden, z. B. Niort, alle Gewitter, selbst die drohendsten, sich beim Herannahen zerteilen oder nach gewissen Richtungen ziehen sehen.“ Nach Herrn Blaviers Ansicht hat diese Erscheinung in der elektrischen Leitungsfähigkeit jener Grünsteinmassen ihren Grund. Vicat berichtet folgende Beobachtung, welche zu Grondone, einem Dorfe in den Apenninen, gemacht wurde, nahe bei einem sehr reichen Eisenbergwerk, welches in einem freistehenden Bergkegel angelegt ist. Fast alle Tage in den Monaten Juli und August sieht man über dieser Gegend eine elektrische Wolke entstehen; diese Wolke bleibt, indem sie allmählich größer wird, mehrere Stunden lang über dem Bergwerk stehen, und entlädt sich dann gegen den fast ganz metallischen Bergkegel. „Die Bergleute,“ berichtet Vicat weiter, „durch Erfahrung belehrt, beurteilen, wenn es Zeit ist den Platz zu räumen; sie ziehen sich in einige Entfernung zurück und gehen nach der Entladung wieder an ihre Arbeit. Ich habe manchmal die große Wolke von Grondone sich gegen Mittag bilden und bis 4 oder 5 Uhr stillhalten und dann mit einigen Donnerschlägen in ein kleines Gewitter ausbrechen sehen.“

So großartig das Schauspiel eines Gewitters an sich schon ist, es gewinnt noch an Erhabenheit, wenn es sich abspielt auf einer des Dramas würdigen Bühne. Wer ein Gewitter in den Hochalpen mit erlebt hat, wird von dem wilden Aufruhr der blitzeschleudernden Wolken, von dem Geheul des in den Thälern und Schluchten sich fangenden Windes und dem Rollen des von den Felswänden vielfach widerhallenden Donners einen unauslöschlichen Eindruck bewahren. Unsere Abbildung Fig. 56 versucht eine Darstellung zu geben von einer Gewittererscheinung besonderer Art, welche dazu beiträgt, die erhabene Furchtbarkeit ihres Schauplatzes noch zu erhöhen. Unter dem 59. Breitegrad, in

Fig. 56. Lysefjord.

geringer Entfernung von dem Hafen von Stavanger an der norwegischen Küste, öffnet sich der Lysefjord, ein schmaler Meeresarm von 40km Länge, eingezwängt zwischen steilragende Felsmauern von ungefähr 1000m Höhe. Wenn der Südostwind, mit Heftigkeit wehend, sich in diesem unheimlichen Schlunde verfängt, entwickelt sich nicht selten ein sonderbares Schauspiel. Etwa 500m über dem Meere sieht man an der Wand, welche den Fjord südlich begrenzt, von Zeit zu Zeit Blitze entstehen, welche aus dem schwarzen Felsen hervorzubrechen scheinen. Ein Feuerstrom zuckt hervor, zieht sich zusammen, um sich wieder auszubreiten und sich endlich in leuchtenden Streifen zu verlieren, ehe er die gegenüberliegende nördliche Felswand erreicht hat. Ehe die Flamme aus dem Felsen hervorschießt, hört man Detonationen in rascher Folge und wachsender Stärke; ein heftiger Donnerschlag begleitet sie und erweckt in der engen Meeresgasse zahlreiche Echos; es scheint fast, als ob eine in der Klippe versteckte Batterie irgend eine unsichtbare Kasematte in der gegenüberliegenden Felswand heftig beschieße.

Vulkanische Gewitter.

Gewitter brechen auch aus Wolken hervor, welche ganz anderen Ursprungs sind als die atmosphärischen Wolken. Bei Vulkanausbrüchen fahren aus den Rauchwolken, welche den Kratern entsteigen, zahlreiche Blitze. Diese Wolken bestehen aus verdichteten und mit feiner vulkanischer Asche gemischten Dämpfen. Schon Plinius der Jüngere berichtet in den Briefen, welche er über den Ausbruch des Vesuvs im Jahre 79 unserer Zeitrechnung, der seinem Oheim, Plinius dem Naturforscher, das Leben kostete, an Tacitus schrieb, von den geschlängelten Blitzen, welche aus den Aschenwolken hervorschossen. Im Jahr 1631 erhob sich aus dem Vesuv eine ungeheure Rauchsäule, welche mehr als 40 Stunden weit fortzog. Während ihres Vorübergangs entsandte sie Blitze, welche mehrere Menschen und Tiere töteten. Bei einem anderen Ausbruch im Jahre 1794 wurde das vulkanische Gewölk, welches größtenteils aus äußerst feiner Asche bestand, vom Wind bis über die Stadt Tarent, die vom Vesuv ungefähr 100 Stunden weit entfernt ist, fortgetrieben, und zeigte auf seinem ganzen Weg heftige Gewittererscheinungen, welche sich in nichts von jenen gewöhnlicher Gewitter unterschieden. Von dieser vollkommenen Ähnlichkeit konnte man sich überzeugen durch Untersuchung der vom Blitz getroffenen Wohnung des Marchese Berio zu San Jorio. Selbst in Tarent noch richtete ein aus dieser Wolke hervorbrechender Blitz in einem Hause große Verwüstungen an.

In Fig. 57 ist ein von Gewittererscheinungen begleiteter Vulkanausbruch dargestellt. Als im Jahre 1811 nahe bei St. Michel, einer der azorischen Inseln, das Inselchen Sabrina zu nur kurzem Dasein dem Meere entstieg, waren die dunkeln Rauch- und Aschensäulen, die dem Ozean zu entsteigen schienen, nach dem Bericht eines Augenzeugen, in ihren schwärzesten Teilen beständig von grellen Blitzen durchzuckt.

Blitz.

Zuweilen scheint in den Gewitterwolken ein ununterbrochenes Ausströmen von Elektricität stattzufinden, denn sie bleiben manchmal längere Zeit leuchtend, wie z. B. aus dem Bericht des Physikers Rozier über ein heftiges Gewitter, welches er am 15. August 1781 bei Béziers beobachtete, zu entnehmen ist. „Ein Lichtpunkt,“ erzählt er, „welcher inmitten des dichtesten Gewölkes erschienen war, gewann allmählich an Größe und Ausdehnung; er bildete unvermerkt einen Gürtel, einen phosphoreszierenden Streifen, welcher für mein Augenmaß eine Höhe von drei Fuß zu haben schien, und zuletzt einen Sehwinkel von 60° umspannte.

Fig. 57. Insel Sabrina.

Über diesem ersten Lichtgürtel bildete sich ein zweiter von derselben Höhe, der sich aber nur auf 30° erstreckte. Ein Zwischenraum von derselben Höhe wie die Streifen trennte sie. Man gewahrte an dem einen wie an dem anderen Lichtgürtel Unregelmäßigkeiten, ungefähr wie an dem Rand der großen Haufenwolken, welche den Gewittern gewöhnlich vorausgehen. Diese Ränder waren nicht in gleichem Grade leuchtend, obgleich die Mitte der Gürtel eine gleichförmige Helligkeit zeigte. Während die Gürtel nach West fortrückten, schoß der Blitz zu drei verschiedenen Malen aus dem einen Ende des unteren Gürtels, jedoch ohne merkliches Krachen." Die Lichterscheinung dauerte fast eine Viertelstunde und wurde durch einen Windstoß nach Süden, der das Gewitter forttrieb, beendigt.

Von eigentümlichen Blitzerscheinungen berichtet Herr Decharme an die Pariser Akademie. Nach einer ungewöhnlichen, 1½ Monate anhaltenden Hitze und nach einem durch Windstille und Temperatursteigerung drückenden Tag erschienen am 23. Juli 1868 um 8 Uhr abends zu Angers ferne Blitze über längs des westlichen Horizonts ausgebreiteten Wolken. „Gegen 9 Uhr zog eine eigentümliche Erscheinung die Aufmerksamkeit auf sich: außer den Blitzen, welche fast anhaltend leuchteten (man zählte in einer Minute 92), sah man von Zeit zu Zeit, etwa von 10 zu 10 Minuten, einen eigentümlichen Blitz, der sich bald wie eine Garbe künstlichen Feuers, bald wie die Flamme eines feurigen Kraters, bald wie leuchtender Dampf, der sich in der Ferne verbreitet, erhob und nach und nach die verschiedenen Wolkenschichten in die Erscheinung zog, über welche der leuchtende Erguß leicht hinzugleiten schien. Dieses Leuchten verbreitete sich mit solcher Langsamkeit, daß man es leicht mit dem Blick verfolgen konnte; denn es dauerte eine halbe und zuweilen sogar fast eine ganze Sekunde.

„Von 9 bis 11 Uhr 15 Minuten wuchs die Erscheinung an Stärke, Ausdehnung und Häufigkeit. Einige Augenblicke, bevor das Unwetter über die Stadt losbrach, sah man fast bei jedem Blitz eine Art von blaßviolettem Dampf, welcher den ganzen Raum erleuchtete und wie eine leichte Welle selbst bis in die Zimmer drang, deren Fenster geöffnet waren. Während dieser Lichterscheinungen, von denen man fast eingehüllt war, nahm man weder einen besonderen Geruch, noch eine Erschütterung, noch irgend eine besondere Empfindung wahr. Sie dauerten bis zur größten Heftigkeit des Unwetters, welche gegen 11 Uhr 15 Minuten eintrat. Von diesem Moment ab schien der Himmel buchstäblich in Feuer zu stehen; denn abgesehen von den Blitzen, welche sich ohne Unterbrechung während mehr als einer Stunde folgten, sah man bei jedem diesen wellenförmigen, violetten und glänzenden Dampf, von dem eben die Rede gewesen.“

Die eigentlichen Blitze haben eine außerordentlich kurze Dauer. Man kann sich hievon überzeugen durch folgenden von W h e a t s t o n e herrührenden Versuch. Man nimmt eine weiße Pappscheibe und teilt sie durch Strahlen vom Mittelpunkt aus in eine große Anzahl Teile, welche man abwechselnd schwarz bemalt und weiß läßt. So entsteht eine Art Rad mit abwechselnd schwarzen und weißen Speichen. Dreht man diese Scheibe rasch um eine durch ihren Mittelpunkt gesteckte Achse, so erscheint sie, von Tages- oder Kerzenlicht beleuchtet, gleichmäßig grau. Der Lichteindruck nämlich, welchen irgend eine Stelle der Nervenhaut unseres Auges empfängt, dauert noch eine Zeit lang (etwa $^1/_{10}$ Sekunde) fort, nachdem die erregende Ursache aufgehört hat. Verfließt daher, bis eine schwarze Speiche während der Drehung an die Stelle der vorhergehenden weißen gerückt ist, weniger als $^1/_{10}$ Sekunde, so entstehen die Bilder der schwarzen Speichen an den Stellen der Netzhaut, wo die Bilder der weißen Speichen noch nicht erloschen sind, und die der weißen, wo die schwarzen Bilder noch fortdauern. Die beiden Eindrücke werden sich daher über die ganze Scheibe hin zu einem gleichmäßigen Grau vermischen. Diese Vermischung wird aber nur eintreten, wenn die Scheibe dauernd beleuchtet ist, oder wenn die Beleuchtung wenigstens so lange anhält, als das Rad braucht, um sich um eine Speiche weiter zu drehen. Nehmen wir aber an, daß das Rad nur augenblicklich beleuchtet werde, so kann es sich auf der Netzhaut nur in der Stellung abbilden, welche es im Augenblick der Beleuchtung besaß; es wird in diesem Fall, so schnell es sich auch drehen mag, mit allen seinen Speichen deutlich gesehen werden, als ob es stillstände. Läßt man nun in dunkler Gewitternacht die rasch rotierende Scheibe durch Blitze erleuchten, so sieht man die Speichen so scharf begrenzt, als ob das Rad in vollkommener Ruhe wäre. Trotz seiner großen Geschwindigkeit hat also das Rad nicht Zeit genug, sich während der Dauer eines Blitzes merklich zu drehen. Wheatstone hat aus solchen Versuchen geschlossen, daß der Blitz weniger als $^1/_{1000}$ Sekunde dauert.

Ihrem Aussehen nach sind die Blitze sehr verschieden. Arago unterscheidet drei Arten von Blitzen. Die Blitze der ersten Klasse erscheinen als sehr schmale Lichtlinien mit scharf begrenzten Rändern, welche in zickzackförmiger Bahn von Wolke zu Wolke oder aus den Wolken zur Erde fahren; sie teilen sich manchmal gabelförmig in mehrere Äste. Ihre Farbe ist gewöhnlich weiß, selten sind sie purpurrötlich, violett oder bläulich. Wir wollen diese erste Klasse Zickzackblitze nennen.

Die Blitze der zweiten Klasse verbreiten ihr viel weniger helles und meist rötlich gefärbtes Licht gleichmäßig über größere Flächen, und können daher Flächenblitze genannt werden. „Diese Blitze," sagt Arago, „scheinen manchmal nur die Umrisse der Wolken zu erleuchten aus denen sie hervorbrechen. Manchmal auch umfaßt ihr lebhaftes Licht die ganze oberflächliche Ausdehnung dieser Wolken, und scheint sogar aus ihrem Innern zu kommen. Alsdann gehen die Wolken auf, wie man zu sagen pflegt: eine passendere Bezeichnung als dieser Volksausdruck dürfte für diese Erscheinung wohl kaum gefunden werden."

Die Blitze der ersten Klasse sind weit seltener als die der zweiten; in einem gewöhnlichen Gewitter zeigen sich hunderte von Flächenblitzen gegenüber einem Zickzackblitz. Namentlich selten sind die gegabelten Blitze der ersten Klasse. Wir wollen die Schilderung eines Gewitters, welches Herr Liais in Brasilien beobachtet hat, und welches reich an Gabelblitzen war, hier folgen lassen.

„Obgleich im Januar, zeigte das Thermometer 33°. Während der Nacht wehte der Wind sehr schwach aus Südwest; am Morgen war die Luft rein und die Sonnenstrahlen fielen brennend auf den Boden der vom Regen der vorhergehenden Tage noch ein wenig feucht war.

Nachmittags erschienen einige Federwolken. Gegen Abend bildete sich dichteres Gewölk, Haufwolken und gehäufte Schichtwolken. Bei Sonnenuntergang war der Himmel beinahe vollständig bedeckt.

Um sieben Uhr zeigten sich einige Blitze im Osten, und 10 Minuten später hatte das Gewitter seine volle Stärke erreicht. Jetzt entluden sich fortwährend, in Zwischenräumen von 1 bis 2 Sekunden, zickzackförmige Blitze, von denen mehr als ein Drittel sich gabelförmig spalteten. Diese Blitze waren weiß und blendend hell. Manchmal schienen sie leicht ins bläuliche, andere Male ins orangefarbene zu ziehen. Die Zickzacklinien waren nicht unterbrochen, wie man das bei vielen Gewittern sieht, sondern sie bildeten in scharfen Winkeln gebrochene Linien, und jede dieser Linien war geschlängelt.

Die Blitze liefen nicht in eine Spitze aus, sondern sie zeigten im allgemeinen an dem Ende wo sie aufhörten eine etwas abgerundete Form. Obgleich diese Blitze sehr schnell waren, schien es mir, daß man ihre Entstehung und die Richtung ihrer Fortpflanzung mit größerer Leichtigkeit verfolgen könne als bei den gewöhnlichen Gewittern. Man sah selten zwei Blitze zugleich: ihr Hervorbrechen erfolgte mit einer gewissen Regelmäßigkeit.

Die Mehrzahl der Blitze war von gar keinem Geräusch begleitet. Von Zeit zu Zeit hörte man in der Ferne ein leichtes Rollen, aber ohne bei der Häufigkeit der Blitze unterscheiden zu können, zu welchem Blitz es gehörte. Viele von ihnen schienen von einer Art sehr kleiner Haufwolken zu kommen, welche in geringer Höhe über dem Horizont standen und sich in anscheinend aufsteigender Richtung fortzubewegen. Andere schienen von der höheren Schichte auszugehen und sich in anscheinend entgegengesetzter Bewegung herabzustürzen. Das Gewitter war nicht von Regen begleitet. Nur am Anfang fielen einige große Tropfen. Die obere Wolkenschicht, auf welcher sich die Blitze abzeichneten, bedeckte nicht den ganzen Himmel und einige Sterne waren sichtbar.

Ich gehe jetzt zum merkwürdigsten Teil der Erscheinung über. Außer den zweizackigen Blitzen und denjenigen mit drei oder vier Ästen, sah man in jeder Minute Blitze, welche man baumförmig nennen könnte. Es waren Blitze, welche sich in mehrere Hauptäste spalteten, welche sich dann wieder in eine große Anzahl Zweige verästelten, die übrigens die nämliche geschlängelte Form und die nämliche Abrundung an den Enden darboten wie die übrigen Blitze. Es gab kein anderes Mittel diese Zweige zu zählen als unmittelbar auf dem Papier den Eindruck wiederzugeben, welchen sie auf der Netzhaut hervorgebracht hatten. Einer diese Blitze, welcher sich besonders bemerklich machte und sich von oben nach unten fortzupflanzen schien, teilte sich zuerst in drei Äste, welche sich wieder zerteilten, so daß sie im ganzen fünfzehn Ästchen bildeten. Ein anderer war strahlenförmig und dann baumförmig, d. h. seine Ausbreitung erfolgte von einem Mittelpunkt aus nach allen Seiten.

Das Gewitter schien stillzustehen. Nach ungefähr 10 Minuten nahm die Häufigkeit der Blitze ab und bald zerstreuten sich die Wolken. Das Zodiakallicht zeigte sich im Westen und Osten, unter der Milchstraße, welche den ganzen Himmel umzog. Es ist gut zu erwähnen, daß am Abend vorher das Meer leuchtete mit außerordentlichem Glanze, wie ich es noch nicht gesehen hatte. Am Abend des Gewitters dagegen hatte es sein unter den Tropen gewöhnliches Aussehen angenommen."

Als bemerkenswert sei hier noch erwähnt eine von Herrn Montigny in Brüssel während eines heftigen Gewitters gemachte Beobachtung. Am 2. Juli 1871 gegen 5 Uhr nachmittags sah derselbe zu wiederholten Malen ein schnelles Aufeinanderfolgen zweier Blitze, die beide von derselben Stelle der Wolke nach einer sehr kurzen Zwischenzeit hervorbrachen. Der erste dieser Doppelblitze zuckte horizontal aus einer Wolke, beschrieb einen Viertelkreis und erreichte senkrecht den Horizont; der zweite blitzte horizontal in gerader Linie zwischen zwei Wolken und der dritte erfolgte senkrecht zwischen Wolke und Horizont. In allen drei Fällen hielt der zweite Blitz ganz genau die Bahn des ersten ein. Diese Thatsache erklärt sich leicht aus einer von Faraday gemachten Beobachtung. Dieser berühmte Physiker hat nämlich gefunden, daß der Funke einer Elektrisiermaschine leichter eine bestimmte Entfernung in der Luft überspringt, wenn vorher schon ein erster Funke zwischen denselben Spitzen übergesprungen ist, und erklärt diese Erscheinung durch die Annahme, daß die erste Entladung die Luftteilchen in einen elektrischen Zustand versetzt, welcher den Durchgang der folgenden Funken begünstigt.

In den runden Endigungen der von Herrn Liais beschriebenen Blitze sehen wir die dritte Klasse, welche man kugelförmige Blitze nennt, angedeutet. In der That sah Herr Liais bei einem anderen Gewitter, bei dessen Blitzen die Tendenz kugelig zu endigen noch mehr ausgesprochen war, dreimal diese Kugeln sich ablösen, indem sie gleich den meteorischen Feuerkugeln einen Lichtschweif hinter sich zurückließen und am Himmel 13 Grade in einer halben Sekunde durchliefen. Diese Feuerkugeln (Kugelblitze) werden weit seltener beobachtet als die Blitze der beiden ersten Klassen. Ihr Sturz von den Wolken auf die Erde ist hinlänglich langsam, daß man ihre bombenähnliche Form erkennen, ihrem Laufe mit dem Auge folgen und ihre Geschwindigkeit schätzen kann. Ihre Farbe ist verschieden von mattem Weiß bis zum lebhaften Rot. Man sieht sie manchmal einen Augenblick stillstehen, dann von neuem fortschreiten, wie elastische Bälle zurückspringen oder sich in kleinere Kugeln zerteilen. Manchmal verschwinden sie plötzlich ohne Geräusch, oft aber zerplatzen sie mit einem Knall ähnlich dem Kanonendonner, indem sie nach allen Seiten Zickzackblitze schießen, welche furchtbare Verheerungen hervorbringen.

Ein interessantes Beispiel eines Kugelblitzes berichtet Hugueny. Am 13. Juli 1869 zog gegen Abend ein Gewitter ohne Regen von Südwesten her gegen Straßburg heran. Um 7 Uhr 7 Minuten traf unter furchtbarem Krachen ein Zickzackblitz einen Pappelbaum der Rheininsel bei der Kehler Schiffbrücke. Gleich darauf bewegte sich von diesem Pappelbaum aus eine Feuerkugel in fast wagrechter Richtung nach einem in der Nähe des Zollhauses stehenden Kastanienbaum und verschwand daselbst mit Explosion. Von der getroffenen Pappel bis zu dem 840^{m} davon entfernten

Kastanienbaum brauchte die Feuerkugel, welche einer Kanonenkugel an Größe glich, drei und eine halbe Sekunde. Ein Teil des Kugelblitzes fuhr am Stamme des Kastanienbaums herab und drang in den Boden, ein anderer Teil aber traf drei Soldaten des französischen Wachtpostens, welche auf einer unter dem Baum befindlichen Bank gesessen hatten. Zwei von ihnen wurden sogleich getötet und der dritte schwer verletzt.

Auch die oben S. 169 beschriebene Erscheinung war ohne Zweifel ein solcher Kugelblitz.

Die Blitze der ersten und zweiten Klasse können mit Hilfe unserer Elektrisiermaschinen im kleinen nachgeahmt werden. Die Blitze erster Art entsprechen den gewöhnlichen elektrischen Funken, welche ebenfalls als scharfbegrenzte Lichtlinien mit zickzackförmigen Biegungen und häufig auch gegabelt oder verästelt sich darstellen. Die Flächenblitze dagegen, welche keine bestimmte Funkenbahn zeigen, sind den Büschel- und Glimmentladungen der Maschinen vergleichbar. Diese Ansicht, welche sich schon beim bloßen Anblick der Erscheinungen darbietet, wird durch die spektroskopische Untersuchung des Lichtes der Blitze bestätigt. Kundt fand, daß die Zickzackblitze wie die gewöhnlichen elektrischen Funken ein aus mehreren hellen Linien bestehendes Spektrum liefern; das Spektrum der Flächenblitze dagegen zeigt wie dasjenige des Büschel- und Glimmlichts statt einzelner heller Linien eine große Anzahl schwächerer, ziemlich breiter und gleichmäßig nahe an einander liegende Bänder. Vogel hat ferner gezeigt, daß das Spektrum der Blitze mit dem durch gewöhnliche elektrische Entladung in der Luft erzeugten Funkenspektrum völlig übereinstimmt. Die gleichzeitig auftretende Wasserstofflinie läßt auf eine Zersetzung des in der Atmosphäre enthaltenen Wasserdampfs durch den Blitz schließen.

Dagegen ist es bis jetzt nicht gelungen, Erscheinungen hervorzubringen, welche den Kugelblitzen ähnlich wären.

Obgleich ihre elektrische Natur unzweifelhaft ist, sind wir durchaus nicht im Stande ihre Entstehungsweise zu erklären.

Donner.

Wie der elektrische Funke der Leydener Flasche von einem Knall, so ist der Blitz vom Donner begleitet. Da das Licht sich fast augenblicklich, der Schall aber nur langsam fortpflanzt, wird der Donner immer erst einige Zeit nach dem Erscheinen des Blitzes gehört; die geringste Zwischenzeit, welche beobachtet wurde, beträgt nach Arago eine halbe Sekunde, sie erreicht aber häufig 50, ja eine Beobachtung ergab die beträchtliche Zwischenzeit von 72 Sekunden! Aus der Zeit zwischen der Wahrnehmung des Blitzes und des Donners kann man leicht, da der Schall ungefähr 340^{m} in der Sekunde durchläuft, die Entfernung des Blitzes von dem Standpunkt des Beobachters berechnen.

Obgleich der Schall an allen Punkten der Blitzbahn gleichzeitig entsteht und wie der Funke selbst nur einen Augenblick dauert, so vernimmt unser Gehör infolge der langsamen Fortpflanzung des Schalles den Donner als ein manchmal 45 Sekunden lang fortgesetztes Rollen. Die Blitze erreichen häufig eine Länge von 10 bis 15^{km}. Nehmen wir an, daß die Entfernungen ihrer verschiedenen Punkte von unserem Standpunkt nur um 1000^{m} verschieden sind, so wird der am entferntesten Punkt entstandene Schall erst drei Sekunden später zu uns gelangen als derjenige, welcher an dem uns nächsten Punkt entsteht. Während dieses Zeitraums ist die Schallempfindung keine gleichmäßige; gewöhnlich beginnt der Donner mit leisem Rollen, dann folgt heftiges Krachen und Knallen, bis er endlich dumpf grollend verstummt. Von allen Strecken nämlich der zickzackförmigen Blitzbahn, welche auf uns zu oder von uns weg gerichtet sind, gelangt der

Schall nur nach und nach und von jedem Punkt besonders zu uns; er erreicht uns aber mit einem Schlage von allen Punkten derjenigen Strecken, welche quer verlaufen ohne ihre Entfernung zu ändern. Ein Blitz, dessen sämtliche Punkte gleichweit von unserem Ohr entfernt wären, der z. B. einen um unser Ohr als Mittelpunkt beschriebenen Kreis durchliefe, würde nur als ein einziger augenblicklicher Knall vernommen werden; jede plötzliche Biegung der Blitzbahn aber hat eine eben so plötzliche Änderung in der Stärke des wahrgenommenen Schalls zur Folge. Daraus geht zugleich hervor, daß Beobachter, welche in einigermaßen beträchtlicher Entfernung von einander sich befinden, einen und denselben Donnerschlag in verschiedener Weise, mit anderer Anordnung seines Knallens und Grollens, hören.

Zu dieser ersten Ursache des Donnerrollens kommt noch eine zweite hinzu, nämlich der Widerhall an Berghalden und Felswänden, und selbst an den Wolken. In Gebirgsländern ist deshalb der Donner viel stärker und länger dauernd als in den Ebenen.

So gewaltig auch der Donner eines nahen Gewitters ins Gehör fällt, so ist er doch seltsamerweise nur auf verhältnismäßig geringe Entfernung hörbar. Aus der größten jemals beobachteten Zwischenzeit zwischen Donner und Blitz, nämlich 72 Sekunden, berechnet sich eine Entfernung von etwa 24 km, während ein heftiges Geschützfeuer auf 120 km Entfernung gehört wird. Diese Thatsache erklärt sich aus dem Umstand, daß der Donner sich aus den höheren dünneren Luftschichten in die tieferen dichteren fortpflanzt und dabei geschwächt wird, während der Knall eines Geschützes sich nur in der unteren dichteren Luft fortzupflanzen braucht.

Der Blitz dagegen und sein Widerschein auf den Wolken und selbst an dem heitern Himmel wird, besonders bei Nacht, auf sehr große Entfernungen gesehen. Die Blitze ohne

Donner, welche man Wetterleuchten nennt, sind wahrscheinlich nichts anderes als der Widerschein entfernter Gewitter. Saussure bemerkte in der Nacht vom 10. auf den 11. Juli 1783 auf der Grimsel in der Richtung gegen Genf am Horizont lebhaftes Wetterleuchten, ohne daß er das mindeste Geräusch zu hören vermochte. In derselben Nacht, zu derselben Stunde wurde Genf von einem furchtbaren Gewitter heimgesucht.

Es sind jedoch auch schon unzweifelhaft Blitze ohne Donner beobachtet worden; sie scheinen namentlich auf den Antillen häufig zu sein. Vielleicht sind diese Blitze mit den geräuschlosen Glimmentladungen unserer elektrischen Apparate vergleichbar.

Blitzschlag.

Gewöhnlich fährt der Blitz von Wolke zu Wolke; trifft er aber auf einen Gegenstand an der Erdoberfläche, so sagen wir, der Blitz schlägt ein.

Der Blitz schlägt nicht immer nach unten; auf hohen Bergen sah man schon häufig aus Gewitterwolken, welche unter dem Gipfel schwebten, Blitze nach oben schlagen. Am 1. Mai 1700 erschlug ein von unten kommender Blitzstrahl sieben Personen, welche sich in der auf dem Gipfel des Ursulaberges in Steyermark gelegenen Kapelle befanden. Niemand hatte an eine Gefahr gedacht, da dort oben die Sonne hell vom klaren Himmel schien und das Gewitter tief unten tobte.

Wie sonderbar auch der Weg erscheinen mag, den der einschlagende Blitz verfolgt, so kann man sicher sein, daß er immer diejenige Bahn wählt, welche ihn den geringsten Widerstand darbietet. Er bevorzugt daher die Metalle, welche unter allen Körpern die besten Leiter der Elektricität sind; begegnet er auf seinem Weg einem Körper, der ihm vermöge seiner geringen Leitungsfähigkeit ein Hindernis entgegensetzt, so geht er um ihn herum, wenn der Widerstand auf diesem Umweg geringer ist als der des Hindernisses; ist dies aber nicht der Fall, so durchbohrt er den schlechten Leiter, zertrümmert ihn und streut die Stücke weit umher.

Nächst den Metallen sind feuchte Körper die besten Leiter; wenn der Blitz in einen anscheinend trockenen Boden einschlägt, so wird man in den meisten Fällen im Untergrund wasserführende Schichten finden, welche seine Wahl bestimmten.

Bei seinem Durchgang durch die Körper bringt der Blitz eine um so größere Erwärmung hervor, je größer der zu besiegende Widerstand war. Selbst dicke Metallstücke, deren Widerstand gering ist, werden erwärmt. Dünne Drähte, oder kleinere Metallstücke, welche der Elektricität einen zu engen Weg darbieten, werden geschmolzen, ja sogar verflüchtigt; der Metalldampf wird fortgeführt und an anderen Stellen der Blitzbahn wieder abgesetzt. Diese Wirkungen sind häufig von den sonderbarsten Umständen begleitet. Schon Seneca sagt, daß der Blitz das Geld schmelze, ohne daß die Börse beschädigt wird; das Schwert schmelze in der Scheide und die Scheide bleibe unversehrt. So unglaublich diese Behauptungen klingen, so finden sie sich doch durch Beobachtungen neueren Datums bestätigt. Im Jahre 1781 wurde Herr v. Aussac samt dem Pferde, das er ritt, in der Nähe von Castres vom Blitze erschlagen; sein Degen zeigte an der Klinge in einer Länge von 3 Linien eine Schmelzung; dem geschmolzenen Teile gegenüber war die lederne Scheide nicht verbrannt, sondern nur von einem eine Linie weiten Loch durchbohrt. — Am 25. Juli 1868 entlud sich gegen Abend über Nantes ein sehr heftiges Gewitter. Eine Person, welche während der Zeit über eine Brücke ging, war nach dem eigenen Ausdruck „wie eingehüllt in ein blendendes Licht". Als sie zuhause ihr Geld nachzählte, schien es ihr, sie hätte irrtümlich ein 50-Centimesstück statt eines 10-Francsstückes erhalten; bei aufmerksamerer Betrachtung des Inhalts ergab sich aber folgende Thatsache. Ein 10-Francsstück in Gold war in eine kleine besondere Tasche des Portemonnaies gesteckt, während zwei Silbermünzen in der benachbarten großen Tasche lagen. Die Einwirkung der Elektricität hatte etwas von dem Silber verflüchtigt, und die Metalldämpfe hatten sich, ohne daß die lederne Scheidewand verletzt schien, mit merkwürdiger Gleichmäßigkeit auf dem Goldstück abgelagert. Die Silbermünzen waren matt geworden, und das Goldstück zeigte, nachdem sein Silberüberzug durch Salpetersäure entfernt war, den Beginn einer Schmelzung, welche sich jedoch nur auf die äußerste Schicht beschränkte.

Auf den Gipfeln der Berge findet man die Kanten der Felszacken häufig oberflächlich geschmolzen und verglast. Schlägt der Blitz in einen sandigen Boden, so bildet er verästelte Röhren von geschmolzenem und zusammengesintertem Quarz, welche man Blitzröhren oder Fulguriten nennt. Dieselben erreichen eine Länge von 8 bis 10^{m} und sind einige Millimeter weit. Ihre Entstehung infolge des Blitzes wurde lange bezweifelt, bis man „die Natur auf der That ertappte". Am 17. Juli 1823 schlug der Blitz in eine Birke, in der Nähe des Dorfes Rauschen an der Ostsee. Die herbeigeeilten Bewohner sahen neben dem Baume zwei enge und tiefe Löcher; das eine von ihnen erschien ihnen ungeachtet des Regens beim Befühlen von erhöhter Temperatur. Professor Hagen von Königsberg ließ mit Sorgfalt die Erde um diese Löcher ausgraben; das erstere, dasjenige, welches man warm gefunden hatte, bot nichts besonderes dar; das zweite zeigte bis zu der Tiefe von $^{1}/_{3}{}^{m}$ ebenfalls nichts bemerkenswertes, aber ein wenig tiefer fing eine verglaste Röhre an. Die Zerbrechlichkeit dieser Röhre erlaubte nur Bruchstücke von 4 bis 5 ^{cm} Länge hervorzuholen. Der innere glasartige Überzug war sehr glänzend, von perlgrauer Farbe und in seiner ganzen Ausdehnung mit schwarzen Punkten übersät.

Brennbare Körper werden durch den Blitz gewöhnlich in Flammen gesetzt; diese zündende Wirkung des Blitzes, wodurch er häufig zur Ursache von Feuersbrünsten wird, ist so bekannt, daß sie einer besonderen Besprechung nicht bedarf.

Bäume, vermöge des unter ihrer Rinde zirkulierenden Saftes ziemlich gute Leiter, werden häufig vom Blitz getroffen. Er durchbricht die Rinde, schält sie in Streifen ab, spaltet und zerschmettert den Holzkörper in dünne Splitter. An diesen Zerstörungen hat ohne Zweifel der Dampf, welcher sich aus dem Saft des Baumes durch die Wärmewirkung des Blitzes plötzlich entwickelt, nicht geringen Anteil. Von den gewaltigen mechanischen Wirkungen des Blitzes lassen sich manche nur befriedigend erklären, wenn man die Spannkraft des durch ihn erzeugten Wasserdampfes mit in Betracht zieht.

Arago berichtet folgende Thatsache: Die äußere Mauer eines kleinen Gebäudes zu Swintan bei Manchester, welches zum Aufbewahren von Steinkohlen diente und in seinem oberen Teil einen Wasserbehälter enthielt, wurde am 6. August 1809 durch einen Blitzschlag von den Fundamenten gerissen, samt Keller und Wasserbehälter in die Höhe gehoben und 2 ^{m} weit fortgerückt. Die Mauer bestand aus 7000 Backsteinen und mochte etwa 26000 ^{kg} wiegen. Arago glaubt, daß diese Verschiebung durch den Wasserdampf hervorgebracht worden, der aus dem umherspritzenden Wasser durch die Einwirkung des Blitzes plötzlich entstand.

Wenn der Blitz an einer Magnetnadel vorbeifährt, beraubt er sie ihres Magnetismus, oder er kehrt ihre Pole um;

stählerne Werkzeuge verwandelt er in Magnete. In Schiffe einschlagend macht er häufig den Kompaß unbrauchbar. Um das Jahr 1675 segelten zwei englische Schiffe in Gesellschaft von London nach Barbados. In der Nähe der Bermudasinseln wurde das eine Schiff vom Blitz getroffen, das andere blieb unversehrt. Der Kapitän dieses zweiten Schiffes, welcher bemerkt hatte, daß sich das erstere umdrehte und nach England zurückkehren zu wollen schien, fragte nach der Ursache dieses plötzlichen Entschlusses und erfuhr zu seinem Erstaunen, daß sein Gefährte noch den ersten Weg zu verfolgen glaubte. Eine Untersuchung des Kompasses des vom Blitz getroffenen Schiffes zeigte dann, daß die mit einer Lilie bezeichnete Stelle der Windrose nicht mehr wie früher nach Norden, sondern nach Süden wies; die Pole der Magnetnadel waren also gänzlich umgekehrt worden.

Furchtbar ist die Wirkung des Blitzes auf den menschlichen Organismus. Er bewirkt eine so gewaltige Erschütterung des Nervensystems, daß die gebrechliche Maschine augenblicklich zum Stillstand kommt, oder doch, wenn das Leben wieder zurückkehrt, durch Lähmungen gestört bleibt. Die Tötung erfolgt so plötzlich, daß die Leichname noch unverändert in der Lage gefunden werden, welche sie unmittelbar vor dem tödlichen Blitzstrahl hatten. Reimarus führt z. B. einen Fall an, wo zwei vom Blitz Erschlagene, die an einer Hecke, unter der sie Schutz gesucht, angelehnt waren, in ihrer früheren Lage mit offenen Augen angetroffen wurden, der eine mit einem Stück Brot in der Hand, das er einem Hunde, der auf seinem Schoß geruht und mit erschlagen worden war, reichen wollte. Und doch sind an den Körpern Erschlagener keine Verletzungen zu entdecken, welche mit dieser furchtbaren Wirkung im Verhältnis ständen; der innerste Bau des Nervensystems ist uns so gut wie unbekannt und wir sind daher nicht im stande, selbst tiefgreifende Veränderungen in demselben zu entdecken. Auf der Haut erscheint die Blitzspur in Form eines Streifens oder eines Bandes mit ausgezackten Rändern oder strahlenförmigen Ausläufern: manchmal zeigen sich vielverzweigte, stern- oder baumförmige Zeichnungen, welche ihrem Aussehen nach mit den Lichtenbergschen Figuren verglichen worden sind. Daß der Blitz nicht immer tödlich wirkt, selbst wenn er derartige Spuren auf dem Körper zurückläßt, geht aus folgendem Beispiel hervor. Um Mittag des 3. Juli 1870 traf in Czernowitz der Blitz ein einzeln stehendes Haus, warf in einem Zimmer einen mitten darin stehenden jungen Mann zu Boden, und fuhr über eine Gesellschaft von 8 Personen, die um einen Tisch herum saßen, so nahe hin, daß die Kleider den ganzen Tag einen brenzlichen Geruch verbreiteten. Niemand wurde getötet, alle kamen mit dem Schreck davon; selbst der junge Mann, der vom Blitz gestreift wurde, hatte keine andere Folge davon getragen, als ein sehr zierliches Bild eines Baumastes, welches der vorüberfahrende Blitz auf der linken Brustseite hervorbrachte, welches aber bis zum anderen Tag wieder verschwunden war.

Rückschlag.

Damit der Blitz einschlage, ist notwendig, daß die elektrische Wolke sich ziemlich nahe zum Boden herabgesenkt habe. Alsdann wird der unter der Wolke befindliche Teil der Erdoberfläche durch Verteilung stark elektrisch. Diejenige Elektricität, welche der in der Wolke entgegengesetzt ist, wird von dieser angezogen und begibt sich auf die über den Boden hervorragenden Gegenstände, namentlich in die Spitzen und Kanten derselben. Indem sie auch ihrerseits die Elektricität der Wolke anzieht, begünstigt sie deren Entladung. Bäume, Sträucher, überhaupt alle Gegenstände, welche sich über die Ebene erheben, sind deshalb vorzugsweise dem Blitzschlage ausgesetzt; daher ist es gefährlich, während eines Gewitters in ihrer Nähe Schutz zu suchen. Auf freier Ebene sind schon häufig aufrecht stehende Menschen und Tiere erschlagen worden; in einem solchen Falle ist es am sichersten sich niederzulegen. Man sah übrigens auch den Blitz schon niedrigere Gegenstände treffen, obgleich höher emporragende ganz in der Nähe waren. Ein Wolkenfetzen, der durch einen Windstoß losgerissen sich tiefer herabsenkt, kann die Ursache einer solchen scheinbar gegen die Regel erfolgenden Entladung werden.

Während mancher Gewitter, wenn die stark elektrischen Wolken tief herabhängen, sieht man phosphoreszierende Lichtgarben aus den Spitzen der in die Luft ragenden Gegenstände ausströmen. Diese Erscheinung, den Alten unter dem Namen „Kastor und Pollux“ bekannt, wurde von den mittelländischen Schiffern, wenn sie auf den Spitzen der Masten sich zeigte, als ein Zeichen des Schutzes des heiligen Erasmus (Ermo, Elmo) angesehen und daher St. Elmsfeuer genannt. Auf den Waffen der Soldaten, auf der Spitze der Türme, der Windfahnen, der Blitzableiter, manchmal sogar an den Haaren und Kleidungsstücken werden solche Flämmchen wahrgenommen, welche von einem zischenden Geräusch begleitet sind. Diese durchaus unschädlichen Flämmchen bezeichnen das Ausströmen der Elektricität, und sind gleichbedeutend mit den Lichtbüscheln, welche im Dunkeln an den Fingerspitzen sich zeigen, wenn man die Hand einer stark geladenen Elektrisiermaschine nähert.

Das St. Elmsfeuer ist jedenfalls ein Beweis für die Stärke der elektrischen Ladung, welche hervorragende Gegenstände und namentlich auch der menschliche Körper unter dem verteilenden Einfluß elektrischer Wolken anzunehmen vermögen. So lange diese Ladung in unveränderter Stärke fortdauert, fühlt man keine Wirkung; sobald aber die Wolke sich entlädt und somit ihr Einfluß plötzlich aufhört, bewirkt die aus dem Körper plötzlich in den Boden abströmende Elektricität eine heftige Erschütterung, welche man Rückschlag nennt. Menschen, in deren Nähe der Blitz einschlägt, werden durch den Rückschlag oft bewußtlos niedergeworfen. Obgleich diese Erschütterungen selten gefährlich sind, so können sie doch, wenn man sich sehr nahe dem getroffenen Punkte befindet, tödlich werden. Eine Anzahl von Todesfällen durch Blitzschlag, bei denen man keine äußere Verletzung wahrnehmen konnte, sind wahrscheinlich durch Rückschlag erfolgt.

Blitzableiter.

Nachdem Franklin die Eigenschaft der Spitzen, die Elektricität mit Leichtigkeit ausströmen zu lassen, erkannt und in dem berühmten Versuch mit dem Drachen die elektrische Ladung der Gewitterwolken als Ursache des Blitzes nachgewiesen hatte, verwertete er seine Entdeckung unmittelbar zur Konstruktion des Blitzableiters.

Ein zugespitzter Metallstab, eine metallische Leitung, die ihn mit der Erde in Verbindung setzt, sind die wesentlichen Bestandteile dieser höchst einfachen Vorrichtung. Zieht eine Gewitterwolke über der Spitze vorbei, so entsteht in Stab und Leitung eine elektrische Bewegung; die mit derjenigen der Wolke gleichnamige Elektricität wird zurückgestoßen und entweicht in den Boden; die ungleichnamige Elektricität aber wird angezogen und bewegt sich gegen die Wolke; durch die Spitze entweicht sie mit Leichtigkeit, in stetigem Flusse, ohne jegliche Erschütterung. Sie strömt gegen die Wolke, schwächt oder vernichtet deren entgegengesetzte Elektricität, und macht sie dadurch unfähig, verderbliche Blitze zu schleudern. Toaldo sah Gewitterwolken, aus welchen unablässig Blitze zuckten, nachdem sie über die Blitzableiter des Schlosses Nymphenburg bei München gezogen waren, völlig verstummen. So entfalten die Blitzableiter ganz im Stillen eine heilsame Thätigkeit, welche nur selten, wenn bei nächtlichen Gewittern das Elmsfeuer auf ihren Spitzen glüht, in die Augen fällt und daher auch wenig Dank erntet. Die Statistik weist aber nach, daß in Städten, wo fast sämtliche Dächer Blitzableiter tragen, die Blitzschläge seltener sind, als auf dem Lande, wo diese Einrichtung noch weniger Eingang gefunden hat. Freilich, wenn die Spitze nicht mehr scharf, sondern etwa durch Rosten abgerundet ist, erfolgt das Ausströmen der Elektricität weniger leicht, und es werden Blitze mit Vorliebe den metallischen Blitzableiter treffen; wenn aber nur die Leitung in gutem Stand ist, so folgen sie dieser bis in den Boden, ohne Schaden anzurichten.

Fig. 58. Blitzableiter.

Damit der Blitzableiter seiner Aufgabe völlig gewachsen sei, muß er mit der erforderlichen Sorgfalt konstruiert sein. Die Auffangstange (Fig. 58), im ganzen 8 bis 10 m hoch, unten etwa 5 cm dick und nach oben sich verjüngend, wird aus Eisen geschmiedet. Auf ihr oberes Ende schraubt man ein Kupferstäbchen, welches in eine mittelst Silber angelötete Platinspitze ausläuft. Man macht die Spitze am besten aus diesem luft- und feuerbeständigen Metall, um ihre Abrundung durch Rost und Schmelzung zu verhüten. Ein kleiner, kupferner Muff schützt die Lötstelle und macht die Verbindung der beiden Stücke noch fester. Unmittelbar über den verbreiterten Fuß der Stange, welcher die Befestigungsstelle auf dem Firstbalken vor Regenwasser schützt, ist ein Metallband fest um die Stange geklemmt, welches mit der Leitung innig verbunden ist. Diese besteht entweder aus Stabeisen oder dicken Seilen von Messing- oder verzinktem Eisendraht. Die Leitung, durch eiserne Klammern getragen, wird über das Dach und längs der Mauern bis zum Boden herabgeführt. Auf diesem Wege muß sie mit allen größeren Metallteilen des Gebäudes, Dachrinnen, Wasser- und Gasleitungen u. s. w., metallisch verbunden werden. Besonders wesentlich aber ist eine genügende Verbindung der Leitung mit dem Boden. Trockener Boden leitet die Elektricität nur schlecht. Womöglich sollte man so tief graben, bis man auf das Grundwasser stößt und das Ende der Leitung 1 bis 2^{m} tief in dasselbe einsenken. Ein Teich, ein Bach leisten eben so gute Dienste. Kann man aber natürliches Wasser nicht erreichen, so sollte man wenigstens bis zu einer stets feuchten Erdschichte vordringen, und dort die verzweigte Leitung in Kanäle betten, welche mit Holzkohle ausgefüllt werden. Die Kohle ist nicht nur ein guter Leiter der Elektricität, sondern schützt auch das Metall vor dem Rost.

Mit wie großer Sorgfalt auch ein Blitzableiter hergestellt sein mag, so kann er doch nur in einem gewissen Umkreis schützend wirken, welcher um so geringer wird, je tiefer die Gewitterwolken sich herabsenken. Im allgemeinen kann man mit Arago annehmen, daß die schützende Wirkung sich auf einen Umkreis erstreckt, dessen Halbmesser doppelt so groß ist, als die Höhe der Auffangstange. Auf einem größeren Gebäude werden daher mehrere Stangen angebracht und unter sich in metallische Verbindung gesetzt.

In den Telegraphendrähten wird durch die Nähe der Gewitterwolken Elektricität erregt, welche an den Stationen die Apparate in Bewegung setzt, oder mit lautem Knall in Form kräftiger Funken zwischen den Metallteilen derselben überspringt. Werden diese Wirkungen heftiger, oder schlägt der Blitz unmittelbar in die Leitung, so werden die Apparate zerstört, ihre Drähte geschmolzen, ja sogar das Leben der

Beamten bedroht. Diese Zufälle sind um so gefährlicher, da sie oft von sehr weit entfernten Gewittern herrühren, und nichts ihr Eintreten voraussehen läßt. So wurde z. B. am 17. August 1847 die Wirkung eines zu Olmütz ausgebrochenen Gewitters 75^{km} weit bis nach Triebitz fortgepflanzt, und ein an letzterem Orte mit der Drahtspannung beschäftigter Arbeiter erhielt einen so heftigen Schlag, daß er einige Schritte zurücktaumelte. Um diese Gefahren abzuwenden und den Telegraphendienst gegen diese atmosphärischen Einflüsse sicher zu stellen, hat man Vorrichtungen konstruiert, welche zwar die galvanische Elektricität, welche zum Telegraphieren dient, den Apparaten zuführen, die störende Gewitterelektricität aber unschädlich in die Erde leiten. Während nämlich die letztere, von gleicher Natur wie die durch die gewöhnliche Elektrisiermaschine erzeugte Reibungselektricität, lieber Unterbrechungen in der Leitung in Form von Funken überspringt, oder aus Spitzen ausströmt als etwa durch dünne Drähte sich fortpflanzt, macht die galvanische Elektricität vor jeder Unterbrechungsstelle Halt, sie folgt nur einer ununterbrochenen metallischen Leitung und Spitzen üben auf sie keinen Einfluß. In Fig. 59 ist ein auf diese Prinzipien gegründeter *Telegraphenblitzableiter* dargestellt. Der von der Telegraphenlinie kommende Draht L steht zunächst mit einer Metallplatte in Verbindung, welche kammähnlich mit zahlreichen Zähnen versehen ist. Ihr gegenüber befindet sich eine ganz ähnliche Platte, welche durch einen Draht T mit dem Boden

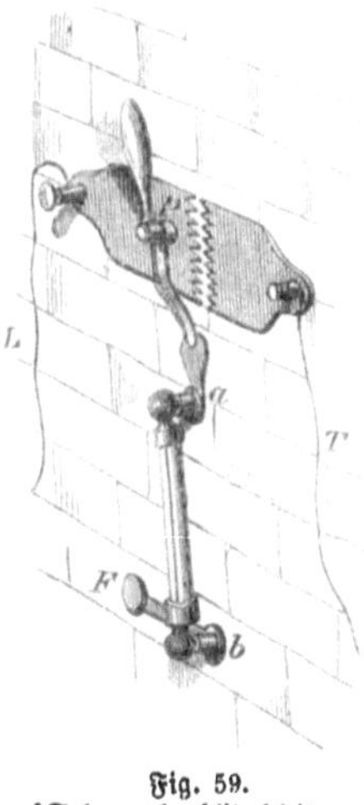

Fig. 59.
Telegraphenblitzableiter.

verbunden ist. Der Strom galvanischer Elektricität, welcher zum Telegraphieren dient, gelangt aus der Leitung L von der ersten Platte durch eine Metallfeder nach a und über b zu den Apparaten des Bureaus, während etwa ankommende atmosphärische Elektricität durch die Spitzen auf die zweite Platte und von hier durch den Draht T zur Erde übergeht. Sollte jedoch die Menge der Gewitterelektricität, etwa bei wirklichem Einschlagen des Blitzes in die Linie, zu groß sein, um völlig durch den Draht T entweichen zu können, sondern zum Teil den Weg nach a wählen, so kann sie dennoch nicht zu den Apparaten gelangen, indem sie sich selbst den Weg dahin versperrt. Zwischen a und b ist nämlich, von einer Glasröhre umschlossen, ein feiner Kupferdraht eingeschaltet, welcher den schwachen Linienstrom ungehindert durchläßt, durch Gewitterelektricität aber sofort geschmolzen und mithin unterbrochen wird. Wenn dieser Draht geschmolzen ist, muß man die Linie sofort zur Erde ableiten, indem man die Metallfeder mittelst des Handgriffs P auf die zweite kammförmige Platte hinüberdreht.

Nutzen der Gewitter.

Nach dem Einschlagen des Blitzes und überhaupt nach einem Gewitter nimmt man häufig einen auffallenden Geruch wahr, welcher in den Berichten gewöhnlich als „Schwefelgeruch" bezeichnet wird. Derselbe rührt her von einem eigentümlichen Gas, dem sogenannten Ozon, in welches sich das sonst geruchlose Sauerstoffgas unter der Einwirkung der Elektricität verwandelt. Bei einer thätigen Elektrisiermaschine nimmt man den Ozongeruch besonders stark wahr, wenn die Elektricität aus Spitzen büschelförmig in die Luft ausströmt. Der ozonisierte Sauerstoff verbindet sich viel leichter mit anderen Stoffen als der gewöhnliche; organische Körperchen, welche in der Luft schweben, ferner schädliche

Ausdünstungen (Miasmen), welche ihr beigemengt sind, werden durch das Ozon geradezu verbrannt und damit ihrer Fähigkeit, auf den menschlichen Körper nachteilig einzuwirken, völlig beraubt. Indem die Gewitter die Bildung von Ozon (welches sich übrigens in wechselnden Mengen stets in der Atmosphäre vorfindet) veranlassen, behält die Volksmeinung Recht, welche behauptet, daß die Gewitter „die Luft reinigen“.

Der ozonisierte Sauerstoff besitzt auch die Fähigkeit, sich mit dem Stickstoff der Luft zu Salpetersäure zu verbinden, was der gewöhnliche Sauerstoff nicht thut. Mit dem Wasser der Gewitterregen wird die Salpetersäure dem Boden zugeführt und kann so dem Wachstum der Pflanzen zugute kommen. Die Pflanzen besitzen nämlich nicht das Vermögen, den Stickstoff, der einer ihrer wichtigsten Nahrungsbestandteile ist, unmittelbar aus der Luft aufzunehmen, sondern erst in der Form salpetersaurer Salze und anderer löslicher stickstoffhaltiger Verbindungen wird er ihren Wurzeln zugänglich.

Nach den Untersuchungen des Hrn. Dr. Bretschneider zu Ida-Marienhütte werden einer Hektare Bodenfläche durch den Regen während eines Jahres im Durchschnitt 11 kg Stickstoff zugeführt, wovon etwa 6 Prozent in Form von Salpetersäure. So erzeugt jeder Blitz Stoffe, welche dem Gedeihen der Pflanzen förderlich sind, und der Regen, welcher der drohenden Wolke entströmt, düngt den Acker des Landwirts.

Elektrische Erscheinungen auf der Cheopspyramide.

Als Herr Werner Siemens am 14. April 1859 mit den ihn begleitenden Ingenieuren die Cheopspyramide bei Cairo erstieg, hatte er Gelegenheit auf deren Gipfel eine höchst interessante elektrische Erscheinung zu beobachten.

Gegen 10 Uhr vormittags oben angekommen, empfand die Gesellschaft eine kalte scharfe Luftbewegung: der Chamsin war ausgebrochen. Der aufgewirbelte Wüstenstaub bedeckte die Ebene mit einem undurchsichtigen gelben Schleier und stieg immer höher an der Pyramide empor. Als er auch die höchsten Stufen derselben erreicht hatte, vernahm man ein sausendes Geräusch. Herr Siemens stellte sich nun auf den höchsten Punkt der Pyramide und hielt seinen Zeigefinger hoch empor. Es ließ sich jetzt ein eigentümlich zischender Ton, ähnlich dem Ton des „singenden" Wassers, hören, und ein leises Prickeln der dem Winde entgegengerichteten Hautfläche des Fingers wurde bemerkbar. Um seine Vermutung, daß diese Erscheinungen elektrischer Natur seien, zu bestätigen, hielt Herr Siemens jetzt eine gefüllte Weinflasche, deren Kopf mit Stanniol bekleidet war, empor. Er hörte denselben singenden Ton wie bei Aufhebung des Fingers, und während dessen sprangen von der Etiquette fortwährend kleine Funken zu der die Flasche haltenden Hand über; als er darauf den Kopf der Flasche mit der andern Hand berührte, erhielt er eine heftige Erschütterung, während ein glänzender elektrischer Funke vom metallenen Kopf der Flasche in die ihm genäherte Hand übersprang. Offenbar bildete die durch den feuchten Kork mit der Metallhülle in leitender Verbindung stehende Flüssigkeit die innere Belegung einer Leydener Flasche, während Etiquette und Hand die abgeleitete äußere vertraten.

„Als ich", so erzählt Herr Siemens weiter, „die äußere Belegung meiner Flasche durch Umhüllung derselben mit angefeuchtetem Papier aus unserem Proviantkorbe vervollständigt hatte, wurde die Ladung derselben so stark, daß ich mich ihrer als einer sehr wirksamen Verteidigungswaffe bedienen konnte. Nachdem die Araber nämlich einige Zeit mit Verwunderung unserem Treiben zugesehen hatten, kamen sie zu der Überzeugung, wir trieben Zauberei und verlangten, wir sollten die Pyramide verlassen. Als ihre uns verdollmetschten Vorstellungen nichts fruchteten, wollten sie von dem Naturrechte des Stärkeren Gebrauch machen und uns mit Gewalt von der Spitze entfernen. Ich zog mich auf den höchsten Felsblock zurück und lud meine verstärkte Flasche möglichst kräftig, während der Führer der Araber meine Hand ergriff und mich von der erklommenen Höhe fortzuziehen begann. In diesem kritischen Augenblick näherte ich den Kopf meiner Flasche seiner Nase bis zur Schlagweite, die etwa 10^mm betragen mochte. Die Wirkung der Entladung überstieg meine kühnsten Erwartungen. Der Wüstensohn, dessen Nerven noch nie eine ähnliche Erschütterung empfunden hatten, fiel wie vom Blitz getroffen zu Boden, sprang darauf mit lautem Geheul wieder auf und verschwand mit einigen mächtigen Sprüngen aus unserem Gesichtskreise, gefolgt von seinen sämtlichen Genossen!“

Als sich Herr Siemens durch einen aus aufgestellten Flaschen improvisierten Isolierschemel von der Steinmasse der Pyramide isolierte, konnte er seinen Gefährten durch Näherung der Hand Funken erteilen, und empfand selbst eine gelinde Erschütterung, wenn er den Boden berührte.

Die beschriebenen Erscheinungen wurden nur auf der Spitze der Pyramide wahrgenommen. Schon einige Stufen tiefer waren sie nur noch sehr schwach und in der Ebene wurden gar keine elektrischen Erscheinungen mehr bemerkt.

Da die elektrischen Erscheinungen erst dann bemerkbar wurden, als der Wüstenstaub die Spitze der Pyramide erreichte, so glaubt Herr Siemens, daß die vom Wind gepeitschten Sandkörnchen, an der trockenen Oberfläche des Wüstenbodens elektrisch geworden, die eigentlichen Träger der Elektricität waren. Die Art der Elektricität, ob positive oder negative, konnte nicht ermittelt werden.

Luftelektricität.

Wenn wir bei der interessanten Erscheinung, die wir so eben kennen gelernt, den Ursprung der Elektricität mit einiger Wahrscheinlichkeit vermuten konnten, so sind wir dagegen über die Entstehung der ungeheuern Elektricitätsmengen, welche sich in den Gewitterwolken ansammeln, noch völlig im Unklaren. Indem wir einfach die Thatsachen in Worte fassen, können wir nur so viel sagen, daß rasche und massenhafte Wolkenbildung von starker Elektricitätsentwickelung begleitet ist. Ihrer Art nach ist die Elektricität der Gewitterwolken bald positiv, bald negativ, und zwar sind nicht nur bei einem und demselben Gewitter verschiedene Wolken entgegengesetzt elektrisch, sondern häufig besteht eine einzige Wolke aus mehreren Zonen, welche abwechselnd mit entgegengesetzten Elektricitäten geladen sind, deren Stärke von der Mitte der Wolke aus gegen den Umfang hin abnimmt.

Aber nicht nur während eines Gewitters, sondern fast immer und selbst bei ganz heiterem Himmel gibt unsere Atmosphäre Anzeichen von Elektricität, welche aber nicht unmittelbar in die Sinne fällt, sondern nur vermittels empfindlicher Elektrometer nachweisbar ist. Die Beobachtung muß jedoch angestellt werden an einem Orte, welcher von benachbarten Gegenständen nicht überragt ist, oder man muß den Apparat mit einer Auffangstange in Verbindung setzen, welche hoch genug in die Atmosphäre emporreicht. Je höhere Luftschichten man so untersucht, desto stärker findet man ihre elektrische Ladung.

Diese stets vorhandene Luftelektricität ist fast immer positiv. Sie wird um so stärker, in je größerer Menge sich Wasserdünste in der Atmosphäre niederschlagen. Sehr stark zeigt sie sich daher bei Nebeln, und auch die

Bildung des Taues ist stets von starken Elektricitätsäußerungen begleitet. Aus demselben Grunde ist sie im Winter, wo die Luft durch Dunst und Nebel getrübt ist, weit stärker als im Sommer, obgleich letztere Jahreszeit bei uns wenigstens die gewitterreichste ist. Auch die Änderungen, welche die Luftelektricität im Laufe eines Tages erfährt, stehen mit dem Feuchtigkeitszustande der Luft in der engsten Wechselbeziehung. Ihren größten Wert erreicht sie, wie auch die relative Feuchtigkeit, Vormittags einige Stunden nach Sonnenaufgang; sie nimmt dann ab und wird am schwächsten einige Stunden vor Sonnenuntergang; nachher steigt sie wieder rasch und erreicht 1½ bis 2 Stunden nach Sonnenuntergang zum zweitenmal einen höchsten Wert; während der Nacht nimmt sie ab bis zu Tagesanbruch, wo sie wieder zu steigen beginnt.

Die Elektricitätsmengen, von denen hier die Rede ist, sind so geringfügig, daß wir sie nur gleichsam mikroskopisch mit Hilfe empfindlicher Instrumente zu entdecken vermögen. Sie üben daher auf die Witterungsvorgänge keinen erkennbaren Einfluß. Die Ursache der Luftelektricität ist uns eben so unbekannt, wie diejenige der Gewitterelektricität.

VI. Die Lichterscheinungen der Atmosphäre.

. . . Deine Boten, Herr, verehren
Das sanfte Wandeln deines Tags.

Morgenrot und Himmelblau.

Wir stehen auf dem Gipfel des Rigi. Noch funkeln am finstern Nachthimmel zahllose Sterne, nur im Osten verkündet ein fahler Schimmer den nahenden Tag. Höher und höher steigt der dämmernde Schein und verlöscht die erblassenden Sterne; gespenstisch bleich tauchen die Schneehäupter aus dem nächtlichen Dunkel. Schon färben sich die leichten Wölkchen, welche das Thor des Ostens umkränzen, mit rosigem Hauche; im Westen sehen wir die Finsternis auf der Flucht vor dem Andrange des siegreichen Lichts; der tiefblaue Schatten, den der Erdkörper in die Atmosphäre wirft, wird von einem rötlichen Lichtbogen umschlossen und immer tiefer hinabgedrängt. Jetzt senkt sich der rötliche Bogen herab zu den höchsten Schneegipfeln, die von seiner Berührung im zartesten Purpur erglühen; im Osten aber blitzt der erste Sonnenstrahl auf, von den zitternden Tönen des Alphorns jubelnd begrüßt. Ungestraft bewundert das Auge die rote Glut des majestätisch sich hebenden Gestirns, aber bald wendet es sich überwältigt von dem blendenden Glanze gern wieder dem erhabenen Panorama der Gletscher=

welt zu. Die purpurne Röte, welche vorhin von dem tiefen Blau der dämmerigen Thalgründe so wunderbar sich abhob, geht allmählich über in leuchtendes Rotgelb und wird endlich zu glänzendem Weiß. Die weißen Strahlen der höher gestiegenen Sonne enthüllen nun den ganzen Formen- und Farbenreichtum einer großartigen Gebirgswelt, über welcher sich in azurner Bläue der klare Himmel wölbt.

Den prächtigen Licht- und Farbenschimmer, welcher dem eben beschriebenen Schauspiel einen so mächtigen Reiz verleiht, verdanken wir der Wirkung unserer Atmosphäre. Die Sonnenstrahlen, von zahllosen kleinen Körperteilchen, welche in der Luft schweben, vielfach zurückgeworfen und gleichsam umhergestreut, überziehen das Firmament mit einem lichten Schleier, der uns bei Tag die Sterne unsichtbar macht, und vor Auf- und nach Untergang der Sonne als Dämmerung wahrgenommen wird. Man nimmt gewöhnlich an, daß die Dämmerung beginne und aufhöre, wenn die Sonne sich 18° unter dem Horizont befindet. In Deutschland dauert daher zur Zeit der Sommersonnenwende die Dämmerung die ganze Nacht hindurch. Auch die monatelangen Winternächte der Polargegenden sind unausgesetzt von einem schwachen Dämmerscheine erleuchtet, welcher, wenn sich die Strahlen des Mondes und der Schimmer des Nordlichts hinzugesellen, sogar das Lesen möglich macht.

In den Äquatorialgegenden, wo die Luft außerordentlich rein und durchsichtig ist, erscheint der Himmel tief dunkelblau, und die Dämmerung dauert nur sehr kurze Zeit, zu Cumana z. B. weniger als eine Viertelstunde. Wäre die Erde ihrer Lufthülle bar, so gäbe es weder Dämmerung noch allgemeine Tageshelle. Der Übergang von Tag zu Nacht müßte ganz plötzlich erfolgen, und jeder von den Sonnenstrahlen getroffene Gegenstand wäre auf der einen Seite grell erleuchtet, auf der anderen Seite im schwärzesten

Schatten. Je höher wir in der Atmosphäre emporsteigen, desto dünner wird der lichtstrahlende Schleier, der uns die Nacht des Weltenraumes verhüllt. Den Blicken der Luftschiffer, wenn sie sich 8 bis 9 km über den Boden erhoben haben, zeigen sich die Sterne mit der Sonne zugleich am tiefdunkeln Himmel, und unter ihnen glänzt die Erde in blendender Helle.

Warum aber strahlt die Sonne am Horizont in feurigem Rot? Und warum ist das Licht des klaren Himmels so anmutig blau? Wir wollen, um eine Beantwortung dieser Fragen anzudeuten, auf einige bekannte Erscheinungen hinweisen.

Die Rauchwölkchen, die von einer brennenden Zigarre aufsteigen, erscheinen vor einem dunklen Hintergrund betrachtet, schön hellblau, dagegen bräunlich, wenn man durch sie gegen den Himmel sieht. Mischt man eine weingeistige Auflösung von Mastix mit Wasser, und sieht man durch die milchig trübe Flüssigkeit nach einer Kerzenflamme oder nach der Sonne, so erscheinen dieselben in prachtvoll roter Farbe, und zwar um so tiefer gerötet, je dicker die angewendete Flüssigkeitsschicht ist, während von vorn beleuchtet die Flüssigkeit bläulich aussieht. Ähnlich wirken Milchglas und eine mit zarter Rußschicht überzogene Glasplatte. Überhaupt jedes durch äußerst feine Körperteilchen getrübte Mittel besitzt die Eigenschaft, dem durchgelassenen Lichte eine rötliche, dem zurückgeworfenen eine bläuliche Färbung zu erteilen. Dabei kommt es nicht darauf an, ob die trübenden Teilchen fest oder flüssig, durchsichtig oder undurchsichtig, ja nicht einmal ob sie unter sich gleich sind, wenn nur ihre Größe eine gewisse Grenze nicht überschreitet.

Unsere Atmosphäre ist stets, besonders in ihren unteren Schichten, getrübt durch zahllose organische und unorganische Stäubchen; dazu kommen noch häufig die äußerst feinen

Dunstkügelchen, wie sie sich bei beginnender Verdichtung des Wasserdampfs bilden. Sie erscheint daher als trübes Mittel vor dem dunkeln Hintergrund des Weltenraums im zurückgeworfenen Lichte blau, und erteilt dem durchgelassenen Licht der im Horizont stehenden Sonne und eben so des Mondes eine rötliche Färbung.

Die Frage, warum die rote Färbung nur beim Auf- und Untergang als Morgen- und Abendröte eintritt, erledigt sich einfach und leicht. Steht nämlich die Sonne hoch am Himmel, so ist der Weg, den ihre Strahlen in den untern stauberfüllten Luftschichten durchlaufen müssen, sehr kurz, so daß eine merkliche Rötung nicht eintreten kann; befindet sich dagegen die Sonne Morgens und Abends am Horizont, so hat ihr Licht in der untern getrübten Luft einen sehr langen Weg zurückzulegen, auf welchem es der violetten und blauen Strahlen immer vollständiger beraubt wird und eine stark gerötete Färbung annimmt.

Aus demselben Grunde erklärt es sich auch, warum beim Alpenglühen die Schneefelder der Alpen oder am Rande des Horizontes schwebende Wolken eine ins Purpurne ziehende rote Beleuchtung zeigen, während doch, von der nämlichen Abendsonne bestrahlt, eine in der Nähe befindliche weiße Mauer nur orangegelb gefärbt erscheint. Das von der entfernten Bergkette zurückgeworfene Licht hat nämlich, bis es zu unserm Auge gelangt, noch eine weite Strecke durch die untern Luftschichten hin- und zurückzumessen, und wird dann entsprechend tiefer gerötet.

Damit ein trübes Mittel vor dunklem Hintergrunde im zurückgeworfenen Lichte blau aussehe, sind so dicke Schichten nicht erforderlich; in gar zu dicker Schicht erscheint es vielmehr wieder weiß. Das schönste Blau des Himmels zeigt sich über unserm Scheitel, während der Horizont bei Tage von weißlichem Dunst umlagert erscheint.

Bei Höhenrauch, während großer Trockenheit der Luft, zeigt selbst die hoch am Himmel stehende Sonne eine rote Färbung; eben so, nach dem Berichte der Reisenden, wenn der Samum den Staub der Wüste aufgewirbelt hat. Diese Thatsachen scheinen dafür zu sprechen, daß namentlich bei beständig schönem Wetter, wenn die Sonne als rötliche Scheibe untergeht, die in der Atmosphäre schwebenden trockenen Stäubchen zur Erklärung dieser Färbung genügen. In den meisten Fällen werden aber auch die äußerst feinen Dunstkügelchen, welche bei beginnender Verdichtung des Wasserdampfes sich bilden, mit zur Entstehung des Abendrots beitragen. Forbes beobachtete zuerst diese Wirkung des sich verdichtenden Wasserdampfes, als er zufällig durch die vom Ventil eines Dampfkessels aufsteigende Dampfsäule die Sonne tief orangerot gefärbt sah. Namentlich dann, wenn die auf- oder untergehende Sonne besonders brillant gefärbt erscheint und der ganze Morgen- oder Abendhimmel feurig erglüht, scheint der Wasserdampf im Übergangszustande wesentlich mitzuwirken.

Luftspiegelung.

Wenn über dem schmachtenden Gefilde die Julisonne brütet, fühlt man die Hitze nicht bloß, man glaubt sie zu sehen; alle Gegenstände erscheinen dem Auge in wellenförmig zitternder Bewegung, ihre Umrisse von Augenblick zu Augenblick verändernd. Die leicht erkennbare Ursache dieser Erscheinung ist das ungleiche Lichtbrechungsvermögen der emporsteigenden warmen und der niedersinkenden kalten Luftströmchen; die Lichtstrahlen erfahren in dem wechselnd bewegten Gewirr verschieden warmer Luftfäden zahlreiche Brechungen und verfolgen, jeden Moment in andere Richtung abgelenkt, launisch geschlängelte Bahnen.

Die Luftspiegelung, welche man in ausgezeichneter Weise in Ägypten beobachtet, beruht ebenfalls auf der ungleichen Lichtbrechung der Luft bei verschiedener Temperatur. Die Luft ist dort gewöhnlich ruhig und von außerordentlicher Klarheit. Bei Sonnenaufgang lassen sich die entferntesten Gegenstände scharf und deutlich unterscheiden. Von den Ufern des Nils bis zum Saum der Wüste gewahrt man kleine Erhöhungen, welche mit Dörfchen und Palmenwäldchen gekrönt über das Überschwemmungsgebiet hervorragen. Sobald aber mit höher steigender Sonne der Boden sich erhitzt, teilt er den unteren Luftschichten seine hohe Temperatur mit, und bei einigermaßen bewegter Atmosphäre wird die Deutlichkeit der Fernsicht getrübt durch das vorhin erwähnte wellenartige Zittern. Wenn aber gar kein Wind weht und die träge Ruhe der Atmosphäre den untern Luftschichten erlaubt sich auszudehnen ohne sich mit den oberen zu mischen, entwickelt sich die Erscheinung der Luftspiegelung in ihrer vollen Pracht. Man glaubt jetzt einen weiten See vor sich zu haben, über welchen die Hügel gleich Inseln hervorragen; ihre umgekehrten Bilder sowie den prachtvoll blauen Himmel sieht man wie in einer Wasserfläche gespiegelt.

Im ägyptischen Feldzug von 1798 wurden die Soldaten der Armee Bonapartes durch die Luftspiegelung oft grausam getäuscht. Durch angestrengte Märsche ermüdet, in brennender Sonnenhitze und stauberfüllter Luft vor Durst fast verschmachtend, liefen sie Erquickung hoffend gegen das ersehnte Ufer; aber das vermeintliche Wasser zerrann vor den Augen der Nahenden, die an seiner Stelle nur glühenden Wüstensand fanden, während in größerer Entfernung das nämliche Gaukelspiel sich wiederholte.

Monge, welcher die Armee begleitete, hat folgende Erklärung dieser Erscheinung gegeben. Wenn die untersten Luftschichten weniger dicht sind als die darüber lagernden, so wird jeder Lichtstrahl, der von einem hervorragenden Gegenstand gegen den Boden geht, infolge des abnehmenden Brechungsvermögens eine immer schrägere Richtung einschlagen, bis er endlich an einer letzten Schicht wie an einem Spiegel vollständig zurückgeworfen wird; indem er nun wieder nach aufwärts geht, erleidet er eine Reihenfolge von Brechungen im entgegengesetzten Sinne wie vorhin und gelangt endlich zum Auge des Beobachters in einer Richtung, als wenn er von einem unter dem Boden gelegenen Punkt ausgegangen wäre, und zeigt ihm das umgekehrte Bild des Gegenstandes gerade so, als wenn es an einer Wasserfläche gespiegelt würde. Der Gegenstand selbst wird vermöge der Strahlen, welche sich in den oberen Schichten nahezu geradlinig fortpflanzen, wie gewöhnlich aufrecht gesehen.

Nicht minder merkwürdig ist die seitliche Luftspiegelung, welche Soret und Jurine auf dem Genfer See beobachteten. Sie befanden sich im zweiten Stock eines am Ufer gelegenen Hauses und betrachteten mit dem Fernrohr ein Schiff, welches von der Rechten zur Linken gegen die Mitte des Sees segelte, während in der Nähe der Küste ein Spiegelbild des Schiffes von links nach rechts sich bewegte. Diese Erscheinung läßt sich in ähnlicher Weise erklären wie die ägyptische Luftspiegelung. An der steilen Küste befand sich die Luft noch im Schatten, während sie auf dem freien See bereits von der Sonne erwärmt war; so konnten sich bei der herrschenden Windstille senkrechtstehende Luftschichten von allmählich abnehmender Dichte bilden.

Eine ungewöhnliche Strahlenbrechung und Spiegelung in verschieden dichten Luftschichten wird auch auf dem Meere häufig wahrgenommen, und ist den Seefahrern unter dem Namen des Seegesichtes oder der Kimmung bekannt. Die tiefere Temperatur der Meeresoberfläche bewirkt, daß die Luftschichten nach oben hin rasch an Dichte abnehmen

Fig. 60. Seegesicht.

und das Bild der Küsten und entfernter Schiffe durch Brechung erhoben oder durch Spiegelung umgekehrt in der Luft schwebend zeigen. Scoresby hat in den grönländischen Meeren öfter solche Erscheinungen beobachtet. „Am 19. Juni 1822", erzählt er in einem seiner Berichte, „schien die Sonne sehr warm, und die Küste erschien plötzlich um 25 bis 35 km genähert; die verschiedenen Anhöhen waren so stark emporgehoben, daß man sie vom Schiffsdeck aus eben so gut sah als vorher vom Mastkorbe. Das Eis am Horizont nahm sonderbare Gestalten an; dicke Blöcke sahen aus wie Säulen; Eisschollen und Eisfelder glichen einer Kette prismatischer Felsen; an vielen Punkten zeigte sich das Eis in der Luft in ziemlich großer Entfernung über dem Horizont. Die Schiffe, welche sich in der Nachbarschaft befanden, hatten ein höchst sonderbares Aussehen: bei einigen schien das große Segel verschwunden zu sein, während das Focksegel viermal größer aussah als es wirklich ist. Über entfernten Schiffen sah man ihr umgekehrtes und vergrößertes Bild; in einigen Fällen war dasselbe ziemlich hoch über dem Schiff, aber dann war es stets kleiner als das Urbild. Man sah während einiger Minuten das Bild eines Schiffs, welches selbst noch unter dem Horizont war. Ein Schiff zeigte sogar über sich zwei Schiffe, von denen das eine aufrecht, das andere umgekehrt war." (Vgl. Fig. 60.)

Auch bei Luftschiffahrten sind ähnliche Spiegelungen mehrmals beobachtet worden. Herr Tissandier, welcher sich am 16. August 1868 von Calais aus mit einem Luftballon erhob, war Zeuge einer solchen Erscheinung. „Die ganze nordwestliche Seite des Horizonts", berichtet er, „liegt vor uns wie ein dämmergraues Chaos. Ich wende den Blick nach oben, um die Grenze dieser Wolkenwand zu suchen, und wie groß ist mein Erstaunen, als ich gerade über mir eine weitgedehnte grünliche Dunstschicht, gleichsam einen himmlischen See, gewahre! Nicht lang, so scheint ein kleiner Punkt sich auf dieser Fläche zu bewegen. Es ist ein Schiff, so groß wie eine Nußschale, und als ich meine Blicke fester darauf hefte, erkenne ich, daß es umgekehrt auf diesem umgekehrten Ozeane schwimmt. Die Masten sind abwärts, der Kiel aufwärts gerichtet. Einen Augenblick später sehe ich das Spiegelbild des Postdampfers, welcher von Calais nach England steuert, und mit meinem Fernrohre entdecke ich selbst den Rauch seines Schlots. Immer neue Barken und Schiffe erscheinen, und ich weiß zuletzt kaum; was schöner ist — ob das Meer dort unten, oder sein magischer Widerschein hier oben."

Wenn die Luftschichten, in welchen sich die Brechungen und Zurückwerfungen vollziehen, nicht eben und unbeweglich, sondern gekrümmt sind und ihre Lage und Gestalt langsam verändern, so entstehen Luftbilder, welche verzerrt, zerrissen, vervielfacht, mit Regenbogenfarben gesäumt und in fortwährender Bewegung erscheinen. Gegenstände, welche man bei gewöhnlichem Zustand der Luft nicht sehen kann, werden in abenteuerlichen Formen sichtbar, und solche, die in Wirklichkeit einander nahe sind, zeigen sich weit von einander entfernt. An den Küsten Siciliens und Calabriens, wo öfter solche phantastische Luftgesichte zahlreiche Beschauer ans Ufer locken, werden sie im Volksglauben der Zaubermacht einer Fee Morgana zugeschrieben und Fata Morgana genannt. Die Erscheinung zeigt sich gewöhnlich bei Tagesanbruch während völliger Windstille und verschwindet, wenn die Sonnenstrahlen ihre volle Kraft erreicht haben.

Ein Augenzeuge, der Jesuitenpater Angelucci, gibt von dem märchenhaften Schauspiel der Fata Morgana folgende Schilderung: „In einer Ausdehnung von mehreren Meilen gewann das Meer an den Küsten Siciliens das Ansehen einer Kette dunkler Berge, während die Gewässer

Fig. 61. Fata Morgana.

an Calabriens Küste spiegelglatt blieben. Über ihnen sah man in zarter Schattierung eine Reihe von Tausenden von Säulen, alle gleich hoch und gleich weit von einander entfernt. In einem Nu verloren diese Säulen die Hälfte ihrer Höhe und schienen sich zu Bogen und Wölbungen zusammenzuschließen ähnlich den Wasserleitungen der Römer. Über den runden Bogen sah man sodann eine Brüstung sich bilden von mannigfaltigen Figuren, und darüber eine unzählige Menge von Schlössern, welche einander vollkommen gleich waren. Bald zergingen sie und bildeten Türme, welche ebenfalls verschwanden und nur eine Säulenhalle übrig ließen; dann zeigten sich Fenster und endlich Fichten und Cypressen in großer Anzahl." In wie weit bei dieser Beschreibung die lebhafte Phantasie des Berichterstatters und in dem Bilde Fig. 61 diejenige des Zeichners mitgewirkt haben mag, müssen wir unentschieden lassen.

Auch das Licht der Gestirne erleidet auf seinem Wege durch die verschieden dichten Schichten der Atmosphäre eine Ablenkung, welche bewirkt, daß jeder Stern höher über dem Horizont zu stehen scheint, als es in der Wirklichkeit der Fall ist. Nur über unserm Scheitel sehen wir die Sterne an ihrem richtigen Ort; je näher sie dem Horizont sind, desto mehr macht sich der Einfluß der atmosphärischen Strahlenbrechung geltend. Infolge dieser Wirkung sehen wir die Sonne noch mehr als 2 Minuten lang über dem Horizont, nachdem sie in Wirklichkeit, d. h. im astronomischen Sinne, bereits untergegangen ist, und eben so findet der sichtbare Sonnenaufgang um mehr als 2 Minuten früher statt als der wahre. Die Atmosphäre verlängert also vermöge ihrer lichtbrechenden Kraft jeden unserer Tage um nahezu fünf Minuten.

Das Funkeln der Sterne.

Wenn wir in klarer Nacht zum sternbesäten Firmament empor schauen, so fesselt eine anziehende Erscheinung unsern Blick. Wir sehen nämlich die Fixsterne nicht in ruhigem Lichte leuchten, sondern sie scheinen in kurzen Zwischenräumen abwechselnd mit roter, gelber, grüner, blauer Farbe aufzublitzen, obgleich das Licht der meisten an und für sich weiß ist. Durch dieses diamantenähnliche Funkeln erscheint die starre Pracht der festgefügten Sternbilder anmutig belebt. Die Planeten zeigen diese Erscheinung nicht und sind an ihrem ruhigen Licht unter dem Heere funkelnder Sonnen leicht zu erkennen.

Das Funkeln der Sterne erklärt sich, nach Arago, aus dem an verschiedenen Stellen ungleichen Lichtbrechungsvermögen der Atmosphäre. Die Fixsterne sind so unermeßlich weit von uns entfernt, daß sie nicht nur dem freien Auge, sondern selbst in dem mächtigsten Fernrohr als bloße Lichtpunkte erscheinen. Von den Lichtstrahlen, die in einem gewissen Augenblick von einem solchen leuchtenden Punkte ausgehend auf unsere Pupille treffen, hat jeder in der Atmosphäre eine andere Bahn verfolgt und je nach der Beschaffenheit der Luft entlang seinem Wege eine andere Verzögerung erlitten. Sind diese Verzögerungen gerade derart, daß z. B. die roten Strahlen sich durch Interferenz vernichten, so wird der Stern in diesem Momente grün erscheinen. Aber im nächsten Augenblicke schon hat sich auf dem Wege der Lichtstrahlen die Temperatur, die Feuchtigkeit und die Dichte der Luft ein wenig geändert; die Verzögerung wird eine andere und vielleicht etwa so groß, daß die grünen Strahlen sich austilgen, und der Stern erscheint jetzt rot, u. s. f.

Bei den Planeten, welche schon dem bloßen Auge als Lichtscheibchen von merklichem Durchmesser erscheinen, müßte jeder Lichtpunkt der Scheibe für sich gleich einem Fixstern funkeln; aber eben weil jeder Lichtpunkt unabhängig von dem andern seine Farbenänderungen durchmacht, werden sich in dem Bild, welches in unserem Auge entsteht, in jedem Augenblick alle Farben vermischen und den Planeten in ruhigem weißen Lichte erscheinen lassen.

Am Horizont, wo die Lichtstrahlen einen langen Weg in der Atmosphäre zu durchlaufen haben, zeigt sich das Funkeln der Fixsterne stärker als in größerer Höhe, was mit der oben gegebenen Erklärung gut übereinstimmt.

Besonders auffallend funkeln die Sterne, wenn nach vorhergegangenem trockenen Wetter sich mehr Wasserdampf in der Atmosphäre zu verbreiten beginnt; ein sehr lebhaftes Sternfunkeln gilt daher für ein Vorzeichen bald eintretenden Regenwetters. — In der Tropenzone, wo die Luft namentlich bei Nacht eine außerordentliche Klarheit, Ruhe und gleichförmige Mischung besitzt, ist das Funkeln der Sterne weit weniger auffallend als in höhern Breiten; dort strahlen auch die Fixsterne in ruhigem planetaren Lichte.

Höfe.

Blickt man durch eine mit Bärlappsamen bestreute Glasplatte nach einer Kerzenflamme, so sieht man dieselbe inmitten eines hellen rötlich gesäumten Lichtscheines, welcher von mehreren nach außen hin immer lichtschwächer werdenden Farbenringen umgeben ist. Die Ringe, mit den Farben des Spektrums geschmückt, kehren ihren violetten Rand nach innen, den roten nach außen. Diese zierliche Erscheinung erklärt sich durch die beugende Wirkung, welche die Körnchen des Bärlappmehls auf die an ihnen vorübergehenden Lichtstrahlen ausüben. Nimmt man zu dem Versuche statt des

Bärlappsamens ein feineres Pulver, etwa Stärkmehl, so werden die Ringe weiter, und zwar steht ihr Durchmesser im umgekehrten Verhältnis zu demjenigen der Kügelchen. Damit Farbenringe sich ausbilden können, ist deshalb erforderlich, daß alle Körnchen unter sich gleich seien; sind Körperchen von ungleicher Größe mit einander gemischt, so fallen in der Erscheinung Ringe verschiedener Farbe auf einander und vermischen sich zu einem weißlichen Scheine.

Wenn leichte Wölkchen vor der Sonne oder dem Monde schweben, sieht man diese Gestirne häufig von einem oder mehreren farbigen Ringen umgeben, welche unter dem Namen der Höfe bekannt sind. Sie haben mit der soeben beschriebenen Erscheinung die größte Ähnlichkeit, und entstehen ohne Zweifel durch Beugung der Lichtstrahlen an den Dunstkügelchen der Wolke, welche ganz dieselbe Rolle spielen wie die Stäubchen des Bärlappmehls. Aus den Durchmessern der Ringe, deren erster unter einem Winkel von 1 bis 4° erscheint, kann man, wie Kämtz gezeigt hat, die Durchmesser der Nebelkügelchen berechnen; er fand sie durchschnittlich im Winter größer als im Sommer. Je länger gutes Wetter geherrscht hat, desto kleiner werden die Nebelkügelchen und desto weiter der Mondhof; vor Regenwetter aber vergrößern sie sich schnell und der Hof erscheint enger. So können uns die Höfe Anhaltspunkte liefern zur Beurteilung des bevorstehenden Wetters. Ungefärbte Höfe zeigen sich, wenn der Wolkenschleier aus ungleich großen Kügelchen besteht.

Daß man Mondhöfe häufiger beobachtet als Sonnenhöfe, hat seinen Grund darin, daß das Licht der Sonne zu blendend ist, als daß man die lichtschwachen Ringe zu sehen vermöchte; sie treten aber sofort hervor, wenn man das Spiegelbild der Sonne auf einer Wasserfläche oder auf einer geschwärzten Glasplatte betrachtet.

Fig. 62. Brockengespenst.

Nebelbilder.

Steht man auf freier Bergspitze, den klaren Himmel über sich, die Sonne im Rücken und wogende Nebelschleier zu Füßen, so sieht man sein eigenes Schattenbild in riesenhafter Größe auf die Nebelwand gezeichnet. Auf dem Pilatus, Rigi und Mythen kann man besonders bei Sonnenauf- und Untergang diese Erscheinung in ausgezeichneter Weise beobachten. Nach dem Berge, auf dessen Gipfel sie zuerst wahrgenommen wurde, hat sie den Namen des Brockengespenstes bekommen (Fig. 62). Von dort erzählt ein Beobachter: „Etwa 14 Tage nach Michelis, bei einem prächtigen Untergange der Sonne, den ich auf dem Brocken genoß, zeigte sich, als die Sonnenscheibe unter den Horizont hinabzusinken anfing, nach Osten hin plötzlich der Schattenriß des Brockens, vielmal größer, als der Berg selbst ist, in der Gegend von Halberstadt schwebend. Alles stand so deutlich im Nebel abgezeichnet vor den Augen, daß man das Haus, die Anwesenden und jede ihrer Bewegungen genau unterscheiden konnte. In der Tiefe des ebenen Landes war es schon Nacht und aus ihr schien dieses kolossale Phantom aufzusteigen, dessen Kontur sich mit Farben des Abendrots abschnitt. Nach Untergang der Sonne verschwand dieses Bild, das im Sommer gar nicht und auch im Herbst nur selten gesehen wird; die dünnen Nebel die an den Herbstabenden aufsteigen, fingen das Schattenbild auf."

Auch die Luftschiffer sehen häufig auf den Wolkenschichten, über welche sie empor gestiegen sind, den kolossalen Schatten ihres Ballons.

Die riesenhafte Größe, in welcher das Schattenbild gewötnlich erscheint, beruht auf einer unbewußten Gesichtstäuchung. Da die Sonnenstrahlen unter sich parallel sind, kann der Schatten in der That nicht größer sein als der schattenwerfende Körper selbst. Obgleich er auf den uns zunächst liegenden Nebelschichten in gewöhnlicher Größe entsteht, versetzt ihn unser Urteil, welchem Anhaltspunkte zur richtigen Schätzung seines Abstandes fehlen, unwillkürlich in jene größere Entfernung, in welcher der Nebel für unser Auge bestimmtere Umrisse gewinnt und eine zum Auffangen eines Schattens geeignete Wand darstellt, und sieht sich infolge dessen gezwungen, ihm eine abenteuerliche Größe zuzuschreiben. Einer ähnlichen Täuschung fallen wir zum Opfer, wenn uns Sonne und Mond im Horizont größer zu sein scheinen als bei hohem Stand. In beiden Fällen füllen sie denselben Sehwinkel aus, wie man sich durch Messung leicht überzeugen kann; aber bei Auf- oder Untergang halten wir sie für entfernter und darum für größer als wenn sie hoch am Himmel stehen.

Häufig erscheint der Kopf des Nebelbildes von prachtvoll gefärbten konzentrischen Ringen umgeben, welche denjenigen ganz ähnlich sind, welche man durch eine mit Bärlappsamen bestreute Glasplatte um eine Kerzenflamme wahrnimmt (Fig. 63*). Sind mehrere Personen auf dem Berggipfel versammelt, so sieht jeder Beobachter nur den Schatten seines eigenen Kopfes mit der farbigen Glorie geschmückt. Diese schöne Erscheinung zeigt sich übrigens nur dann, wenn der Beobachter nicht nur eine Nebelwand vor sich hat, sondern auch selbst von ganz feinem Nebel umgeben ist. Die Nebelteilchen neben und über seinem Kopfe wirken beugend auf die Sonnenstrahlen, ganz eben so wie bei der Entstehung der Höfe; die farbigen gebeugten Strahlen fallen

*) Durch einen Irrtum des Zeichners ist in diesem Bilde der Schatten des Beobachters unrichtig gezeichnet; auch in der Schattenfigur sollte der erhobene Arm zur Rechten sein.

Fig. 63. Nebelbild mit Farbenringen.

auf die Nebelschicht, welche auch den Schatten auffängt, und werden durch sie in der entgegengesetzten Richtung, in welcher sie angekommen sind, also nach dem Auge des Beobachters hin, zurückgeworfen. Dieser muß daher um den Schatten seines Kopfes ein Ringsystem mit derselben Farbenfolge wie bei den Sonnen- und Mondhöfen gewahren, welches aber viel auffallender hervortritt als letztere, weil jetzt nicht ein blendend heller Körper, sondern ein lichtschwacher Schatten im Mittelpunkt sich befindet.

Heiligenschein.

Wer des Morgens bei hellem Sonnenschein an einer betauten Wiese vorübergeht, sieht den Schatten seines Kopfes von einem hellen Lichtkranz wie von einem „Heiligenschein“ (so ist die Erscheinung benannt worden) umgeben. Dieser Lichtschein, in welchem sich keine Farbenringe unterscheiden lassen, hat mit der vorhin besprochenen Erscheinung durchaus keine Ähnlichkeit und entsteht auch auf ganz andere Weise.

Stellt man eine mit Wasser gefüllte bauchige Karaffe dicht an eine Wand und betrachtet sie bei Sonnen- oder Kerzenlicht so, daß der Schatten des Kopfes des Beobachters unmittelbar neben der Flasche auf die Wand fällt, so sieht man die Flasche im hellsten Lichte strahlen, als ob sie von innen heraus selbst leuchtete. Durch die kugelige Wassermasse werden nämlich die Lichtstrahlen wie durch ein Brennglas gebrochen und hinter der Flasche auf der Wand zu einem stark erleuchteten Fleck, welcher ein unvollkommenes Bild der Sonne oder der Kerzenflamme vorstellt, gesammelt. Die Lichtstrahlen, welche von dieser hellen Fläche ausgehen, kehren auf demselben Wege, welchen sie gekommen sind, durch das Wasser gegen die Lichtquelle zurück. Wäre die Pupille des

Beobachters selbst eine leuchtende Fläche, so würde die Wasserflasche ebenfalls ein Bild von ihr auf der Wand entwerfen; alle Strahlen, welche von diesem Bilde oder von der Stelle wo es hintreffen würde ausgehen, müssen durch die Brechung in der Flasche wieder nach der Pupille hingelenkt werden. Befindet sich nun der Kopf des Beobachters nahe der Linie, welche Lichtquelle und Wasserflasche verbindet, so wird sich das auf der Wand entworfene Bild seiner Pupille ganz oder teilweise mit dem Bilde der Lichtquelle decken, das von letzterem ausstrahlende Licht gelangt daher mehr oder weniger vollständig ins Auge und erweckt die Empfindung glänzender Helle.

Damit die Erscheinung zu stande komme, ist notwendig, daß hinter dem lichtbrechenden Körper sich eine zurückwerfende Fläche befinde. Steht die Flasche frei, so bemerkt man keine außergewöhnliche Helligkeit. — Das Augenleuchten der Katzen und anderer Tiere beruht auf der nämlichen Ursache; die Krystallinse und die durchsichtigen Augenflüssigkeiten wirken hier eben so wie die kugelige Wassermasse, und der Hintergrund des Augapfels dient als auffangende Wand.

Ganz in derselben Weise entsteht nun auch der „Heiligenschein" um den Schatten des Kopfes auf der betauten Wiese; jeder Tautropfen erzeugt auf dem Grashalm oder Blatt, auf welchem er liegt, ein unvollkommenes Bildchen sowohl der Sonne, als auch der Pupille des Beobachters. Hinter denjenigen Tropfen, welche sich in der Nähe des Schattens des Kopfes befinden, fallen beide Bildchen um so vollkommener zusammen, je näher die Tropfen dem Umriß des Schattens liegen; diese nächsten Tauperlen strahlen daher in blendendem Glanze und erzeugen in ihrer Gesamtheit den hellen Lichtschein. Die entfernteren Tropfen dagegen, bei welchen die beiden Bildchen nicht mehr zusammenfallen, bleiben dunkel.

Der „Heiligenschein" zeigt sich in seiner vollen Schönheit namentlich in den Perlen des Taus, dagegen nur undeutlich oder gar nicht in den Tropfen, von welchen nach einem heftigen Regen die Gewächse triefen. Der Grund hievon ist leicht anzugeben. Die Tautropfen schweben abgerundet wie Quecksilberkügelchen auf den unbenetzten Blättern, und sind vermöge ihrer kugeligen Gestalt befähigt, wie Brennlinsen zu wirken. Die Regentropfen aber, welche auf den nassen Halmen zerfließen, besitzen diese Fähigkeit nur unvollkommen. — Der hohe oder niedrige Stand der Sonne hat auf die Erscheinung keinen wesentlichen Einfluß. Sie zeigt sich nur deshalb gerade morgens bei niedrig stehender Sonne, weil es eben nur morgens Tau gibt.

Man kann die Erscheinung sehr schön nachahmen, wenn man eine Anzahl kleiner mit Wasser gefüllter Glaskugeln auf einem Karton befestigt und diesen nun bei Sonnen- oder Kerzenlicht so betrachtet, daß der Schatten des Kopfes auf den Karton fällt.

Ringe und Nebensonnen.

Jedermann kennt den hellen Ring (Fig. 64), welcher so häufig den Mond, seltener die Sonne, in weitem Umkreis umgibt. Wie die Höfe, ist auch dieser Ring mit den Regenbogenfarben geschmückt, welche freilich bei dem Mondring nur blaß und verwaschen erscheinen; die Anordnung seiner Farben ist jedoch die umgekehrte: das Rot befindet sich innen, das Violett außen. Dieser Umstand, sowie der bedeutende Durchmesser des Ringes — sein Winkelabstand von dem Gestirn beträgt beiläufig 22° — deutet darauf hin, daß derselbe ganz anderen Ursprungs ist, wie die Farbenringe der Höfe.

Die Erscheinung tritt ein, wenn der Himmel von leichten Federwölkchen wie mit einem halbdurchsichtigen Schleier überzogen ist, und erklärt sich aus den Wirkungen, welche die feinen Eiskryställchen, aus denen die Wolken gewöhnlich bestehen, auf die Lichtstrahlen ausüben. In den Polargegenden, wo die Atmosphäre oft mit unzähligen Eisflitterchen angefüllt ist, zeigt sie sich besonders häufig. In unsern gemäßigten Klimaten zeigt sich der Ring um den Mond deswegen öfter, weil dessen wärmelose Strahlen dem Fortbestand der Eisteilchen günstig sind.

Nehmen wir an, daß die Eisnadelchen, mögen sie nun vereinzelt in der Luft schweben oder zu Schneesternen gruppiert sein, regelmäßige sechsseitige Säulen sind, so bilden je zwei weder benachbarte noch parallele Flächen einen Winkel von 60° mit einander. Durch jedes solches Flächenpaar erleiden die Lichtstrahlen eine Ablenkung und Farbenzerstreuung wie durch ein Prisma. In einer gewissen Stellung, wenn nämlich der Lichtstrahl zur Kante des Prismas senkrecht ist und mit den Flächen gleiche Winkel bildet, ist die Ablenkung geringer als in jeder anderen Stellung. Für ein Eisprisma von 60° beträgt nun die kleinste Ablenkung 22°. Wenn daher in der Atmosphäre unzählige solche kleine Eisprismen in allen möglichen Stellungen schweben, wird das Auge nur aus solchen Richtungen gebrochenes Licht empfangen können, welche um mehr als 22° von der Richtung nach der Sonne abstehen; der innerhalb des Kreises von 22° gelegene Raum unmittelbar um das Gestirn wird von gebrochenen Strahlen nicht erleuchtet und erscheint daher vergleichsweise dunkel.

Die Stellung der kleinsten Ablenkung ist vor andern Stellungen durch eine bemerkenswerte in den Brechungsgesetzen begründete Eigentümlichkeit ausgezeichnet. Befindet sich nämlich ein Prisma in dieser Lage, so kann man es ziemlich weit nach der einen oder der andern Seite drehen, ohne daß sich die Ablenkung der gebrochenen Strahlen merklich ändert. Unter den unzählichen Eiskryställchen befinden

Fig. 64. Ringe und Nebensonnen.

sich gewiß viele genau in der Stellung der kleinsten Ablenkung; aber eine noch weit größere Anzahl wird nicht genau, sondern nur nahezu diese Stellung besitzen. Diese wie jene lenken nun die gebrochenen Strahlen nach einer einzigen Richtung, in welcher das Auge durch das Zusammenwirken sehr vieler Strahlen einen lebhafteren Eindruck empfängt. So entsteht um den schon erwähnten dunkleren Raum ein heller Ring, dessen mittlerer Halbmesser 22° beträgt; er ist, da die verschiedenen im weißen Licht enthaltenen Farben verschieden stark gebrochen werden, regenbogenartig gefärbt, und zwar befindet sich das am wenigsten abgelenkte Rot an seinem innern Rande. Das Violett am äußern Rande ist weniger scharf begrenzt, weil es sich schon mit den weiter abgelenkten Strahlen derjenigen Prismen vermischt, welche sich nicht mehr nahe genug der bevorzugten Stellung der kleinsten Ablenkung befinden. Dieses weiter abgelenkte Licht kann sich aber nicht zu so lebhaftem Eindruck verstärken, weil schon die kleinste Veränderung in der Lage dieser Prismen genügt, um die gebrochenen Strahlen weit aus einander zu werfen.

Außer diesem *inneren* Ring von 22° zeigt sich in weit selteneren Fällen noch ein *äußerer*, welcher eben so aber lebhafter gefärbt ist und einen Halbmesser von etwa 46° besitzt. Er entsteht ganz in derselben Weise durch Brechung in rechtwinkligen Flächenpaaren, welche von den Seitenflächen der sechsseitigen Eissäulchen mit den senkrechten Endflächen gebildet werden.

Indem die Eisnadelchen dem Gesetz der Schwere gehorchend langsam herabsinken, stellen sie sich mit ihren Längsachsen vertikal, weil sie in dieser Lage den kleinsten Luftwiderstand erfahren. In einer mit Eisnadeln erfüllten Atmosphäre werden daher vertikal gestellte in vorwiegender Zahl vorhanden sein. Der Ring von 22° zeigt daher gewöhnlich an den beiden Punkten seines Umfangs, welche ihr Licht durch vertikal gestellte Prismen empfangen, nämlich an den Endpunkten seines horizontalen Durchmessers, einen besonders hellen Glanz. Diese mit lebhaften Regenbogenfarben leuchtenden Flecke werden Nebensonnen genannt. Sie befinden sich auf dem Ringe selbst bei niedrig stehender Sonne; steigt die Sonne höher, so entfernen sie sich ein wenig nach außen hin.

Ähnliche Nebensonnen, durch sechsseitige Eisblättchen mit horizontaler Achse erzeugt (vielleicht auch sekundär durch die Nebensonnen des inneren Ringes gebildet), erscheinen im Gefolge des Ringes von 46°.

Gewöhnlich sind die beiden Ringe durchschnitten von einem ungeheuern farblosen hellen Kreis, welcher durch die Sonne geht und in gleicher Höhe mit ihr den ganzen Horizont umspannt. Er entsteht durch Zurückwerfung der Sonnenstrahlen an den Seitenflächen der vertikal gestellten Eisnadeln. Da sich die Nebensonnen auf ihm befinden, nennt man ihn Nebensonnenkreis. Ebenfalls auf diesem Kreise und der Sonne gerade gegenüber zeigt sich häufig ein heller Fleck, welcher Gegensonne genannt wird, allein oder begleitet von zwei anderen, die symmetrisch zu beiden Seiten stehen. Sie entstehen durch mehrfache Reflexionen im Innern der Eisprismen. Manchmal kreuzen sich in der Gegensonne zwei weiße Bogen, welche sich sehr weit erstrecken und in der wirklichen Sonne nochmals zusammenzulaufen scheinen.

Der vertikale Lichtstreifen, welcher sich bis zu 25° über und unter die Sonne erstreckt und so mit einem Teil des Nebensonnenkreises ein Kreuz bildet, entsteht durch äußere und innere Reflexion an den Endflächen der vertikalen Eisprismen.

Die hellen Berührungsbogen, welche sich oben und unten am innern Ring, ferner oben und unten seitwärts am äußern Ringe zeigen, lassen sich ebenfalls aus den Brechungen der Lichtstrahlen in den Eisprismen erklären; sie fügen die letzten Striche zu einem luftigen Gemälde, das durch seinen Farbenschmuck und die geometrische Harmonie seiner Linien unsere Bewunderung erregen muß.

In der Figur 64 sieht man die Hauptteile der Erscheinung vereinigt. In unseren Gegenden freilich gelangt sie fast nie zu ihrer vollständigen Entwickelung. Bald ist diese, bald jene Form und Stellung der Eiskrystalle in der Atmosphäre vorherrschend, bald schweben die Nadelchen unbeweglich, bald sinken sie vertikal herab, bald werden sie durch Windströmungen horizontal gerichtet. Der Ring von 22° entspricht den allgemeinsten Bedingungen, welche sich oft erfüllt finden, und zeigt sich daher namentlich um den Mond aus schon erwähnten Gründen ziemlich häufig. In den Polarregionen, wo die Luft fast immer von Eiskryställchen wimmelt, wird auch die vollständige Erscheinung, welche in unserem Bilde dargestellt ist, öfter wahrgenommen.

Regenbogen.

Zu allen Zeiten hat der Regenbogen die bewundernden Blicke der Menschen gefesselt und ihre Einbildungskraft zu poetischem Schaffen angeregt. Die Hebräer sahen in ihm das Pfand der Versöhnung Jehovahs, nachdem sein strafender Zorn ein entartetes Geschlecht durch die Sintflut ausgetilgt. Für unsere kriegerischen Vorfahren war er die hochgewölbte Brücke Bifrost, auf welcher die Seelen der gefallenen Tapferen nach Walhalla emporstiegen, und die reiche Phantasie der Hellenen lieh ihm sogar persönliches Leben, indem sie ihn als Götterbotin Iris den Olympiern zugesellte.

Indem die Einbildungskraft in heiterem Spiele an das farbenreiche Wolkenband sinnige Mythen knüpfte, verhinderte sie nicht, daß schon frühzeitig auch ernstes Nachdenken über seine Entstehung sich regte. Nach den mißglückten Erklärungsversuchen der Gelehrten des Altertums gelang es am Anfang des 14. Jahrhunderts dem deutschen Mönch Theodorich, die Grundlage zu finden, auf welcher sich die richtige Erklärung des Regenbogens aufbauen ließ. Ohne jedoch bei der Geschichte dieser Entdeckung länger zu verweilen, wollen wir nur bemerken, daß man schließlich zu einer Theorie gelangte, die zu den vollendetsten der Physik gehört und über alle Umstände der Erscheinung den genauesten Aufschluß gibt. Hier müssen wir uns darauf beschränken, die Erklärung des Regenbogens in ihren Hauptzügen kurz anzudeuten.

Der Regenbogen (Fig. 65) entsteht durch Brechungen und Zurückwerfungen, welche die Sonnenstrahlen in den fallenden Regentropfen erleiden. Diese Tropfen sind im allgemeinen kugelrund, und folgen sich mit solcher Schnelligkeit, daß die Stelle, welche eben noch der eine inne hatte, im nächsten Augenblicke schon von einem andern eingenommen wird, so daß der Effekt derselbe ist, als ob jeder unbeweglich an seiner Stelle bliebe.

Ein Sonnenstrahl, welcher in ein solches Wasserkügelchen eindringt, wird gebrochen und in Farben zerlegt. An der hinteren Fläche des Tropfens tritt er nur zum Teil in die Luft aus, ein anderer Teil wird in den Tropfen zurückgeworfen und gelangt wieder zur vorderen Fläche, an welcher er teilweise nach innen gespiegelt, zum größeren Teil aber nach abermaliger Brechung in die Luft entlassen wird. Diesen Lichtstrahl, welcher nach zweimaliger Brechung und einmaliger innerer Zurückwerfung den Tropfen verläßt, wollen wir etwas näher betrachten.

Derselbe ist aus der Richtung der unter sich parallelen direkten Sonnenstrahlen um einen Winkel abgelenkt, welcher ein anderer ist je nach dem Punkte, in welchem der ursprüngliche Lichtstrahl die Vorderfläche der Wasserkugel traf. Unter

Fig. 65. Regenbogen.

allen Punkten dieser Vorderfläche ist einer dadurch ausgezeichnet, daß der auf ihn treffende Strahl die größte Ablenkung (von etwa 42°) erleidet, welche nach den Brechungsgesetzen in der Wasserkugel überhaupt möglich ist. Ein zweiter Umstand, welcher diesen Punkt vor den andern bevorzugt erscheinen läßt, ist der, daß alle Strahlen, welche unter sich parallel in seiner Nachbarschaft auf die Wasserkugel treffen, auch auf ihrem ferneren Wege zusammenhalten und als paralleles Strahlenbündel aus dem Tropfen wieder hervorgehen, während parallele Strahlen, welche an anderen Stellen auf den Tropfen fielen, nach der Brechung weit aus einander treten.

Sieht daher ein Auge in der Richtung der größten Ablenkung nach der Wasserkugel, so dringt in seine Pupille ein aus unzähligen parallelen Strahlen bestehendes Lichtbündel und bringt auf der Netzhaut einen starken Lichteindruck hervor. Blickt es aber nach einer Richtung, welche mit derjenigen der einfallenden Strahlen einen kleineren Winkel macht als 42°, so wird es nur von vereinzelten Strahlen getroffen, deren Lichtwirkung nur unbedeutend sein kann. Unter einem größeren Winkel als 42° endlich erhält es gar keine aus dem Tropfen nach einmaliger innerer Reflexion austretende Strahlen.

Infolge der verschiedenen Brechbarkeit der farbigen Strahlen, aus welchen das weiße Sonnenlicht zusammengesetzt ist, ist der Winkel der größten Ablenkung für jede Farbe ein anderer: er ist am größten für die roten Strahlen, am kleinsten für die violetten. Damit man also die Kugel im rotem Licht erglänzen sehe, muß man unter etwas steilerem Winkel nach ihr hinblicken, als um sie violett zu sehen.

Man kann sich von der Wahrheit unserer Behauptungen durch einen einfachen Versuch leicht überzeugen. An einer über Rollen geleiteten Schnur hängt man eine mit Wasser gefüllte Glaskugel auf. Stellt man sich nun so mit dem Rücken gegen die Sonne, daß ihre Strahlen mit der von unserm Auge nach der Kugel gezogenen Linie einen Winkel von ungefähr 42° machen, so kann man der Reihe nach alle Farben des Spektrums, vom Rot angefangen, wahrnehmen, wenn man die Kugel allmählich herabläßt.

In einer regnenden Wolke sind Tropfen in allen jenen Stellungen, welche die Glaskugel nach und nach annahm, gleichzeitig vorhanden. Für einen Beobachter, welcher, die Sonne im Rücken, eine solche Wolke betrachtet, ist die Richtung der Sonnenstrahlen gegeben durch die Linie, welche von seinem Kopf nach der Sonne gezogen gedacht ist; nach vorwärts verlängert, würde sie den Schatten seines Kopfes auf dem Boden treffen, und nach einem Punkte unter dem Horizont hinzielen, auf welchen dieser Schatten fallen würde, wenn der Erdkörper es nicht verhinderte. In jeder Richtung nun, welche von der eben gedachten Linie von ungefähr 42° abweicht, wird das Auge des Beobachters aus den Regentropfen verstärktes Licht empfangen und zwar rotes unter einem etwas größeren, violettes unter einem etwas kleineren Winkel; der Beobachter sieht demnach auf der regnenden Wolkenwand einen am äußeren Rand roten und dann der Reihe nach die Farben des Spektrums zeigenden Kreisbogen, der mit einem Halbmesser von ungefähr 42° um jenen Punkt unter dem Horizont, wohin der Schatten seines Kopfes fallen würde, beschrieben zu sein scheint — den Regenbogen.

Gewöhnlich zeigt sich dieser Hauptregenbogen noch konzentrisch umgeben von einem blasseren Nebenregenbogen, dessen Farben in umgekehrter Reihenfolge angeordnet sind, nämlich das Rot innen, das Violett außen. Sein Halbmesser beträgt 51° und entspricht der kleinsten Ablenkung, welche die Sonnenstrahlen nach zweimaliger innerer

Fig. 66. Regenbogen im Wasserfall.

Reflexion in den Regentropfen erleiden. Der Zwischenraum zwischen beiden Bogen erscheint dunkler als der übrige Teil des Himmels, weil von ihm aus keine Strahlen, welche in den Tropfen einmal oder zweimal reflektiert worden sind, das Auge treffen können.

Durch die vorhin beschriebene mit Wasser gefüllte Glaskugel kann die Brechung der Lichtstrahlen, welche den Nebenregenbogen hervorbringt, ebenfalls leicht nachgeahmt werden. In Fig. 65 ist der Gang der Strahlen, welche den ersten und den zweiten Regenbogen verursachen, durch punktierte Linien angedeutet.

Je höher die Sonne über dem Horizont steht, desto kleiner ist das dem Beobachter sichtbare Bogenstück. Es ist gar kein Regenbogen mehr sichtbar, wenn die Höhe der Sonne größer ist als 42°, weil alsdann der ganze Bogen unter den Horizont zu liegen käme. Bei Sonnenauf- und Untergang sieht man beide Bogen als Halbkreise. Nur auf hohen Berggipfeln oder vom Luftballon aus zeigen sie sich als vollständige Kreise.

Am inneren Rande des Hauptregenbogens und manchmal auch am äußern Rande des Nebenregenbogens gewahrt man häufig noch abwechselnd purpurn und grünlich gefärbte Streifen, welche man überzählige Bogen genannt hat. Sie entstehen nur wenn die Regentropfen sehr klein und sämtlich von gleichem Durchmesser sind, und zwar durch Interferenz derjenigen Lichtstrahlen, welche von den am stärksten (oder für den zweiten Regenbogen von den am wenigsten) abgelenkten Strahlen in ihrer Richtung wenig abweichen. Die sekundären Bogen sind, wenn sie sich zeigen, gewöhnlich nur an den oberen Teilen der beiden Bogen deutlich wahrzunehmen.

Zur Erzeugung der Regenbogen sind nicht gerade Regentropfen erforderlich; sie zeigen sich eben so schön in dem Staubregen der Wasserfälle (Fig. 66) und der Springbrunnen, oder in dem sonnenbeschienenen Gischt der vom Sturme gepeitschten Meereswogen.

Endlich sei noch erwähnt der weiße Regenbogen, welcher in Gebirgsgegenden manchmal auf dichtem Nebel gesehen wird. Er ist bedeutend lichtschwächer als der gewöhnliche Regenbogen, erscheint meistens weiß und höchstens am äußern Rande etwas rötlich; in den Fällen, wo man Messungen anstellen konnte, wurde sein Halbmesser stets kleiner (zwischen 33° und 41°) gefunden als der des gewöhnlichen Regenbogens. Nach Bravais erklärt er sich durch die Brechung des Lichts in Nebelbläschen mit sehr dicker Wasserhülle. In Fig 63 umgibt ein solcher weißer Regenbogen in weiterem Abstand die Farbenringe um den Kopf des Nebelbildes.

Alphabetisches Inhaltsverzeichnis.

www.ingramcontent.com/pod-product-compliance
Lightning Source LLC
La Vergne TN
LVHW092109300926
849161LV00002B/87
* 9 7 8 3 4 8 6 7 2 4 0 3 5 *